大气颗粒物演化的自组织临界性理论

史　凯　刘春琮　著

科　学　出　版　社

北　京

内 容 简 介

全书共分为 6 章。第 1 章介绍大气污染与复杂系统之间的关系；第 2 章介绍自组织临界性理论；第 3 章揭示大气颗粒物演化的非线性模态贡献和混沌动力学特征；第 4 章介绍大气颗粒物演化的多尺度分形自相似性特征；第 5 章开展实验设计和构建理论模型，系统阐明大气颗粒物演化的自组织临界性效应；第 6 章在自组织临界性理论框架下，建立数据与模型混合驱动的城市 $PM_{2.5}$ 和 O_3 协同控制能力评价方法，并建立更精确的 $PM_{2.5}$ 预测技术。

本书适合研究大气环境、复杂非线性理论的研究人员以及相关专业的学生阅读。

图书在版编目（CIP）数据

大气颗粒物演化的自组织临界性理论 / 史凯, 刘春琼著. -- 北京 : 科学出版社, 2025. 3. -- ISBN 978-7-03-081615-3

Ⅰ. X513

中国国家版本馆 CIP 数据核字第 2025N2S356 号

责任编辑：刘　琳　刘莉莉 / 责任校对：彭　映
责任印制：罗　科 / 封面设计：墨创文化

科 学 出 版 社 出版
北京东黄城根北街 16 号
邮政编码：100717
http://www.sciencep.com
成都锦瑞印刷有限责任公司 印刷
科学出版社发行　各地新华书店经销
*
2025 年 3 月第　一　版　开本：787×1092　1/16
2025 年 3 月第一次印刷　印张：11 1/4
字数：300 000

定价：128.00 元

（如有印装质量问题，我社负责调换）

前　言

本书的由来最早可以追溯到2005年。笔者还在攻读博士学位期间，在恩师艾南山教授的办公室，一边品尝恩师亲手调制的咖啡，一边聆听恩师介绍分形理论在地学中应用的进展。看到窗外灰蒙蒙的雾霾，笔者就联想到大气污染浓度的时间演变是否也存在分形自相似性的无标度尺度行为。在随后的研究中，很快就在大气污染物浓度多时间尺度演化中验证了上述想法。然而，深入研究之下，笔者从微观光化学反应机制的复杂动力学细节出发，没有找到大气污染多时间尺度分形幂律行为的定量解释。直到在Per Bak（伯巴克）等关于自组织临界性理论的里程碑式论文和他们的著作*How Nature Works*的启发下，才最终建立了大气颗粒物的自组织临界性理论。

过去十几年间，我国深受严重雾霾影响，同时也经历了“大气污染防治行动计划”等一系列国家重大计划的实施对大气环境的改善过程。人们对于雾霾发生及演化的认识，已经从早期的定义、浓度特征及辨识方式等，逐步发展到高精度污染源清单、大气光化学微观机理、重污染预警预报等多方向、多学科的交叉融合。大气污染数值模式在大气环境综合整治中发挥了举足轻重的作用。大量的工作不仅有助于对雾霾成因的理解，更重要的是为科学治霾奠定了重要方向。尽管近年来我国在大气环境综合整治方面投入巨大，也取得了举世瞩目的成绩，然而各区域大气复合污染治理任务仍然艰巨，重度雾霾的发生时有反弹。特别是新冠疫情期间，在生产生活受到严格管控的时期，部分地区$PM_{2.5}$浓度竟然呈现上升趋势，甚至还多次出现了令人费解的严重雾霾事件。新冠疫情期间严重雾霾事件的发生以及反常的空气质量变化，也一度引起公众和决策者对有关雾霾污染机理科学认识的怀疑。新冠疫情导致的“意外减排”对区域环境空气质量的影响机理成为一个新的热点问题。这说明，过去基于“还原论”思想建立的大气污染数值模拟手段，可能存在不足之处，主要原因在于大气环境系统的复杂性。这使得大气环境系统本身就成为一个典型的混沌体系——任何一个微小扰动，都可能导致未来大气环境演化动态出现较大变化。

因此，基于复杂系统科学中的分形理论、混沌理论、自组织临界性理论等建立的“整体论”科学研究方法，将会成为大气污染成因及演化研究的重要补充。过去十几年间，我们欣喜地看到，国内外在该领域不断涌现出新颖的科学发现。基于复杂系统科学和非线性分析方法，研究城市空气污染多时空尺度演化过程，进行重污染成因诊断，建立更科学的大气污染预测模型，正逐渐成为大气环境模拟研究的一个热点。这也说明，过去我们一直坚持的大气污染自组织临界性理论的研究，是值得探索的重要领域和方向。相关研究也获得了国际同行专家的积极关注和高度评价，如Chelani（2016）发表在*Atmospheric Research*杂志上的综述性文章认为：大气污染浓度演化中存在长期持续性特征，可能引发严重大气污染事件，这是近年来大气污染演化方面认识到的新规律，而笔者等提出的大气污染自组织临界机制成功解释了大气污染浓度演化中长期持续性特征的产生根源。

本书旨在介绍过去十余年间作者的研究历程和研究成果。全书共分为 6 章。第 1 章是绪论，主要介绍大气污染与复杂系统之间的关系；第 2 章主要介绍自组织临界性理论；第 3 章主要揭示大气颗粒物演化的非线性模态贡献和混沌动力学特征；第 4 章主要揭示大气颗粒物演化的多尺度分形自相似性特征；第 5 章开展实验设计和构建理论模型，系统阐明大气颗粒物演化的自组织临界性效应；第 6 章在自组织临界性理论框架下，建立数据与模型混合驱动的城市 $PM_{2.5}$ 和 O_3 协同控制能力评价方法，并建立更精确的 $PM_{2.5}$ 预测技术。

限于作者水平和本书篇幅，本书没有对大量国内外学者的工作进行一一评述。在完成本书内容撰写时，国务院印发了《空气质量持续改善行动计划》。愿我们的这本拙作能够抛砖引玉，引发广大科研工作者的深入思考，做出更新颖的创造性成果，为推进大气环境科技创新贡献绵薄之力。

大气污染自组织临界性理论的建立，离不开西南交通大学姚令侃教授和黄艺丹副教授的支持和鼓励。每次与两位老师的深入讨论，都获得大量的创新灵感。姚老师严瑾的学术风格以及对非线性物理规律的洞见，深深影响着我对自组织临界性理论的深刻理解。谨以此书表达对两位老师的敬意。

本书的出版得到了科学出版社和西华师范大学的大力支持，在此一并表示感谢。本书中也融入了笔者曾经指导的多位研究生（黄毅、谢志辉、杜娟、张娇、吴波、陈郁兵、鲍冰逸、梅小莉、樊彬鑫等）的部分科研成果，他们也参与了本书部分章节内容的文字录入、校对等工作，在此一并表示感谢。

最后，感谢我可爱的儿子史哲宇。儿子对物理学的好奇和天真可爱的讨论为本书的撰写增添了许多写作欢乐，促使本书能够快速完成。

由于作者水平有限，书中难免存在疏漏之处，敬请读者批评指正。

史　凯

2023 年 12 月

致　　谢

本书得到国家自然科学基金项目（52160024）、四川省自然科学基金面上项目（2024NSFSC0061）、西华师范大学科研创新团体项目（KCXTD2023-4）的资助。同时本书的出版也得到西华师范大学环境科学、环境工程四川省省级一流本科建设专业的大力资助，在此表达诚挚的谢意。

目　录

第1章 绪　论

1.1 我国大气污染概述

在世界范围内，大气污染是第四大健康危险因子。细颗粒物（$PM_{2.5}$）和臭氧（O_3）是大气污染的主要来源。据全球疾病负担（Global Burden of Disease，GBD）研究数据库，2019 年，全世界有 667 万人死于室内和室外的空气污染。其中 $PM_{2.5}$ 的暴露就导致了 414 万人的过早死亡。大气颗粒物对人体健康的影响有多种方式和作用机制。高浓度 $PM_{2.5}$ 可引发许多健康问题，例如呼吸道疾病、心血管疾病等。$PM_{2.5}$ 暴露对某些易感人群（如糖尿病前期、高血压、慢阻肺等疾病的患者）的影响更大。2014 年世界卫生组织报告指出，空气污染对糖尿病患者的过早死亡影响达到 20%，而对慢阻肺患者甚至达到 40%以上。

很多空气污染物对人体健康的影响没有明确的阈值，因此即使在低浓度大气污染物暴露下，仍可能存在健康风险。Huang 等（2019）研究发现，当 $PM_{2.5}$ 年均浓度为 10 μg/m^3 时，人体长期暴露其中可能存在中风、患呼吸道疾病等风险。世界卫生组织把提高全球人口的健康水平作为首要任务，积极开展空气污染防治工作。2021 年，世界卫生组织更新了《全球空气质量指南》（以下称为新指南）。这是该指南自 2005 年颁布以来首次更新。新指南涵盖了颗粒物（$PM_{2.5}$、PM_{10}）、臭氧（O_3）、二氧化氮（NO_2）、二氧化硫（SO_2）和一氧化碳（CO）等六种主要空气污染物的指导值水平。此外，新指南将 2005 年世界卫生组织建议的 $PM_{2.5}$ 年均浓度指导值降低到 5 μg/m^3，PM_{10} 从 20 μg/m^3 降至 15 μg/m^3。世界卫生组织估计，如果遵循新指南，由 $PM_{2.5}$ 造成的死亡 80%可以被消除。新指南为推进我国大气污染防控工作提供了科学依据。

我国采取应对空气污染的干预措施和政策始于 20 世纪 90 年代。从“十一五”规划开始，SO_2 和 NO_x 排放总量目标开始定量化并强制实施。例如“十三五”规划中，要求全国 SO_2 和 NO_x 排放总量分别下降 15%。国家采用强制性目标与“目标责任制”相结合的方式，制定总目标分配给各省，各省进一步将目标进行分解。各级政府重点针对电力、工业、化工、交通、居住等关键领域采取一系列措施来实现目标。通过垂直问责制度，我国的空气质量治理将自上而下的目标设定和规划与地方和行业的减排举措结合起来，有效地遏制了全国污染物排放总量的增长。例如，在 2006 年，SO_2、NO_x 的年排放量达峰值，此后逐年减少，直到 2010 年再达峰值，再逐年减少。同时，通过 SO_2 排放控制和能源结构改善，酸雨问题也得到了有效解决。

尽管传统污染管控措施在全国范围内减少了 SO_2 和 NO_x 的排放总量，但却难以降低重点城市地区的 $PM_{2.5}$ 浓度，这是复杂的气候和大气化学过程造成的。2013 年 1 月，中国中东部地区发生了以 $PM_{2.5}$ 为首要污染物的大范围雾霾污染，持续时间长、影响严重。高浓度的雾霾和 $PM_{2.5}$ 被媒体广泛报道，引起了政府和公众前所未有的关注。因此，我国对空气污染“宣战”，制定了《大气污染防治行动计划》（又称“大气十条”）《打赢蓝天保卫战三年行动计划》（又称“蓝天保卫战”）等一系列重大政策、规定和行动方案。为京津冀、长三角、珠三角等重点地区制定了具体实施方案，明确了减少主要大气污染物排放、减少空气重污染天数等具体目标，主要治理措施包括全面控制重污染企业、调整产业和能源结构、创新污染治理技术、控制煤炭总量、建立区域合作机制等。随着这些关键政策的实施，我国大气污染防治工作取得卓越成效，空气质量逐步提高。

研究表明，从2013年到2021年，我国各重点城市整体上$PM_{2.5}$浓度明显下降。2019～2021年$PM_{2.5}$年均值和1月平均浓度分别为23.95 μg/m^{3}和37.94 μg/m^3，与2013～2015年同期相比，降幅分别达到30.11%和27.41%（巫燕园等，2024），全年和冬季$PM_{2.5}$浓度也呈持续下降趋势，表明“大气十条”和“蓝天保卫战”等关键行动计划的实施已经取得了显著成效（巫燕园等，2024）。自党的十八大以来，在“打好污染防治攻坚战”方面出台了一系列重要的政策措施及行动计划（图1.1）。《2022中国生态环境状况公报》显示，2022年，全国339个地级及以上城市中，环境空气质量达到标准的有213个，占62.8%；126个城市环境空气质量超标，占37.2%。在这些城市中，$PM_{2.5}$浓度超过标准的有86个，占25.4%；可吸入颗粒物（PM_{10}）浓度超过标准的有55个，占16.2%；O_3浓度超过标准的城市有92个，占27.1%。339个城市环境空气质量优良天数比例在24.9%～100%，平均为86.5%，比2021年下降1.0个百分点；其中，以$PM_{2.5}$、O_3和PM_{10}为主要污染物，超标天数占总超标天数分别为36.9%、47.9%和15.2%。如图1.2所示为2022年我国339个城市环境空气质量各级别天数比例。图1.3中展现了2022年我国339个城市$PM_{2.5}$年均浓度区间分布及年际变化。

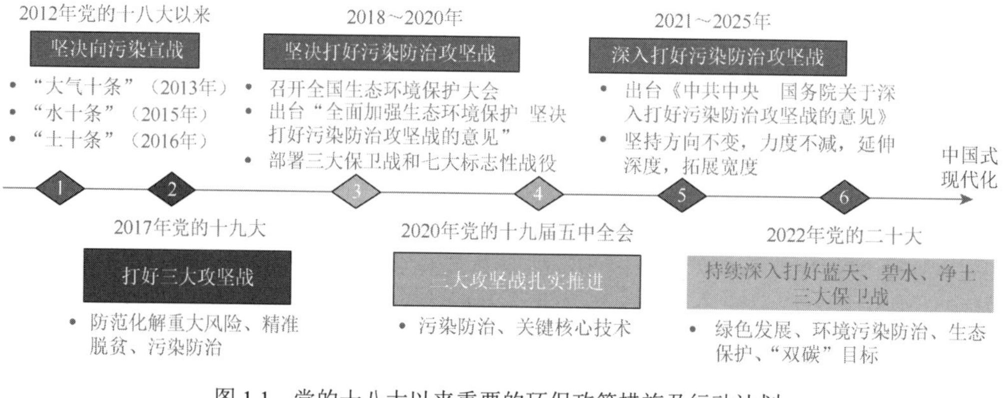

图1.1 党的十八大以来重要的环保政策措施及行动计划

我国环境空气治理，尤其是$PM_{2.5}$防治取得了显著成效，但O_3污染凸显，区域大气复合污染形势依然严峻（赵辉等，2018；Zhang et al.，2019；Zeng et al.，2020）。在$PM_{2.5}$浓度减小的同时，NO_x和SO_2浓度也有所减小，这与加强工业排放标准、升级工业锅炉、淘汰落后工业产能以及在居民生活保障部门推广清洁燃料等措施有关。然而，O_3浓度呈上升趋势。有研究表明，实施《大气污染防治行动计划》后，全国整体上夏季O_3日最大8小时平均浓度（MDA8 O_3）从2015年的91.6 μg/m^{3}上升到2018年的103.1 μg/m^3。同

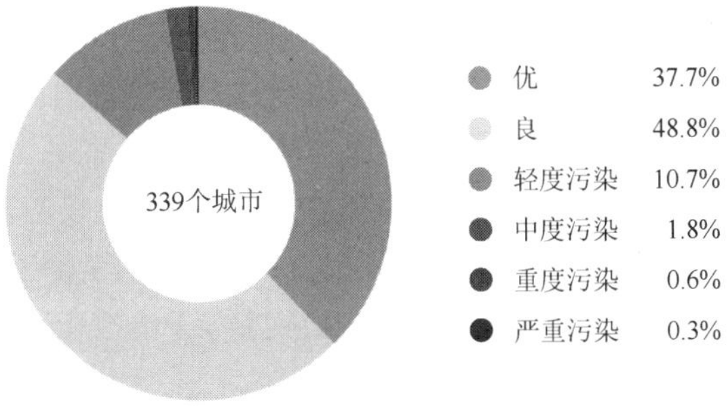

图 1.2 2022 年我国 339 个城市环境空气质量各级别天数比例

（引自《2022 中国生态环境状况公报》）

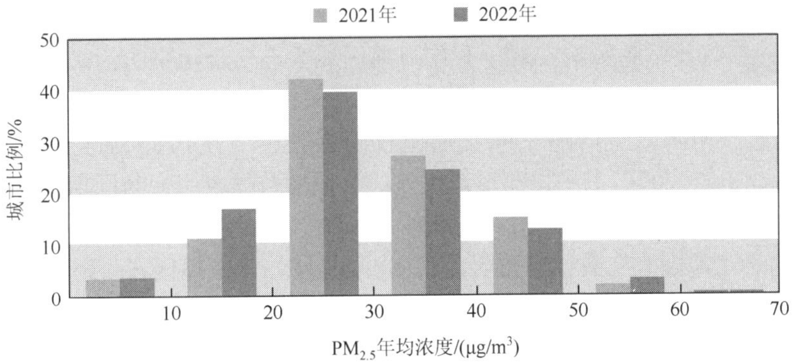

图 1.3 2022 年我国 339 个城市 $PM_{2.5}$ 年均浓度区间分布及年际变化

（引自《2022 中国生态环境状况公报》）

时各区域变化差异较大。2013～2017 年期间，京津冀、长三角、珠三角和四川盆地等区域的夏季 O_3 分别以 3.1 ppb/a、2.3 ppb/a、0.56 ppb/a 和 1.6 ppb①/a 的速率上升。这种上升归因于 $PM_{2.5}$ 的减少增加了大气辐射强度的透射率并促进了 O_3 的光化学反应速率。自 2013 年以来，我国的全年和夏季 O_3 浓度一直持续上升（宋佳颖等，2020）。O_3 年均浓度持续超过 100 μg/m^3，明显高于多个国家和国际组织制定的建议标准。2019～2021 年，MDA8 O_3 年均值和 7 月均值分别为 119.86 μg/m^3 和 121.74 μg/m^3，与 2013～2015 年同期相比分别上升了 17.29%和 18.41%（Qiao et al.，2024）。O_3 高浓度区主要为华北平原、中原地区和长三角、珠三角等东部沿海地区（黄小刚等，2019）。

通过对 $PM_{2.5}$ 来源的分析，将其划分为一次气溶胶和二次气溶胶。一次气溶胶来自污染源，一次污染前体物质与空气中的成分发生光化学反应生成二次气溶胶，其中包括二次有机气溶胶（secondary organic aerosol，SOA）和二次无机气溶胶（secondary inorganic aerosol，SIA）。SOA 最初是由环境挥发性有机化合物（volatile organic compound，VOC）的光化学反应形成的，然后是半挥发性含氧产物的缩合或自成核。SIA 主要由硫酸盐、硝酸盐和铵盐三种成分构成，是大气中的氮氧化物（NO_x）和二氧化硫（SO_2）在光化学

① ppb 为纳克级。

反应过程中生成的。大气中的分子、原子、自由基和离子在吸收了太阳光后，产生光化学反应。通常，空气中的吸收剂在吸收了光子后会进入激发状态，与其他物质进行光化学反应。空气中存在着大量的自由基，包括羟基（•OH）、氢过氧基（HO_2•）、烷氧基（RO•）和过氧烷基（RO_2•）等，这些自由基与氮氧化物和 VOC 发生反应，产生一系列二次气溶胶污染物，构成 $PM_{2.5}$ 的重要成分。因此，当大气环境中 O_3 污染增强时，大气氧化能力也增强，导致在不利气象条件下 O_3 和二次气溶胶浓度均快速增高，从而出现大气 $PM_{2.5}$-O_3 复合污染事件。

2020 年以来，新型冠状病毒（COVID-19）疫情在世界各地先后暴发蔓延。在控制疫情的同时，人类生产生活活动的急剧减少使得大气污染物的人为排放大大降低。因此，对于生态环境而言，疫情的发生可视为进行了一次机会极为难得的人为污染源减排控制实验（Le et al.，2020；Mousazadeh et al.，2021）。研究疫情期间区域空气质量的变化以及集中减排对空气质量的影响，对于我国目前区域大气复合污染防治来说，具有极为重要的科学意义（Wang and Su，2020；Zhu et al.，2021）。

在疫情管控期间，生产停工和交通出行锐减使得一次污染物排放量大幅度减少（Bao and Zhang，2020）。卫星探测反演大气成分浓度数据表明，与同期相比，华东地区在疫情管控期间对流层 NO_2 柱浓度平均减少了 65%（Fan et al.，2020；Bauwens et al.，2020）；地面站点常规监测数据也表明，相比 2019 年，华东地区在疫情管控期间 CO 和 NO_2 等一次污染物的浓度分别降低了 20%和 30%（Wang et al.，2020a；Shi and Brasseur，2020）。然而，部分地区在 COVID-19 疫情期间大气环境状况并未显著改善，甚至还出现反常的恶化现象（Pei et al.，2020）。例如，京津冀和长三角地区，从疫情发生前到疫情管控期间，O_3 日平均浓度分别急剧增加了 90%和 70%以上（Sicard et al.，2020；Yuan et al.，2021）；北京地区典型的光氧化标志性产物（如过氧乙酰硝酸盐）在疫情管控期间（2020 年 1 月 24 日至 2 月 15 日）日均浓度甚至达到 4 ppb，其平均值是疫情发生前（2020 年 1 月 1 日至 23 日）的 2～3 倍，达到历史最高纪录（Qiu et al.，2020）；各城市在 COVID-19 疫情管控时间段内 $PM_{2.5}$ 浓度出现了下降的趋势，但各区域变化差异性较大（变化幅度为 −12.9%～15.1%）（Li et al.，2021b），部分地区呈现上升趋势，甚至还多次出现了令人费解的严重雾霾事件（He et al.，2020；Lv et al.，2020）。COVID-19 疫情管控期间严重雾霾事件的发生以及反常的空气质量变化，也一度引起公众和决策者对有关雾霾污染机理科学认识的怀疑。COVID-19 疫情导致的“意外减排”对区域环境空气质量的影响机理成为一个新的热点问题。

为了揭示 COVID-19 疫情管控期间区域严重雾霾污染的发生机理，众多学者从颗粒物来源解析、气候条件对雾霾形成影响、二次污染形成的理化机制、大气光化学氧化能力等多角度开展研究，发现疫情急剧减排期间区域二次 $PM_{2.5}$ 的快速生成与 O_3 的急剧增加有密切联系。例如，Sun 等（2020）研究了疫情暴发期间北京大气气溶胶组分，通过与 6 年同期数据的对比分析，发现疫情发生后 $PM_{2.5}$ 中一次气溶胶含量平均减少了 30%～50%，但二次组分的大量生成很大程度上抵消了一次污染物减排的作用。Chang 等（2020）利用数值模拟方法对上海市 2020 年和 2019 年春节期间的大气颗粒物浓度进行了数值模拟，结果显示，在 2020 年春节期间，$PM_{2.5}$ 中二次气溶胶的含量较 2019 年春节前增加了

16%。Huang 等（2020）基于 WRF-Chem（weather research and forecasting model coupled to chemistry）区域空气质量模型，研究了疫情管控期间 VOC 和 NO_x减排与 O_3及二次颗粒物生成的非线性关系。模拟结果表明，疫情期间交通排放显著降低导致 NO_x 排放大幅减少，使得 NO 对 O_3的滴定消耗作用减弱，同时 NO_x减排比例大大超过 VOC，使得区域尺度大气氧化能力猛增，O_3 和•OH、NO_3 等各种大气氧化自由基大幅增加，在大气光氧化作用下最终导致二次颗粒物显著增加。除了大气理化作用，不利气象条件的影响也是非常大的（Shen et al.，2021）。Wang 等（2020b）分析了全国范围内疫情期间的气象要素变化及其对空气质量的影响，认为京津冀地区的严重雾霾事件主要是由二次污染转化和不利气象条件共同驱动的。Wang 等（2020c）认为，疫情暴发期间出现严重雾霾污染，表明我国区域大气复合污染防治形势依然严峻，因为疫情管控常态化背景下，即使污染物大幅度减排，一旦出现不利气象条件，重污染的发生仍不可避免。

COVID-19 疫情中一次污染物排放量大幅度减少（Bao and Zhang，2020；Adam and Tran，2021），但并不意味着二次污染物（如 O_3 和二次气溶胶）浓度也随之降低（He et al.，2020；Jia et al.，2021；Gao et al.，2021），因此许多地区大气环境状况并未显著改善，甚至还出现反常的恶化现象（Pei et al.，2020；Huang et al.，2020）。主要表现为大气氧化能力增强、O_3 和二次气溶胶浓度快速增加，甚至还多次出现了令人费解的严重的 $PM_{2.5}$-O_3 复合污染事件。学者们普遍认为，这可能与不利气象条件下复杂大气光化学过程密切相关（Chang et al.，2020；Le et al.，2020；Lv et al.，2020）。

这也引发学者们广泛思考：我们是否真正深入认识了 $PM_{2.5}$ 的发生及演化机制？各大城市在未来应该实施怎样的污染减排措施？如何才能从根本上控制 $PM_{2.5}$ 污染？因此，在“十四五”阶段，我国大气治理的背景和形势都发生了深刻变化。污染物的种类、来源等都发生重大变化，大气污染治理已进入深水区，更需要新的科学思维和视角来研究大气污染的发生及演化的内在机制，需要更加重视 $PM_{2.5}$-O_3 协同治理，最终同步遏制 $PM_{2.5}$-O_3 污染浓度的上升趋势。

1.2 复杂性科学概述

1.2.1 复杂性科学的概念

传统的科学方法侧重于通过“剖析”复杂环境的各个部分来更好地了解世界，然后建立因果关系。化学家和物理学家将材料分解为分子，分子分解为原子，原子分解为正电子和负电子等。生物学家试图通过将环境分解为单个物种，并进一步分解为单个动物，通过研究它们的个体行为和生理机能来理解环境。基于这种“还原论”世界观的科学探索，构成了现代科学的重要组成部分。

对于简单的系统，“还原论”思维建立的科学体系可以很好地进行描述。例如，抛出一块石头，可以精确预测其轨迹；拉伸弹簧并松开，其会以固定模式振荡。这种可预测且直观易理解的行为是简单系统的主要特征之一。

然而，我们身边充满了复杂系统的例子，似乎难以通过拆解系统各个组成部分的方式来理解其行为。一个有趣的例子是椋鸟成群的聚集飞翔（图 1.4）。似乎只需要三条简单的规则就可以认识每一只椋鸟的飞行特征，包括：①在某一只椋鸟的视野半径内，它将尽可能与邻居保持速度一致，避免离群；②椋鸟之间如果距离太近，就会变换方向，避免碰撞；③当周围邻居改变飞行方向时，椋鸟将随之改变方向，躲避风险。然而，当成千上万的椋鸟在空中聚集飞翔时，将形成复杂多变的行为模式。面对游隼等猛禽的捕食，鸟群能实现高速敏捷的队形变化，不仅能躲避游隼捕猎，还互不干扰地实现整体队形不分散。尽管依靠最简单的秩序原则，但成千上万的椋鸟在空中实现了变化万千的群体飞舞模式。这种复杂多变的群体模式保护个体免受猛禽的捕猎，增加了生存机会。这样，似乎有某种特征只能在群体的层面才能够展现出来，从而表现出“整体大于各部分之和”的性质。这种现象被称为“涌现”行为。

图 1.4　聚集飞翔的椋鸟群

当一个整体大于各个部分的总和时，它被认为是一个复杂系统。传统思维会分析每个单独的组件，而复杂系统需要建立在“整体论”的思维模式中。“整体论”的思维模式认为，无需将每个组成单元的细节搞清楚，而只需要通过研究系统各部分相互关联的模式，我们就可以预测某些新颖结果涌现的可能性。复杂性理论及其相关概念出现于 20 世纪中后期，跨多个学科，包括普里戈金对非平衡热力学耗散结构论的研究、洛伦兹对天气系统和非线性因果路径的研究（即蝴蝶效应）、混沌理论及其新的数学分支、芒德布罗建立的分形几何学、巴克等建立的自组织临界性理论等。复杂性理论所强调的“整体论”思维模式可以揭示隐藏的模式，帮助预测天气、社会问题、疾病传播、金融衰退等。无论我们关注的是小到原子的东西还是大到股票市场，因为变量太多预测未来的行为都不容易。如果我们能够接受复杂性，就能在最初看似混乱的事物中找到规律。这样，如何精确地对不同领域中的“涌现”现象进行建模，是复杂性理论尚未解决的一个主要问题。为“涌现”行为建立坚实的理论基础，也深深吸引了数学家、物理学家、生物学家、经济学家和其他学者，使复杂性研究成为令人兴奋且不断发展的新科学理论。随着全球化和数字革命发展，当今的数字时代充满了极其庞大的数据，其中充满了有关每个复杂系统的宝贵信息。虽然数据量惊人，但大数据和机器学习可以帮助我们识别模式以做出更好的决策。

1.2.2 复杂系统的特征

1. 系统组成的复杂性

对于一个简单的体系，它的构成要素很少，可以用更少的变量来准确地描述它。对于一个随机系统来说，它的构成要素很多，但是它们之间缺少相互间的耦合关系，因此，只有用统计学的手段才能对其进行研究。然而，一个复杂的系统，其构成要素数量庞大，并且彼此间具有明显且强烈的耦合关系。例如，蚁群生态系统中，蚂蚁数量众多，相互之间能够通过信息素交流，宏观上涌现出分工协作的社会学结构现象，具备复杂性特征。

2. 系统结构的开放性

传统实验是在封闭系统中进行的，而现实世界是一个开放系统，其行为与我们在严格控制的经典实验环境中遇到的封闭系统有根本不同。复杂系统尽可能模拟现实世界，称为一个开放系统。开放系统的特点是物质和能量不断地流入和流出，这些系统对周围环境“开放”。开放系统永远无法达到严格意义上的平衡，即能量和物质流动的绝对停滞。然而，存在一种动态平衡，称为“稳态”。开放系统是自组织的，并产生高度结构化的有机体。这与根据热力学第二定律向最大无序状态（熵增）发展的封闭系统形成鲜明对比，封闭系统达到的最终状态取决于其初始条件。开放系统通过自我调节反馈循环保持平衡（稳态）。

3. 相互作用的非线性

复杂系统中组成单元的行为模式的涌现，源于紧密互联的组成单元之间存在着正反馈和负反馈的相互作用。复杂系统涌现出的“全局秩序”（系统级别的结构）来自局部交互作用的正负反馈循环。复杂相互作用的一个根本特征是不合乎常规的因果关系（即小原因并不总是产生小影响），或通常所说的“非线性”。非线性系统可能会在稳定状态或平衡状态之间突然翻转。非线性相互作用的结果是产生结构化宏观模式的“涌现”。这些重要的宏观“涌现”是系统中实体独立微观相互作用的结果，即“小原因可能产生大影响”，呈现出混沌效应。非线性初始条件的微小变化可能会导致系统行为发生惊人的变化。非线性是由复杂系统的内部结构造成的。

4. 复杂迭代的自相似性

复杂系统是从迭代过程中产生的，因此新兴的模式经常会在不同的规模尺度上重复出现。自组织系统是分层结构的，这样复杂系统中组分间相互作用的路径不仅依赖当前状态，而且也影响未来的动态。自相似系统的层次结构可以在数学上描述为分形。分形维数的概念是由芒德布罗提出的。分形维数是提供复杂性统计自相似性指数的比率，它测算了图案中的细节如何随测量尺度的变化而变化。这种自相似性的数学方法有助于我们以定量的方式描述这些模式。大量自然现象展现出此类重要的自相似结构，如河流、树木、蕨类植物或冰晶等，如图 1.5 所示。

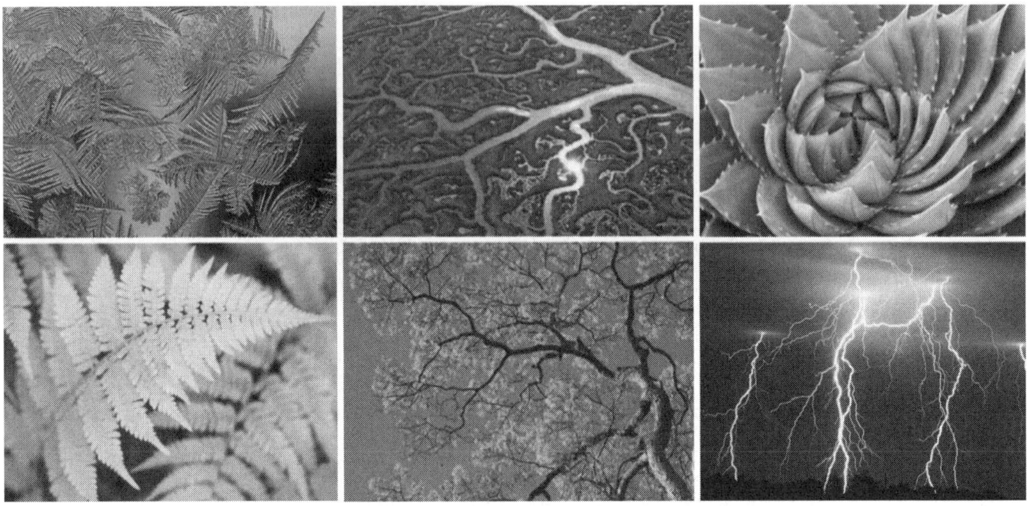

图 1.5　自然界中漂亮的自相似结构

5. 个体行为的随机性

在复杂系统模型中，每个个体的行为和特征完全取决于其特定位置的条件、经验、环境以及个体在该特定时间点之间的特定联系。这些个体行为会导致相当随机且不可预测的过程。尽管大量个体在其自身行为中将混沌、无规则和随机性带入复杂系统中，但随着时间的推移，仍会产生共同的行为规则和社会界限，涌现出一致的宏观模式。在复杂系统中，虽然永远无法准确预测个体未来，但可以发现系统整体的潜在发展趋势。

6. 群体智慧

复杂性理论的一个主要含义因“群体智能”这一关键词而广为人知。这个概念背后的思想是，从足够多的“愚蠢”个体中，会出现意想不到的聪明集体行为。一个经常被引用的“群体智能”的例子是火蚁，一旦火蚁的巢穴被洪水淹没，它们就会在水面上建造浮桥。尽管许多蚂蚁个体死亡，但蚁群本身却幸存下来。在计算机工程中，群体智能的概念用于寻找数学上难以处理或计算成本过高的计算解决方案。所谓的启发式算法虽不能提供最好的解决方案，但非常擅长快速找到好的解决方案。用于查找网络中的短路径的蚁群优化算法就是一个例子。

1.2.3 大气颗粒物演化的复杂性

过去几十年，大气化学家一直在努力揭示 O_3 和大气气溶胶形成的基本化学原理。大气光氧化是由少数几种强氧化剂引发的，其中最重要的是羟基自由基（•OH），它们可以与排放到大气中的各种物质发生反应。这包括无机物（如 NO_x、SO_2、CO）以及人为和自然排放的各类有机物。大气氧化反应的产物和副产物不仅取决于被氧化的各种化合物，还取决于可能影响这种氧化化学反应的其他物质的浓度。在这方面最重要的是 NO_x，它控制着过氧自由基中间体（HO_2•和 RO_2•）的去向，这些中间体是在 VOC 和其他物质氧化过程中形成的。在相对“清洁”（低 NO_x）的条件下，一些过氧自由基会与其他过氧自由基发生反应，或（就 RO_2•而言）发生异构化，没有 O_3 累积；而在受污染的环境条件下，它们会与 NO 发生反应，形成 NO_2，在白天迅速光解，产生 O_3 累积。

O_3 的产生与 VOC 和 NO_x 的浓度之间存在着复杂的非线性关系。在 VOC 含量高而 NO_x 含量低的条件下，化学反应是“NO_x 控制”，此时更多的 NO_x 排放意味着更多的 O_3 产生。但是，在 NO_x 含量较高的情况下（全球许多交通排放影响较大的城市都存在这种情况），大气光化学系统会出现“NO_x 饱和”，更多的 NO_x 不会产生更多的 O_3。增加的 NO_x 会成为•OH 的吸收池，减缓 VOC 的氧化速度，抑制 O_3 的生成。此外，NO_x 还能将 O_3 封存在 NO_2 和 N_2O_5 等临时中间介质中。这种化学作用对 NO_x 排放和空气质量之间的关系具有重要影响，因为在这些条件下，较低的 NO_x 排放量实际上会导致较高的 O_3 水平。这就造成了城市中大气污染的“周末效应”，即交通流量减少导致 NO_x 水平降低、O_3 水平升高。因此，在 COVID-19 疫情期间观察到的污染城市的 O_3 水平有所上升的现象并不令人惊讶，因为这是大气光化学反应的直接结果。但是，特定地点 O_3 的变化如何导致二次气溶胶的生成，却难以准确评估，因为其主要取决于除 NO_x 水平以外的许多因素，如 VOC 的种类与数量、反应活性、大气氧化剂水平以及气象条件变化等。

大气颗粒物（尤其是二次颗粒物）形成的化学过程更加复杂，难以厘清。一部分 $PM_{2.5}$ 是一次产生的，直接从燃烧和其他污染源排放。然而，中国大部分地区，$PM_{2.5}$ 主要以二次颗粒物的形式存在。当气相物质发生光化学反应，形成挥发性足够低的产物，并凝结成颗粒相时，就会产生二次颗粒物。二次颗粒物主要包括硫酸盐（由 SO_2 氧化形成）、硝酸盐（由 NO_2 氧化形成）和 SOA（由 VOC 氧化形成）。因此，$PM_{2.5}$ 水平与这些前体物的排放以及大气氧化能力有很大关系。气态前体物转化成二次气溶胶的过程非常复杂。二次气溶胶可能由数十种甚至数百种的气态前体物形成，每种前体物都会通过多种途径发生反应，形成由数百或数千种反应产物组成的复杂混合物，从而增加了大气光化学体系的复杂性。由于系统的化学复杂性，$PM_{2.5}$ 与前体物的依赖关系是非线性和不确定的，这也是现代大气化学的一个主要焦点。

近年来，国内外学者对 $PM_{2.5}$ 复合污染的形成机理进行了大量研究，认为其形成机理十分复杂（Li et al.，2019a；Zhu et al.，2019；李红等，2019；Dai et al.，2021）。$PM_{2.5}$

和 O_3 不但有共同的前体物，二者之间还存在着许多互相作用的复杂路径（Li et al.，2018a；Li et al.，2019b）。O_3 的生成增强了大气氧化能力，使得一次污染物通过气粒非均相光化学反应转化形成二次气溶胶；复杂大气颗粒物本身可以为大气多相反应提供化学反应表面，影响 O_3 的光化学反应生成和损耗过程；另外大量生成的二次气溶胶，可通过反射或散射太阳辐射的方式影响光化学辐射通量，进而影响光化学反应速率和降低 O_3 生成。基于大气物理化学、气象学等学科的研究成果，国内外学者已建立了多种理论与模式，对大气复合污染下 $PM_{2.5}$ 的时空演变过程进行数值模拟（欧阳琰等，2007；王自发等，2008；胡荣章等，2009；刘红年等，2009；李红等，2019；Li et al.，2019a，2019b）。这些模型已经建立了一套完整的大气污染模式，包括排放、对流、湍流、输运、凝结、成核、沉降、多相化学反应等，物理意义明确，并已取得了卓有成效的进展。这些模型所涉及的计算参数众多、方程繁杂、参数估计工作量巨大。精确估计这些模型参数的具体数值，对于提高大气污染数值模型的普适性和准确性，促进我国 O_3 和 $PM_{2.5}$ 污染协同控制工作来说至关重要。

然而，实际大气复合污染中，与 $PM_{2.5}$ 生成密切相关的各种大气非均相反应极其复杂，不同时段中污染物来源的差异以及颗粒物表面性质的不同，都会导致大气化学模型中的诸多重要参数产生较大的不确定性，有的相差甚至达到 3 个数量级（Bauer et al.，2004；Mogili et al.，2006；颜敏等，2008），这势必对大气数值模式模拟的精确性带来严重影响。同时，大气环境的复杂性导致许多物理化学过程并不明晰，比如大气化学中化学成分组成、反应速率、反应条件、非均相反应物化机制等也存在较多不确定性因素（朱彤等，2010；吴志军等，2011；贺泓等，2013）。特别是在特殊时期污染源排放的短期动态变化下，实时大气排放清单存在极大的变化和不确定性（Lv et al.，2020），这些不确定性因素势必导致许多大气数值模拟方法不确定性大、重复性弱。对于 $PM_{2.5}$ 和其他污染物之间非线性关系的理解仍然很薄弱，给高浓度 $PM_{2.5}$ 污染的准确预测带来很大的困难。例如，Liu 等（2020）应用 WRF-CMAQ（weather research and forecasting- community multi-scale air quality）大气质量模型，根据实际减排情景模拟研究了 COVID-19 疫情暴发期间长三角地区各种大气污染物的演化规律。尽管模拟结果基本能在整体上反映出各种污染物的变化趋势，但高浓度的 $PM_{2.5}$ 仍然存在较大程度的被低估，这被认为与排放清单和尺度因子的不确定性有关。

纵观当前众多大气污染数值模型，各模型基于的理论和功能有较大差异，主要都建立在还原论思维的基础之上。这种确定性还原论思维下的空气污染模型其实隐含着一个基本假说：只有准确掌握各因素以及它们之间的交互作用，才能实现对大气颗粒物时空演变的确定性预报。但在现实生活中，大气环境系统是一个由多个基本单元构成的复杂大系统，各单元间具有较强的反馈和调控作用。要想全面了解大气复合污染的各种影响因子和机理，显然是不可能的，因此，空气污染过程的预报精度也会受到影响。即使所有影响因子都非常确定，由于大气系统本质上是混沌系统，受到大气系统内部强烈的反馈与调节的非线性相互作用，大气系统的长期演化状态会受到初始状态的稍微改变影响而不可预测，从而也会给预测结果带来不确定性。Kroll 等（2020）深入评述了 COVID-19 疫情期间 O_3 和 $PM_{2.5}$ 相互作用的非线性关系研究，认为非常有必要引入复杂性系统科学理论和方法来加深对 $PM_{2.5}$ 生成的非线性作用的理解，以弥补传统大气污染数值模型的不足。

复杂性系统科学是建立在整体论思维的基础之上的研究途径。这种整体论思维的研究方式，忽略了组成单元之间相互作用的微观细节，而直接从宏观整体的尺度上研究系统演化的非线性动态特征。这样就可减少微观机制不确定性带来的影响。大气污染物浓度演化的时间序列，既包含着污染排放输送等相对确定的信息，又包含着污染物和诸多影响因素之间的复杂非线性相互作用信息，如大气化学、大气湍流、气象作用等非确定性的信息，整体上表现出复杂的非线性、非平稳性特征。因而，引入复杂性系统科学理论和非线性方法，从整体论入手分析大气污染多尺度演化内在的非线性关联特征，对当前大气环境研究来说是十分合理的一种研究途径和重要补充。

第 2 章　自组织临界性理论概述

2.1　自然界中的幂律分布

2.1.1　复杂系统的非线性涌现

自然界中所谓“系统”是指一系列相互作用（或相互依赖）的组件或实体结合成一个整体，以实现某一功能，比如树苗（生命系统）、飞机（机械系统）、地震（地质系统）、飓风（气象系统）、洪灾（水文系统）或者股票（经济系统）。

对于各种系统来说，系统的输入与输出往往有着密切的因果关系。对系统输入与输出之间因果关系的理解，有助于深入认识自然界中各类系统演化的内在规律。许多系统受到线性动力学的控制，其输入与输出之间的因果关系表现出简单的线性关系。简单的线性关系具有叠加性和齐次性，可以表述如下：

$$f(x+y)=f(x)+f(y) \text{或者} f(nx)=n\times f(x) \tag{2.1}$$

例如，火力发电是一个线性系统的例子，如图 2.1（a）所示。使用燃煤的数量与产生的电能之间呈正比关系，多个发电厂的电力输出需要相应比例的燃煤供应，因此满足线性系统的可加性和齐次性的特性。如图 2.1（b）所示，飞机设计上本质也是一个线性机械系统，因为飞机方向盘转动的角度与飞机的转向变化呈正比关系。

(a) 火力发电系统

(b) 飞机机械系统

图 2.1　线性系统例子

然而，并非所有系统都是线性结构，更多的自然系统表现出复杂的非线性特征。许多自然系统由大量实体组成，它们以复杂的方式相互作用并表现出非线性行为，被称为非线性耗散系统，如地震、飓风、股票市场等。地壳板块缓慢运动中累积的剪切或滑动应力作用，最终将在某一时刻导致板块破裂而发生地震。目前来看，地震的发生似乎具有很强的不确定性，难以准确预测。而大洋上空由于热梯度、气压和环流等微小气场波动形成的气旋，可能通过洋面源源不断的能量供应而迅速形成飓风，在登陆时引发灾难。

同样，股票市场的“黑天鹅”事件也充分说明导致经济系统崩盘的偶发因素往往难以准确预测。混沌理论的先驱洛伦兹创造了蝴蝶效应这个术语，形象地说明蝴蝶的翅膀振动足以引起大气的变化而导致龙卷风。

复杂自然系统的宏观涌现行为必须通过大量实体组元之间局部或微观尺度的相互作用来实现，并非“自上而下”的规则，而是“自下而上”的行为。实体组元之间局部的相互作用可能存在正反馈效应（放大效应），也可能存在负反馈效应（抑制效应）。以温室效应下海冰融化系统为例（图 2.2）。当大气中排放的温室气体增多时，地球系统的温室效应将会加强，温度有升高趋势，导致海冰融化，这会使得原来的白色海冰消失，暴露出颜色更深的海水，这将有利于进一步吸热，温度进一步升高，从而构成一个正反馈的放大效应。然而，大自然系统没有如此简单，可能还存在着更复杂的负反馈机制，以阻止上述作用的进一步发展。如大气温度升高导致海冰融化，这会有利于藻类群落的加速生长，其呼吸作用加强，吸收 CO_2 的能力也增强，形成新的 CO_2 汇，从而减弱温室效应，导致温度降低，构成一个负反馈机制。正负反馈机制的相互耦合，可能使得温室效应下海冰融化系统的演化变得非常复杂，在演化的某些临界点附近，甚至可能对非常小的系统干扰变得异常敏感。

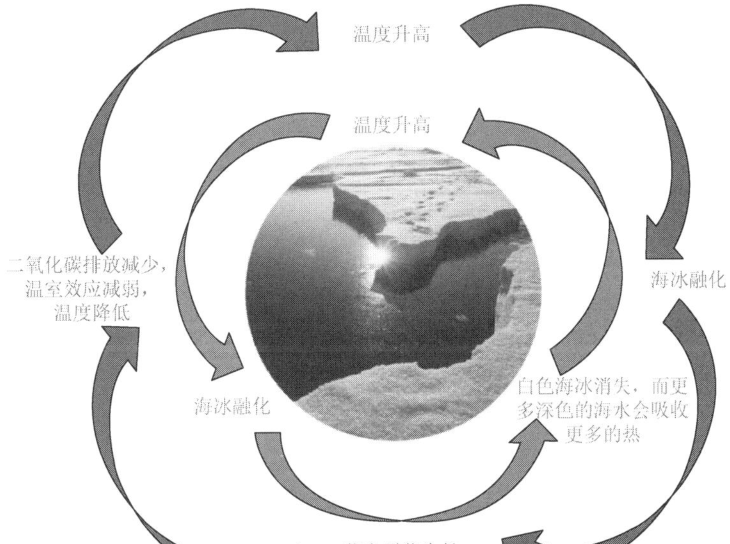

图 2.2　温室效应下海冰融化系统的正反馈和负反馈机制示意图

人们所观察到的自然系统状态的变化，本质上就是不同系统元素之间相互作用或联系变化的表现。关于相互作用网络的拓扑结构及其连接如何影响系统的功能，基于复杂网络理论已有相当多的理解。例如，自然进化的自组织网络（如生态系统和互联网）往往能够抵御局部故障，但容易受到主要网络中心（如关键物种或主要计算机服务器）丢失的影响。相比之下，工程化建立的非常密集和高度连接的系统（这在很大程度上适用于全球银行等社会系统），抗干扰能力就差得多。局部扰动可能会导致多米诺骨牌效应，并迅速级联到整个系统。2008 年，美国房地产市场泡沫破裂引发了全球性的经济危机，导致多家银行倒闭、失业人员激增、股市崩盘等一系列的负面后果。这就是高度互联且同质的复杂系统具有较低抗干扰能力的一个典型例子。一个复杂系统到底是如何通过大量实体组元之间局部或微观尺度的相互作用，将局部扰动在不同时空尺度上进行级联放大的，这个问题非常重要。如果人们能够追踪到自然系统在不同时空尺度上级联作用的放大机制，并认识自然系统非线性涌现的动态特征，就可以建立预测未来变化的坚实理论基础，从而增强系统对变化的适应性或抵抗力。

人们发现，大量自然系统状态的非线性涌现，在不同时空尺度上往往呈现出典型的幂律分布。

幂律关系是一种数量上的统计关系，在这种关系中，一种数量上的相对改变会导致其他数量的相应改变，不受初始数量的影响。

幂律关系的一个例子是正方形面积或正方体体积（以其边长表示）。如果我们将长度加倍，那么面积就会扩大至 4 倍。同样，如果将立方体边长加倍，则立方体的体积将扩大至 8 倍。这个变化关系中，重要的是正方形或立方体的几何维数，而不是正方形或立方体的特定大小。这个例子表明，幂律关系因研究对象的几何维数变化而变化。正方形和立方体的几何维数分别为二维和三维，因此当将边长放大至 m 倍时，面积和体积分别放大至 m^2 和 m^3 倍。物体的维度越大，放大的倍数就越大。

如果我们将变量绘制在对数轴上，则幂律关系可以转化为线性关系。以这种方式绘制两个量的对比图是确定它们是否具有幂律关系的方法。例如，对于上述正方形面积或正方体体积的例子，正方形和立方体的几何维数可以通过下面式子来计算得到：

$$D = \frac{\ln N}{\ln L} \tag{2.2}$$

式中，D 为正方形或立方体的几何维数；L 为边长扩大至原边长的倍数；N 为面积或体积增大至原面积或原体积的倍数。显然，对于正方形面积来说，$D = \frac{\ln N}{\ln L} = \frac{\ln m^2}{\ln m} = 2$；而对于立方体体积来说，$D = \frac{\ln N}{\ln L} = \frac{\ln m^3}{\ln m} = 3$。

幂律关系非常重要，因为它揭示了系统在不同尺度间变化时的潜在不变特征。通常，幂律关系具有这样的属性，即不同尺度的现象之间的变化与我们所观察的特定尺度无关。因此，我们以一种比例拍摄的照片，其在某种程度上与我们以另一种比例拍摄的照片相似。这种自相似性是幂律关系的基础。

2.1.2　幂律分布的发展历程

数学结构上，幂律函数形式并非最近才被发现，很早之前科学家们就已经建立了幂律的科学定律。

现代科学之父——伽利略，曾经将数学应用于生物学，试图研究一个问题：为何生物不能无限长大。伽利略发现，大型动物比小型动物需要更厚的骨头支撑身体。他推断动物的质量（M）、骨骼面积（S）和身体长度（L）之间分别满足如下关系：

$$M = L^3, \quad S = L^2 \tag{2.3}$$

因此，如果动物的身体长度增加 1 倍，其质量就会增加至 8 倍。然而，骨骼面积只会增加至 4 倍。这意味着质量的增加速度快于骨骼面积的增加速度。大型动物的质量太大，对骨骼的压力也很大。正因为如此，大型动物比小型动物更加稀有。图 2.3 是伽利略绘制的大猩猩骨骼放大草图。将大猩猩的身体长度乘以 10，则其质量乘以 1000，骨骼的横截面积乘以 100。因此，巨型大猩猩需要非常厚的骨骼。

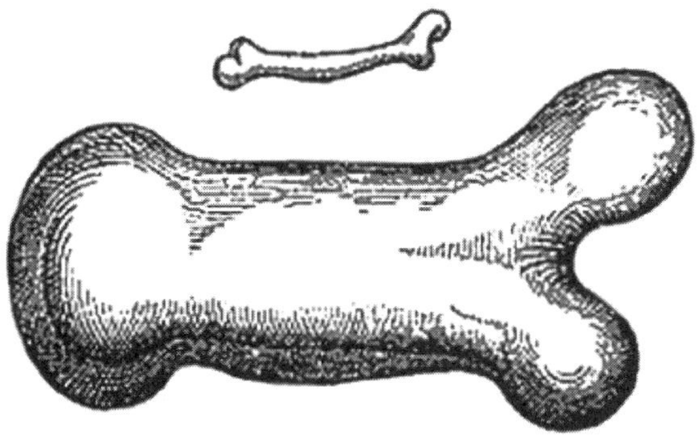

图 2.3　伽利略绘制的大猩猩原始骨骼（上）及放大草画（下）

17 世纪初的科学革命期间，开普勒在第谷的基础上提出了支配天体运动的普遍法则。他发现，行星绕太阳一周的时间（T）的平方等于行星到太阳的平均距离的三次方（D）乘以常数 C。即，开普勒第三定律建立了行星轨道周期与其距太阳平均距离之间的数学关系，由下式给出：

$$\frac{D^3}{T^2} = C \tag{2.4}$$

牛顿建立的万有引力定律，描述了当两个物体（质量分别为 m_1 和 m_2）彼此靠近或远离时，它们之间的引力（F）与距离（r）的平方成反比。在数学上，万有引力定律由下式给出（G 是万有引力常数）：

$$F = G\frac{m_1 \times m_2}{r^2} \tag{2.5}$$

随后库仑也在电场中观察到了力与距离平方之间的反比关系。库仑定律指出，两个电荷之间的相互作用力（F）与其电荷（分别为 q_1 和 q_2）的乘积成正比，与它们之间的距离（r）的平方成反比（k 为库仑常数），即

$$F = k\frac{q_1 \times q_2}{r^2} \tag{2.6}$$

开普勒第三定律、库仑定律和万有引力定律都是幂律的例子，可以用以下形式进行统一表示：

$$f(x) = Cx^{-\alpha} \tag{2.7}$$

其中，库仑定律和万有引力定律中，x 代表物质之间的距离，$f(x)$ 代表其之间的作用力，C 是常数，$\alpha=2$。

类似关系也体现在斯特藩-玻尔兹曼定律、斯托克斯定律和居里定律等重要的物理规律中。开普勒第三定律、万有引力定律和库仑定律等物理定律是确定性模型，因为人们可以根据公式在任何给定时间内精确预测引力或电力以及行星的位置。上面的方程一般性地定义了幂律，但不一定是确定性的。然而，我们可以制定随机（概率）过程的幂律。在这种情况下，$f(x)$ 表示概率分布。如果 x 是连续随机变量，则要使 $f(x)$ 成为概率密度函数，$f(x)$ 下的面积必须等于 1。从数学上来说，可以将其表示如下：

$$\int_{x_{\min}}^{\infty} f(x)\mathrm{d}x=\int_{x_{\min}}^{\infty} Cx^{-\alpha}\mathrm{d}x=1 \tag{2.8}$$

通过求解该积分，并计算参数 C，可以得到下列幂律分布函数：

$$f(x)=\frac{\alpha-1}{x_{\min}}\left(\frac{x}{x_{\min}}\right)^{-\alpha} \tag{2.9}$$

幂律也可以定义为离散随机变量，在这种情况下，X 等于值 x 的概率（P）由下式给出：

$$P(X=x)=\frac{x^{-\alpha}}{\sum_{x_{\min}}^{\infty} x^{-\alpha}} \tag{2.10}$$

从数学上讲，该定律指出概率 $P(X=x)$ 随着 x 值的增大而减小。x 越大，被观察到的可能性就越小。

幂律在双对数刻度图上表示为一条直线，即

$$\lg f(x)=-\alpha\lg x+C \tag{2.11}$$

对数刻度上的这条直线是幂律存在的标志。

Newman（2007）列举了 12 个被认为遵循幂律分布的“等级/频率图”，包括：①梅尔维尔的小说《白鲸》中单词出现次数；②1981 年发表的科学论文，从发表到 1997 年 6 月的引用次数；③1997 年 12 月 1 日美国在线互联网服务 6 万用户点击网站的次数统计；④1895～1965 年美国畅销书的销量；⑤美国电话电报公司电话用户单日接听电话数；⑥1910 年 1 月～1992 年 5 月加利福尼亚州发生的地震震级，震级与地震最大振幅的对数呈正比；⑦月球上陨石坑的直径；⑧太阳耀斑的伽马射线峰值强度；⑨1816～1980 年的战争规模，以参战国每 10000 人的战斗死亡人数计算；⑩2003 年 10 月美国最富有个人的美元净资产总额；⑪1990 年美国姓氏出现的频率；⑫2000 年美国各城市的人口。详见图 2.4。

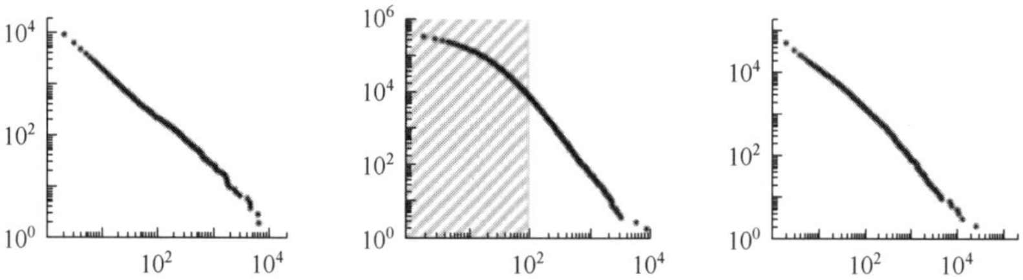

(a) 词频　(b) 论文引用次数　(c) 互联网点击次数

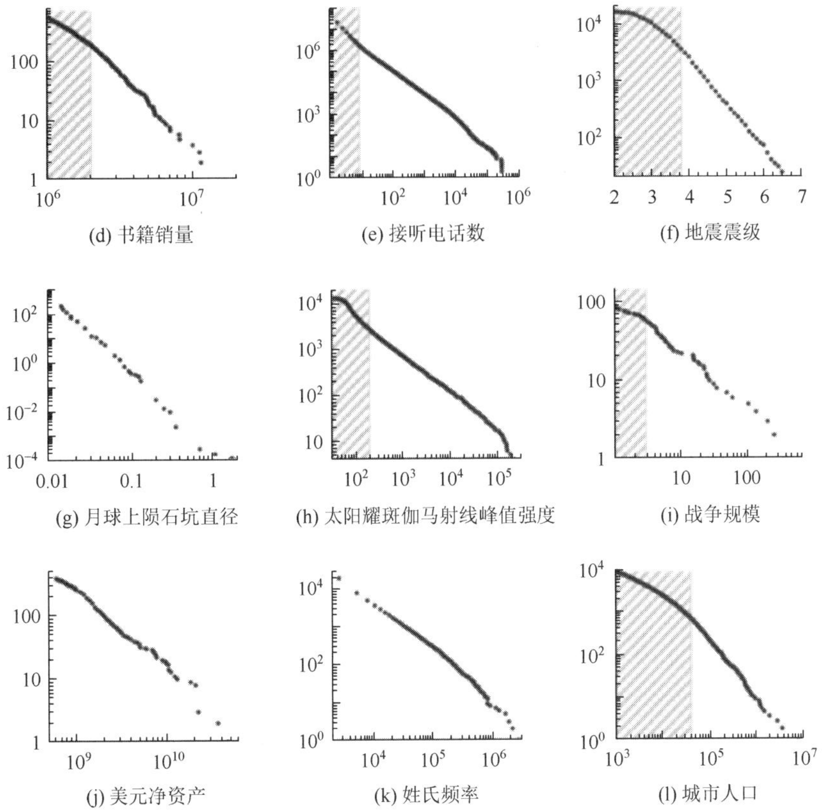

图 2.4　12 种幂律分布的示例

（引自：Newman，2007）

我们可以将幂律分布与正态分布进行比较。在正态分布中，与事件相关的值分布在典型值（即事件的平均值）周围。例如，如果我们测量个人的身高或汽车的最高速度，会发现这些值分布在一个典型值（平均值）附近。关于身高，我们应该观察 1.70 m 左右的值，最小值在 1.50 m 左右，最大值接近 2 m，在这个高度范围内的物体才有可能被识别为人类个体。汽车的速度也是如此，其通常在 50 km/h 至 200 km/h 之间变化。也就是说，我们观察的值与收集的值之间不会存在较大差异。在幂律的情况下，行为是不同的。当极端事件以低概率发生时，就会出现幂律分布。例如，大多数人在社交网络上有数百个连接。然而，有少数人拥有数百万的联系人。这些人通常是名人，如政治家或著名运动员等，是人类社交网络中较有影响力的人，影响着数百万人的行为和观点。名人效应的分布形式就呈现幂律分布。幂律的一个基本属性是系统没有标准尺度，即著名的无标度尺度。

标度不变性为何是幂律的一个重要性质，可以利用幂律关系的数学表达式，通过进行数学变换来理解。

对于幂律关系 $f(x)=Cx^{-\alpha}$，将 x 进行一个比例标度（k）放大，即把 x 放大至 k 倍，则公式变为

$$f(kx) = C(kx)^{-\alpha} = C \cdot k^{-\alpha} \cdot x^{-\alpha} = k^{-\alpha} f(x) \propto f(x) \tag{2.12}$$

也就是说，将参量 x 标度 k 倍，那么对应的原始幂律关系整体保持不变，只是进行规模为 $k^{-\alpha}$ 倍的缩放而已。因此，幂律中的标度不变性特征是由数学特性决定的。幂律分布是唯一具有这种性质的分布。

标度不变性也与分形有关。分形是在不同尺度上表现出自相似性的几何对象。这意味着，当近距离或远距离观察时，它们会显示出以无限复杂的模式重复的相同结构。分形存在于许多自然现象中，例如云、雪花、河流和山脉的形状等。它们还可以通过复杂的数学方程生成，并用于各个领域，例如自然现象建模、计算机图形学和艺术等。

2.2　自组织临界性的概念

1989 年，Bak 和 Chen 在其论述中强调，必须关注幂律分形在自然界中广泛存在的动力学基础。Bak 和 Chen（1989）对幂律分形现象背后可能存在更深层次的动力学问题进行了系统清晰的表述："芒德布罗发现分形在自然界中广泛存在，这一发现的重要性怎么强调都不为过。许多我们过去认为杂乱无序的事物实际上都具有明确定义的幂律空间相关函数的特征。到目前为止，我们已经习惯了分形，以至于我们觉得自己很容易理解它们。但是我们是否必须简单地接受它们的存在是'上帝赋予'的而不需要进一步解释，或者我们是否可能构建分形物理学的动力学理论。"除此之外，Bak 和 Chen 继续强调："还有另一种普遍存在的现象，几十年来一直无法解释。来自各种来源的信号（水、电流、光、价格等）的功率谱在低频下以接近 1 的指数衰减。这种类型的行为称为 1/*f* 噪声。"这里提到的 1/*f* 噪声，通常被认为是幂律时间相关函数的特征。如果一个复杂系统不断受到弱随机输入的扰动，那么系统动力学就会逐渐处于多尺度响应的叠加。动力学状态参量的功率谱遵循幂律，这意味着频率 f 处耗散的能量大约为 $1/f^{\alpha}$，其中 α 是某个常数。

自组织临界性（self-organized criticality，SOC）理论是为了研究复杂系统的宏观特性而提出的一个新概念。理论认为，复杂系统包含着众多发生短程相互作用的组元，在外界输入的能量和物质驱动下，能自发向一种宏观动力学稳定的临界状态演化，称之为自组织临界性状态。在这个关键点上，一个很小的干扰就会引起一系列的连锁反应，产生作用，并因此引起一场大事件。然而，长程交互作用下，各种尺度上的链式反应是动力学特性中不可或缺的一环，使得时空相关函数呈现幂律分布，1/*f* 噪声、分形等非线性结构特性也随之呈现。

自组织临界性状态下，将从小的动力学扰动开始而在未来某时刻引发雪崩事件。雪崩事件可以通过其规模大小、发生时间等动力学参量来描述。雪崩在空间或时间上的分布通常遵循有限尺度以及长程时空相关性。因此，雪崩的频率可以用 1/*f* 噪声来描述，与初始条件无关，并且无须微调参数。它的功率谱密度 $S(f)$ 与 $1/f^{\alpha}$ 成正比，其显示出尺度不变性的幂律分布，这也是连续二阶相变的特征。它在双对数图上表示为一条直线。

这种具有长期相关性和低频功率谱$1/f^{\alpha}$（$0.5\leqslant\alpha\leqslant1.5$）行为的随机过程在自然界中被广泛观察到，包括物理学、生物学、地球物理学、经济学和心理学。如果每次雪崩事件都起源于完全随机独立的干扰事件，那么它们的分布将呈高斯分布。但它们服从幂律分布这一事实，则暗示复杂系统内部存在时空相关性。在临界状态中，某一次小的扰动会导致后续所有大小规模雪崩事件均与之相关，其大小规模雪崩事件的概率密度服从幂律分布。

正如 Jensen 等（1998）总结的那样，SOC 系统是"缓慢驱动，相互作用主导的阈值系统"。形成一个 SOC 系统的最基本元素，包括以下几个方面。

（1）系统包含大量组元和自由度。

（2）组元通过局域作用力与其近邻进行局域相互作用。

（3）开放系统中，受到缓慢的外部驱动影响，获得能量物质输入。

（4）系统不稳定性存在临界值。这种结构弛豫现象是系统内部大量组元之间局部作用的宏观结果。

（5）临界状态时，微小扰动可能通过时空上的长程相关作用，触发快速的内部弛豫机制，从而引起时空幂律分布的雪崩效应。

许多复杂的自然现象，如地震、火灾、滑坡、降水、水华、酸沉降等，宏观上在长期演化过程中涌现出的分形幂律分布，目前已在 SOC 理论框架下得到全新的解释。具体领域中 SOC 机制的辨识，说明复杂现象演化中所出现的大的灾变事件的产生动力机制本质上和小的灾变事件是一样的。这些新颖的思想使得 SOC 理论可以为极端事件的预测和风险评估提供新的理论依据。相关研究已成为复杂性科学前沿课题之一。

在继续探讨 SOC 现象的实际例子之前，我们还应该厘清自组织和自组织临界性这两个术语之间的区别。自组织指的是在物理和生物系统中广泛存在的各种图案的形成过程。图案形成通过系统内部的相互作用而发生，没有外部引导和影响的干预，比如斑马条纹、植被生长的仙女圈结构、蜜蜂的蜂巢结构、沸腾液体中的瑞利-贝纳德对流元胞等（图 2.5）。因此，尽管自组织的原则也涉及非线性系统中相邻组件的复杂相互作用，但它侧重于产生的空间（分形）图案，而自组织临界性的原则则关注时间动态方面。动态行为产生时空事件，其能量、时间和空间尺度的统计分布可以进行抽样和定量建模。

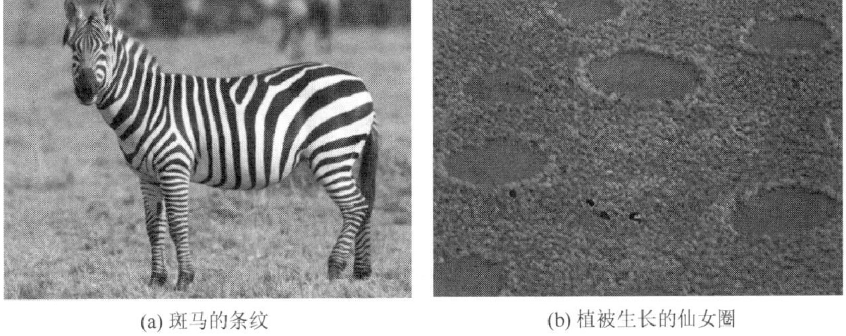

(a) 斑马的条纹　　(b) 植被生长的仙女圈

(c) 巨型蜂巢

(d) 瑞利-贝纳德对流元胞

图 2.5　自然界中的自组织模式

2.3　自然与社会系统中的自组织临界性现象

2.3.1　地震

地震代表了地壳上部的应力调整（深度小于 20 km）。地壳并非静态，而是不断经历着变形挤压过程。岩石圈分为多个构造板块，它们的运动是由地幔中的热对流驱动的，形成了海脊和海沟的俯冲带。构造板块表现为弹性体，直到应力超过一定阈值，就会发生位移（类似于某种黏滑断层运动），从而减小应力。地震也可能发生在稳定的地壳中，远离构造板块边缘的地震区域，或者出现在褶皱地形下的活跃断层中。地震是间歇性的事件，存在于长时间的平静期，有时会有前兆，或者在地震后有余震。一旦发生地震，地震波从震中传播出去，在一定的区域内造成破坏。

20 世纪，地震的统计和其震级的测量成为研究的焦点。早在 1954 年，人们已经认识了一些关于地震发生的统计规律。其中之一就是古登堡-里克特（Gutenberg-Richter）震级定律（图 2.6）。其说明区域所发生地震的能量（震级）遵循幂律分布，其数学表达式为

$$\lg N = a - bM \tag{2.13}$$

式中，N 为特定震级范围内地震的累计次数；a、b 为正的常数。

另一个是著名的大森（Omori）定律。该定律阐明了余震过程中，地震发生率随时间的衰减遵循幂律分布，其数学表达式为

$$n(t) = K(c+t)^{-p} \tag{2.14}$$

式中，t 为距离主震的时间；K、c、p 均为常数。

地震发生过程中的长期缓慢应力累积和地壳板块断裂阈值的存在，引发了 SOC 可能是地震能量突然释放关键机制的猜想。1988 年，Bak 和 Tang（1989）在京都的一次会议上就讨论了“地球动力学的自组织临界性行为”的想法。Sornette A 和 Sornette D（1989）以及 Ito 和 Matsuzaki（1990）也进一步提出地震是 SOC 在自然界中的一种具体实例，这

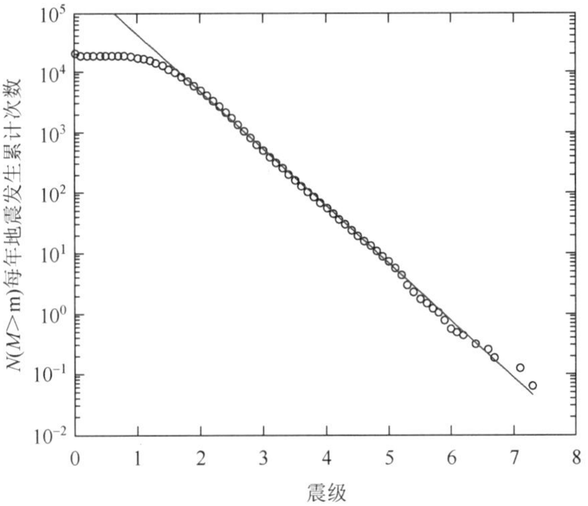

图 2.6　古登堡-里克特（Gutenberg-Richter）震级定律

（改引自 Christensen et al.，2002）

在地球物理学界得到了广泛的认可。深入探究地震是否表现出 SOC 特性，对于地球物理学许多方面都非常重要。如果地震是一种普适性的 SOC 现象，那么可能会识别出板块之间非常基本的微观相互作用，这些相互作用控制着几乎所有尺度上的地震动力学。这些相互作用不仅有助于我们更深入地了解导致地震的机制，而且还为实验、建模和预测铺平了道路。即使地震 SOC 不存在普适性，关于特别区域地震违背 SOC 的认识仍可能有助于理解特定区域地震发生的动力学机理。SOC 可能只是说明如何通过阈值和缓慢驱动引发类似于地震中观察到的能量突发的情况。

Gutenberg-Richter 定律中 *b* 值是震级发生频次统计关系式中的比例系数。*b* 值与其所对应区域的地壳破裂强度、应力状态有关，它决定着一定区域内不同规模地震发生的频数比例，是地震预测预报中的重要参数。大量研究表明，地震发生的概率密度函数很好地服从幂律分布，然而，*b* 值在区域、震源深度和震级大小上都有所不同。Evernden（1970）发现 *b* 值在 0.65（阿拉斯加州）到 1.46（伊朗）之间，在某些特殊情况下，甚至可能更高，随着深度增加，*b* 值从 0.74 下降到 0.55。Pacheco 和 Sykes（1992）发现，根据更长的地震目录和事件深度，*b* 值在 0.88 至 1.51 之间变化。

Geller 等（1997）研究提出，处于 SOC 状态的地壳系统，任何一个小震都有可能以一定概率级联生成大震。地震系统属于具有 SOC 特性的复杂系统，即处于无标度尺度的临界状态附近涨落。灾变级联是否发生，不仅取决于板块断裂等大事件及其邻近区域的岩层细节，还与整个地球系统内的所有细节相关。板块之间一次小的碰撞，产生应力挤压作用，并通过整个震源体物理空间中无数细微结构将应力进行传递和累积，可能造成岩层局域形变或微小裂纹，这形成了对震源区原来有序结构的一次破坏。当岩层板块之间的相互挤压造成的应力累积达到一定程度，突破岩层板块断裂的阈值时，地球系统可能就会发生失稳，导致一次地震的发生。当达到应力平衡时，地球系统又从无序转变为另一个新的有序状态。因此，理论上讲，级联动力学导致地球系统中任何一个小的细节变化，都与未来的地震事件紧密相关。地球构造非常复杂，远远超过人们的认识，任何微小扰动都可能导致系统的失稳，进而在未来通过级联作用引发地震，因此自然就得出了地震无法预测的结论。

预测性是地震研究的核心，忽视它几乎等同于否定整个学科。上述 Geller 等（1997）对于地震不可预测的声明，引起了很多争论。事实上，目前更多的学者倾向于认为，地震过程的 SOC 特征展现出的空间和时间长程相关性，完全可以利用类似于地震预报所使用的技术进行科学预测（Helmstetter，2006）。

2.3.2　生物进化

与地震一样，生物进化在实验室中观察起来非常困难，因为所涉及的时间和空间尺度非常大。

达尔文的进化论将地球上的生命解释为突变、适应、适者生存和不适者淘汰的一系列链式反应，最终导致物种存活的自然选择。由于细胞突变是随机的、渐变的，因此进化过程也是缓慢的连续过程。Goodhead（1977）提出，进化将以爆发式的形式在平静期内发生。他们认为，细胞的突变不完全是随机的。例如紫外线，其对寿命较短的细胞相对较少诱发突变，而对于寿命较长的细胞有较高的概率诱发突变。因此突变不是缓慢变化的连续过程，而是间断性发生的，这样进化也将以间歇爆发的形式发生。生物大爆发中会形成大大小小的平静期。物种灭绝的统计学数据展现出了明显的间断性特征，比如著名的白垩纪—古近纪事件（距今约 6500 万年前）。灭绝阶段可能涉及多个物种的连锁反应，这些物种可能相互依赖。另一方面，一个物种的灭绝可能引发另一个竞争物种的增长。恐龙和哺乳动物被认为在很长一段时间内共存，而哺乳动物物种的数量在恐龙灭绝后迅速增长，因为在没有恐龙竞争的情况下，它们的适应性增强了。物种大小的间歇性变化也可能由气象变化引发。在冰河时期，恒温哺乳动物的死亡率可能较高。全球变暖时期整体温度升高了，这可能提高了疾病传播的概率。

Flyvbjerg 等（1993）基于 SOC 理论和间断平衡概念，构建了生物进化的简单模型。该模型通过生物生态位之间自组织作用形成具有间断性协同进化特征的临界稳定状态。“协同进化”比起具有独立突变步骤的非合作进化要高效得多。在进化生态学中对临界性进一步的讨论可参见 Solé 等（1999）和 Hall 等（2002），该模型再现了生物进化中宏观波动的间断性（间断平衡）。Flyvbjerg 等（1993）的 BS 进化模型在生物学界引发了广泛的讨论，目前尚未达成共识。主要原因在于：首先，生物灭绝事件主要是对化石记录进行分析，而化石记录的不完整性导致其统计学分析难以获得普遍共识。其次，间断平衡理论本身就是有争议的问题（Gould and Eldredge，1993），有人认为它实质上是加速的渐变理论。再次，SOC 理论物理学家没有在模型中考虑融入更多物种和生态学的知识，导致模型只是一个简化的概化模型。因此该模型能否真实反映生物学演化的实质，尚不明晰。目前物种进化的 SOC 理论，仍更多地处于数理模型研究的范畴。

2.3.3　森林火灾

森林火灾是另一种表现出经典 SOC 行为的现象。森林火灾的触发因素可能是一些小事故，比如失控的野外篝火、抛弃的香烟，甚至是高压电线的电火花或闪电等，而结果可能取决于干燥条件、风速、森林植被等因素所决定的森林生态系统，这些因素最终可能导致灾难性的后果。

Malamud 等（1998）分析了森林火灾的统计数据，认为森林火灾在塑造森林生态格局中起着关键作用。他们提出了“黄石公园效应”这一术语，用以描述植被相邻生长对生态格局的渗透效应。这可能是定期扑灭小规模森林火灾导致植被连续生长，但这种做法促使了大规模火灾的发生，这些火灾会蔓延到更大的区域。Malamud 等（1998）指出，预防大规模森林火灾的最佳方式是允许小规模和中规模的火灾燃烧，但这显然建立在可以准确确定火灾的总范围以及允许负责人决定是否扑灭火灾的假设基础上。此外，该结论似乎建立在这样一个假设上，即许多小规模的火灾对生态群体的影响较小，而较大规模的火灾可以通过允许前者燃烧来预防，即小规模和大规模的火灾是相互排斥的。

Malamud 等（1998）对世界各地的森林火灾的频率-面积分布进行了分析，发现其中存在一些幂律分布。提取的标度指数范围为 1.31～1.49，这些指数在地理位置上存在差异。森林火灾是最早采用 SOC 元胞自动机模型建模的现象之一（Bak et al.，1990；Drossel and Schwabl，1992a，1992b；Henley，1993）。但在建立模型与观测之间存在一个难题，即在森林火灾模型中，燃烧区域的形状通常由先前的森林火灾决定，即动力学主要受到火灾的影响。而在自然系统中所考虑的大多数森林火灾中，地理和政策（如灭火活动）可能发挥着至关重要的作用。这可能导致模型与观测数据之间产生差异。

关于森林火灾的非普适性在更详细的研究中得到了确认，例如 Reed 和 McKelvey（2002）以及 Turcotte 和 Malamud（2004）的研究，后者甚至为美国绘制了指数图，指数范围为 1.1～1.8。在中国、意大利等地进行的研究也得出了类似的结论。更全面的森林火灾模型包括相变、“免疫”树木和重整化群理论的应用，参见 Turcotte（1999）的综述。

2.3.4　山地灾害

1899 年美国著名地理学家戴维斯（Davis）建立了侵蚀循环理论（theory of the cycle of erosion），认为地表在隆起上升的过程中，逐渐被风力和水力作用剥蚀夷平，最后重新降低至形成接近基准面的准平原或者地表起伏不大的地貌形态，存在着具有连续性和阶段性特征地表形态及剥蚀过程。Davis 强调了地表发育过程中构造运动、风力水力作用和侵蚀时间这三个要素之间的相互作用影响。

处于地貌发育阶段幼年晚期的谷地［图 2.7（c）］、壮年期的山地［图 2.7（d）］，以及山地斜坡系统是这些地貌阶段的主体，其斜坡系统能够保持在临界坡度，符合应用 SOC 的基本条件。地球构造运动导致山地隆起的过程中，将能量缓慢持续输入斜坡系统，这一过程非常缓慢（长达千百万年以上）。崩塌、滑坡、泥石流等山地灾害，则是由重力驱动的质量运动。山地灾害可能是由暴雨或地震引发的，其共同特征是突发性的能量耗散。在一定数量的土壤初次脱落后，重力将增大不稳定的土壤的质量，并逐渐增加动能。速度增大将克服沙滑坡前沿和边缘的摩擦，并拉动更多的岩土材料，进一步增大质量和动能。因此，山体滑坡和雪崩在其面积、体积、质量和能量的时间演变中表现出一种幂律行为。能量的慢驱动机制、岩土之间的相互作用及阈值失稳动力学的有机结合，使得山地灾害的发生演化成为 SOC 的良好例证。

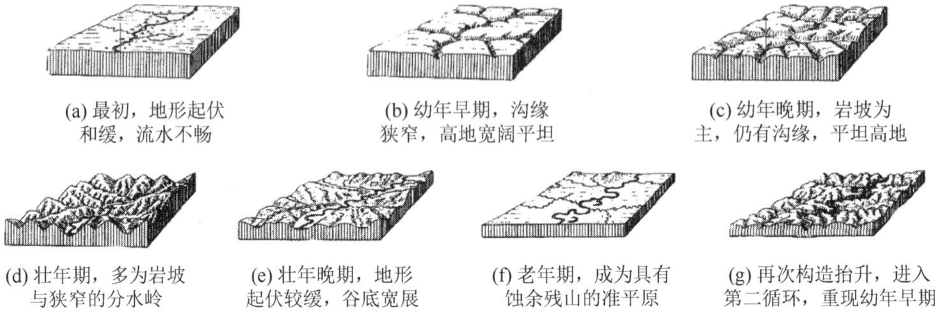

(a) 最初，地形起伏和缓，流水不畅

(b) 幼年早期，沟缘狭窄，高地宽阔平坦

(c) 幼年晚期，岩坡为主，仍有沟缘，平坦高地

(d) 壮年期，多为岩坡与狭窄的分水岭

(e) 壮年晚期，地形起伏较缓，谷底宽展

(f) 老年期，成为具有蚀余残山的准平原

(g) 再次构造抬升，进入第二循环，重现幼年早期

图 2.7　地表侵蚀循环示意图

［引自姚令侃和黄艺丹（2016）］

根据山体滑坡的规模（滑坡面积、滑坡堆积量或其他规模定义），山体滑坡的累积频率服从幂律分布。具体而言，在新西兰，幂律指数为 1.16（Hovius et al.，1997）；在日本、加利福尼亚和玻利维亚，幂律指数为 1.6～2.0（Pelletier and Turcotte，1997）；在意大利，幂律指数为 1.5（Malamud et al.，2001）。由地震引发的滑坡显示了幂律指数为 2.3～3.3 的幂律分布，涵盖了加利福尼亚、日本和玻利维亚［参见 Turcotte（1999）的综述和其中的引用文献］。滑坡体积的频率服从幂律行为，已对喜马拉雅公路上的 12 个数量级进行了测量（Noever，1993）。

2.3.5　自然界其他自组织临界性现象

气候变化中，各种气象因子也呈现出 SOC 特征。针对各种气象时间序列，挖掘其 SOC 特征存在的证据，最早可能是由 Vattay 和 Harnos（1994）进行的。他们探索了空气中相对湿度波动的 $1/f$ 噪声行为，并发现了约一个半数量级的无标度尺度。Kardar（1996）认为降雨可能显示出 SOC 特征。Koscielny-Bunde 等（1998）发现干旱时间分布展现出典型的 SOC 特征，不同地区的幂律指数为 1.5～2.5。Peters 和 Christensen（2002）使用分辨率更高的降雨数据，发现了涵盖四个数量级且具有良好幂律行为的特征，其幂律指数为 1.42。Sarkar 和 Barat（2006）对印度的降雨量进行了类似的分析，发现其幂律指数为 1.00～1.67。Peters 和 Neelin（2006）发现了气象系统可能正在经历的普通二阶相变的信号特征。鉴于可用数据精细分辨率的提高，一些学者认为气象学是自然界中 SOC 最有研究前途的领域。

水对地球上的生命起着基本作用。水循环的各个部分，从海水蒸发，到云的形成，再到降雨，最后到河流的形成，都被发现表现出 SOC 行为。与水相关的现象在水文学和流变学科学中进行研究。河水形成小溪，然后在汇合成越来越大的河流的过程中展现出一个众所周知的分形模式，也被称为水系结构定律。水系结构定律指出，河流系统中支流数量随主河干的延伸而增加，这个数量按照幂律增加。这一定律最著名的表现之一就是河流三角洲的河网结构。相关学者对河流网络和排水网络在 SOC 的视角下进行了系统研究（Rinaldo et al.，1996；Hergarten，2002）。SOC 行为在降雨、云的形成和气候变化中也有相关研究，这些问题在目前全球变暖趋势的背景下成为热议的话题。

沉积作用是造岩沉积物质进行堆积和形成岩石的过程。人们发现，大约 1 亿年前大陆架边缘发生的沉积作用也以类似雪崩的形式发生，由此产生的沉积层称为浊积岩，具有各种大小和厚度。例如在加利福尼亚死亡谷的地层厚度测量中发现其服从幂律分布（Rothman et al.，1994）。类似的幂律分布表明沉积作用的 SOC 行为，已在火山碎屑浊积岩沉积中发现（Hiscott et al.，1992），在斯特龙博利火山活动的声发射中发现（Diodati et al.，1991，2000），在多伦环陨石坑的岩石纹理和多环结构中发现（Wu and Zhang，1992），在岩石中的塑性剪切带中发现（Poliakov and Herrmann，1994），在外生矿床中发现（Henley and Berger，2000）。

磁层物理学中，地球的磁场与太阳风的相互作用，引发了许多次生现象，如电离层电流、极光、磁暴、磁层亚暴、磁重联和湍流。一些动态现象发生在等离子体片和磁尾中性片中，即地球磁场的尾部，它向太阳外延伸超过 200 倍地球半径的距离。许多磁层事件（风暴）由太阳耀斑、日冕物质抛射和太阳风触发，这些事件具有高度间歇性和湍流动力学特征，但主要表现出 SOC 行为。磁层亚暴和极光对太阳风的响应发展出明显不同水平的活动和非平衡相变（Bargatze et al.，1985；Sitnov et al.，2000）。一些磁层现象的突发性质，如局部电流中断（Lui et al.，1988）、突发大规模流事件（Angelopoulos et al.，1996，1999）以及磁尾的幂律磁场光谱（Hoshino et al.，1994），被解释为受迫性 SOC 系统在临界点附近的非线性动力学行为。

太阳耀斑是一种巨大能量释放的现象，其中磁重联过程释放大量磁能，通过等离子体的加热和高能（非热）粒子的加速而被耗散。高能粒子沿着日冕磁场线传播，大部分撞击色球中的致密等离子体，而其中一小部分向上逃逸至行星际空间。大多数加速的粒子沉降到色球，会在硬 X 射线和 γ 射线波长范围内产生碰撞辐射，而加热的色球等离子体则“蒸发”到耀斑后的回线中。硬 X 射线辐射为总释放耀斑能量提供了很好的度量，SMM（Solar Maximum Mission）卫星在 1980～1989 年期间记录了大量耀斑的硬 X 射线辐射。当绘制这些硬 X 射线峰值率的频率分布时，发现其涵盖了 4 个数量级的幂律分布，幂律指数为 1.8。其他耀斑参数的统计学计算得出硬 X 射线峰值率的背景减去值的幂律指数为 1.73 ± 0.01，耀斑持续时间为（2.54 ± 0.05）min，超过 25 keV 非热电子能量为 1.53 keV（Crosby et al.，1993）。在几乎所有观测波长中都发现了耀斑峰值强度的幂律分布：γ 射线、硬 X 射线、软 X 射线、紫外线、可见光和无线电波长，均表现出良好的 SOC 行为。

2.3.6 人类行为中的自组织临界性现象

人类的语言具有复杂性。Zipf（1949）统计了在一些英文文本中每个单词的使用频率，最常用的单词按频率从高到低顺序排列如下：the、of、and、in、to、a、is、that、it、as、this、by、for、be、not。如果将这些单词的数量与它们的使用频率排名绘制成图，就会发现它们总是呈现出一个斜率约为–1 的幂律分布。Zipf 幂律规律反映出，使用越频繁的单词往往在语义上越广泛。这种幂律或 SOC 行为的原因是什么呢？有学者认为，单词是人们大脑中涉及单词概念和感知对象在表达过程中的逻辑连接纽带，实质上是大脑复杂思维过程的结果。大脑对不同感知对象的联想具有长程关联性，从而产生乘法效应，因此单词的频率或使用与（有意义的）连接的数量成正比。乘法是一种非线性系统的本质特性，它使 SOC 行为成为可能。在一门有语义规则的复杂语言中，单词的普遍性和适用性最终取决于它可以形成多少种可能（即有意义）的组合。这种组合数量在某种程度上具有乘法的特征，从整体来看，这种现象会表现为宏观层面的幂律分布。一些应用罕见的词汇，听说过这些词并使用它们的人越少，单词内容越特定，就越难以引发大脑的联想。因此，作品中单词的使用是一种类似于雪崩中非线性增长相互作用的连锁反应的结果。当然，类似幂律规律在经济学中也有其应用，尤其是公司的“诞生”和“死亡”（Saichev et al.，2009）。

通过对定居点、村庄、城镇和城市的规模进行分析，显然小城镇居多，而像北京或洛杉矶这样的大城市很少。从地图上看，全世界有数以百万计的聚落和村庄，它们聚集在几乎任何宜居的地方，靠近河流（以获取水源）、靠近道路（以获得交通便利）或靠近海岸（以利用海洋交通）。因此，人们为了某种经济或生存的便利而聚集在小社区中。在某些地方，经济增长比其他地方更快，这吸引了更多的人离开农村，搬到这些更有前途的地方。生活的改善和经济增长导致了更多的城市扩张，逐渐使得大城市发展到承载能力的极限。因此，一个城市的规模是许多成员之间复杂人际互动的结果，可以被视为一个非线性耗散系统。因此，如果城市增长处于 SOC 状态，可以期望城市规模的分布呈幂律分布。

1896 年，帕累托提出了一种描述收入分布的法则，即帕累托定律。该法则表明，年收入超过某个值 x 的个体数量与 x 的幂成比例。这就是社会学熟知的“80/20 法则”或二八法则。之后，人们对不同经济社群中的收入、财富分布以及支出方面进行了大量研究，揭示出社会中投入产出、努力与报酬之间关系的不平衡性。社会管理学中复杂人际互动 SOC 行为导致的宏观统计模式，已经深刻地影响到各种社会管理的决策。

SOC 行为也在经济学中被广泛发现，这是由随机输入和非线性系统动力学控制的。从 1963 年芒德布罗对多年棉花价格波动的研究开始，人们对市场价格、股票指数、金融市场甚至彩票等各个领域开展了经济系统 SOC 特性的深入研究。经济体系中一些重大的灾难性事件，例如 1929 年 10 月的“华尔街大崩盘”，是美国历史上最严重的股市崩盘事件之一，标志着“大萧条”的开始。这场崩盘引发了全球性的金融恐慌，导致银行倒闭、失业率飙升、生产活动萎缩，严重影响了世界经济。与前文提到的 2008 年全球金融危机一样，都可以通过 SOC 系统演化中的雪崩事件进行理解。对生产商和供应商之间相互作用的经济学建模，经济市场中 SOC 系统固有的乘法链式作用已被定量建立，经济体系的雪崩式演变能在 SOC 框架下得到深入理解。

交通堵塞是另一个具有随机输入的驱动动态系统，表现出 SOC 行为。汽车在随机时间进入高速公路，如果交通量较小，例如在星期天早上，系统是亚临界的，因为相邻汽车之间有足够的空间，它们不会相互干扰。然而，在交通高峰时段，每个人都因前方汽车而减速，由于驾驶速度不同、刹车机动、车辆超车、人类反应延迟或天气条件干扰等，相邻汽车之间的间隔是不规则的。在繁忙的交通情况下，汽车间隔的分布将表现出 SOC 行为，以实现最大的吞吐量。如果交通量太大，车辆会减速以致出现车头贴车尾的情况。事实上，SOC 是交通最有效的状态，因为交通量太小是未充分利用的街道，而交通量太大会导致严重拥堵。学者们模拟交通流的拥堵行为，发现了拥堵周期的幂律分布和 $1/f$ 噪声行为。

2.4　沙 堆 模 型

SOC 是非线性耗散系统在无须对初始条件进行精细调整的情况下自发演化出的临界状态。通常，某些外部驱动机制会将系统推向临界状态，在临界态附近能量会以类似雪崩事件的形式不规律地耗散，这样的非线性耗散系统也被称为复杂系统，其由许多相互连接的部分组成，以非线性方式相互作用。复杂系统内部组元众多，有太多的自由度，无法用具有同等数量微分方程的 N 体系统来描述。因此，往往利用计算机模拟来研究 SOC 行为。用于研究 SOC 行为的计算机数值模型大多是元胞自动机模型，它们基本上由等间距的点阵网格和一组数学规则组成，用于模拟点阵中相邻位置之间的交互作用。由于没有适用于自然界每个系统的通用元胞自动机模型，目前已经针对特定自然现象建立了许多 SOC 元胞自动机模型，适用于捕捉自然界中特定现象的非线性特征。本节主要介绍几个经典的 SOC 元胞自动机模型，也称沙堆模型。

2.4.1　沙堆思想

在考虑数学化的沙堆模型之前，先考虑一个简单的沙堆实验。

在图 2.8 中，假定有一块平坦的桌面，我们将沙子慢慢地放入桌面，例如一次投入一颗沙子。沙子可以扔在桌子上的任意一处，也可以扔在桌子上的一个固定位置。这个面表示的是能量最低的状态。很显然，我们必须从外界输入能量才能使沙堆具有某种位形。起初，落下的沙粒就停在原处，当我们继续添加沙粒时，沙堆就变得越来越陡峭，随后就会发生一些小型的沙崩滑坡。所谓沙崩就是指某个沙粒的投入会导致周围其他沙粒滑动，而这些沙粒的滑动又会导致另外一些沙粒滑动，以此类推，最终导致大量沙粒在短时间内急剧崩塌。

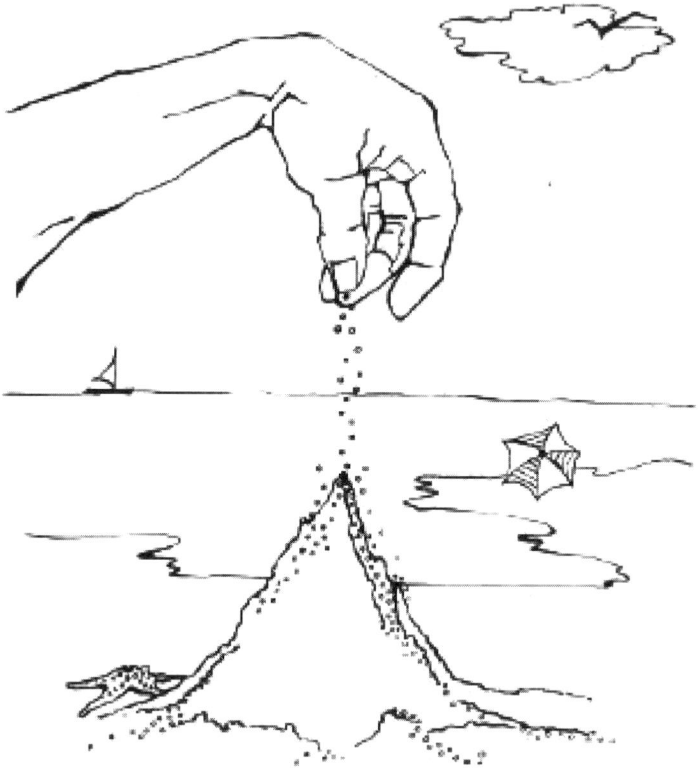

图 2.8 沙堆的形成

（引自 Pak et al.，1989）

在开始堆沙的时候，一粒沙的滑动只能带来一些局部的扰动，不会对整个沙堆带来很大的变化。换句话说，沙堆的某个部分发生沙崩事件不会对距离这部分较远的部分产生影响。在这个阶段沙堆内部没有整体交流，更多的只是沙粒作为个体的一种行为。

随着沙粒的不断加入，沙堆变得越来越陡峭，这时单个沙粒的投入可能会影响到整个沙堆，导致系统中大量沙粒的倒塌。最终，沙堆的平均坡度会达到某个固定的值，而且不会再进一步增大，只是在一个非常小的范围内波动。这时加入沙的数量和从桌子边缘落下去的沙的数量是相等的。此时，沙堆处于一种稳态，称为自组织临界态。在一个自组织的关键阶段，有了沙子的加入，就会形成或大或小的滑坡。在此基础上，沙堆体系由一粒沙本身所遵循的局部动力态过渡到全局动力涌现的临界态。这一全局动态的产生，不能从个别属性中得出。

2.4.2　BTW 模型

Bak 等（1987）在对真实环境进行一定程度的简化后，建立了著名的 BTW 模型。其具体的计算方法如下。

将一张大小为 $L \times L$ 平面矩形网格作为一张桌面。在一个方格中，每一正方形都有一个坐标点 (i, j)，用一个变数 $h(i, j)$ 来表示这个方格中的沙粒数目。对这个正方形格子，i 和 j 的取值范围是 1～L。模式中所使用的沙粒均为理想的沙粒，也就是体积为 1 的立方体。在初始的网格中，沙粒的变化是随机的。在格子 (i, j) 中，一次添加一粒沙子可以表达为

$$h(i, j) = h(i, j) + 1 \tag{2.15}$$

要表现沙子的坍塌，就必须引进“倒塌规则”，使沙子可以从一个格子移动到相邻的四个格子里。当一个格子内的沙粒数量 $h(i, j)$ 超出阈值 h_c 时（h_c 假定为 4，其具体数值不会对关键行为产生影响），则该格子将传送一粒沙子到邻近 4 个格子［即格点 $(i \pm 1, j)$ 和 $(i, j \pm 1)$］，则此格子内的沙粒数量也将随之减小 4 个单位，即

$$h(i, j) \to h(i, j) - 4 \tag{2.16}$$

$$h(i \pm 1, j) \to h(i \pm 1, j) + 1 \tag{2.17}$$

$$h(i, j \pm 1) \to h(i, j \pm 1) + 1 \tag{2.18}$$

若最近邻点也满足 $h(i \pm 1, j) \geqslant h_c$ 或 $h(i, j \pm 1) \geqslant h_c$，则 $h(i \pm 1, j)$ 或 $h(i, j \pm 1)$ 也按照同样规则变化，直到所有格点都满足 $h(i, j) < h_c$ 为止。

另外设模型的边界条件是开放的，即网格边界上的格点若发生崩塌，就会有一些沙子离开网格而损失掉，就像桌面边缘上的沙粒掉到地上一样，不必关心这些掉下去的沙子。

根据上述“崩塌规则”，向沙堆中加沙的过程中，如果某个格点上的沙粒数达到或者超过阈值 h_c，则该格点发生崩塌，从而影响到周围四个格点。如果这四个格点的沙粒数也达到或者超过阈值 h_c，它们会接着倒塌，从而又导致其近邻格点的倒塌。以此类推，发生连锁式的爆发性的倒塌现象。最后当所有格点上的沙粒数都小于 h_c 时，这个崩塌便结束了。当一个崩塌结束后，再选取某一格点投加沙粒，继续让系统的演化进行下去，系统的演化过程中会形成一系列各种大小的崩塌。

BTW 模型中主要研究的物理量包括崩塌大小和崩塌持续时间。其中，崩塌大小 s 定义为：每投放一次沙粒，触发的一系列不连续崩塌连锁反应中沙粒聚集体的面积。s 与其统计概率 $D(s)$ 之间一般满足幂次关系，即 $D(s) \propto s^{-\alpha}$。崩塌持续时间 T 定义为，每投放一次沙粒，触发的一系列不连续崩塌连锁反应所需要的时间。可通过统计发生一次崩塌所影响的沙粒总数来测量。T 与其统计概率 $D(s)$ 之间一般满足幂次关系，即 $D(s) \propto T^{-\beta}$。

图 2.9 显示了一个二维 BTW 沙堆模型初始的随机分布状态。图 2.10 形象地展示了投加一粒沙（数值为 1）后，格点的崩塌演化过程。

图 2.11 展示了多次投加沙粒后，系统演化后处于平衡状态的沙堆模型中不同数值的空间分布状态，显示出清晰的分形图案。

图 2.9　BTW 沙堆模型初始状态

（颜色深浅分别代表每个格点的数值，分别从 3 到 0）

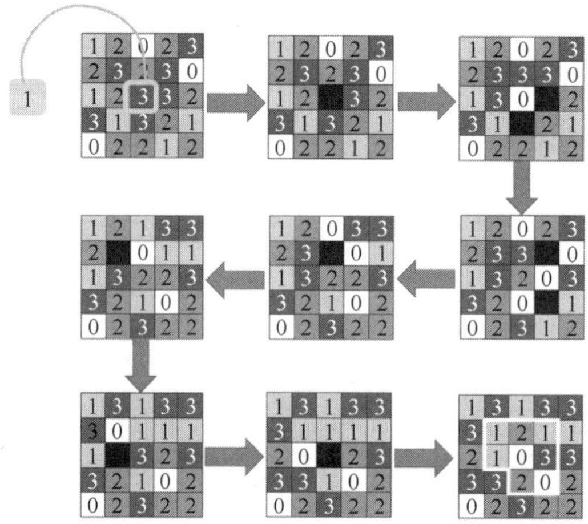

图 2.10　BTW 沙堆模型中心添加一粒沙后的系统演化过程

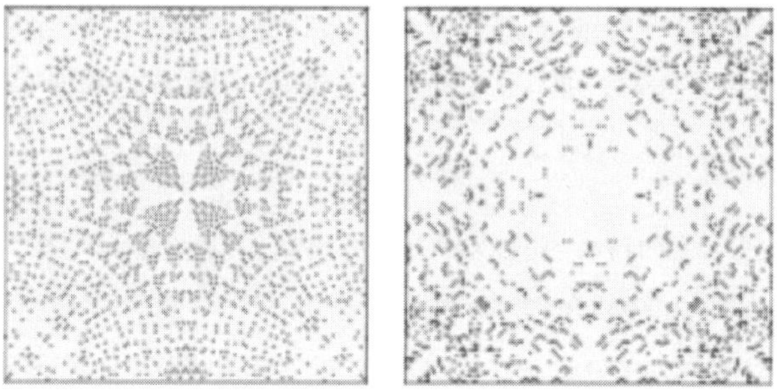

(a) 格点为0的空间分布　　(b) 格点为1的空间分布

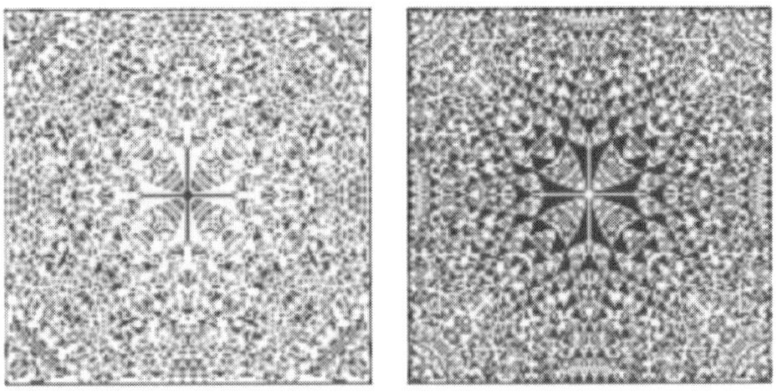

(c) 格点为2的空间分布　(d) 格点为3的空间分布

图 2.11　多次演化后处于平衡状态的沙堆模型

图 2.12 显示了一个二维 BTW 沙堆模型的崩塌大小 s 和崩塌时间 T 的统计分布。可以看出，在双对数图上这个分布是直线关系，表明分布是幂次的，直线的斜率即为幂次分布的指数。这个事实表明崩塌事件在时空上是高度关联的。

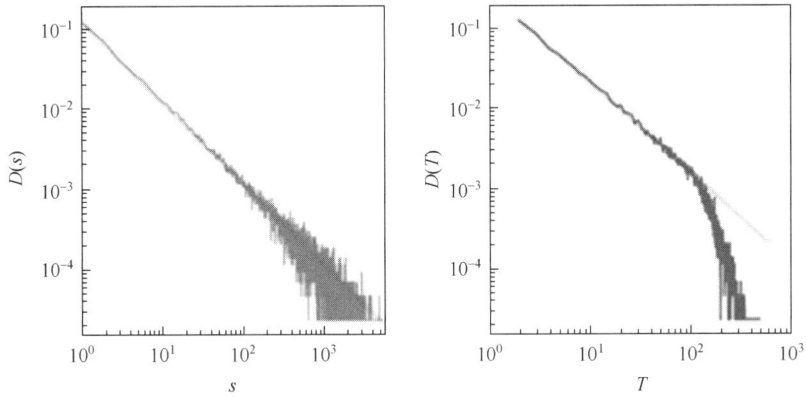

图 2.12　BTW 沙堆临界态时的崩塌大小和崩塌持续时间统计分布

BTW 模型是一个崩塌动力学过程为决定、定向、离散、守恒的二维模型。BTW 模型提出后，研究人员又制定了不同的动力学规则，提出了许多新的沙堆模型。其中比较重要的模型如下。

2.4.3　Manna 模型

在一个大小为 $L \times L$ 的二维网格上，每个方格都有一个坐标 (i, j)，用一个变量 $h(i, j)$ 表示该格点内的沙粒数。对于这个方格，i 和 j 都从 1 变到 L。随机地选择某一格点 (i, j)，从外界输入一个理想沙粒，即

$$h(i, j) = h(i, j) + 1 \tag{2.19}$$

设沙粒的崩塌临界值为 $h_c = 2$（其具体取值对临界行为没有影响），每个方格的沙粒数 $h(i, j)$ 达到或超过此值时，就会发生崩塌，即

$$h(i,j) \to h(i,j) - 2 \tag{2.20}$$

发生崩塌的沙粒以相等概率随机分配到 4 个最近邻的格点［即格点 $(i \pm 1, j)$ 和 $(i, j \pm 1)$］中。若最近邻格点也满足 $h(i \pm 1, j) \geqslant h_c$ 或 $h(i, j \pm 1) \geqslant h_c$，则 $h(i \pm 1, j)$ 或 $h(i, j \pm 1)$ 也按照同样规则变化，直到所有格点都满足 $h(i,j) < h_c$ 为止。然后再重复上述步骤，从外界加入一个沙粒。当沙粒在边界崩塌则沙粒掉到系统外。这是一个崩塌动力学过程为随机、非定向、离散、守恒的二维模型。

2.4.4 森林火灾模型

设定一个二维网格（大小为 $L \times L$）代表森林，树木生长概率为 p，树木着火概率为 $f(f \ll p)$。首先对每一个网格进行初始化，即

$$S(x,y) \tag{2.21}$$

其中，S 等于 0、1 或 2（0 代表空地，1 代表一棵生长的树，2 代表一棵正在燃烧的树）。然后在一个时间步长中，以概率 p 随机选择一个方格长出一棵树，以概率 f 随机选择一棵树点燃。如果 $S(x,y)=2$，判断 $S(x \pm 1, y)$ 和 $S(x, y \pm 1)$ 是否有等于 1 的点，如果有，这就意味着有另一棵树被点燃，然后继续判断 $S(x \pm 1, y)$ 和 $S(x, y \pm 1)$ 是否有等于 1 的点，如果有就继续判断，如果没有，就需要以概率 p 随机选择一个方格长出一棵树，以概率 f 随机选择一棵树点燃，然后再进行判断。重复上述操作，直至火灾蔓延结束。这是一个森林火灾蔓延的动力学过程，也是一类演示 SOC 的重要元胞自动机模型。

2.4.5 OFC 模型

1992 年，Olami 等建立了经典的 OFC 模型，其具体算法如下。

在一个大小为 $L \times L$ 的二维网格上，方格子中每个方格都有一个坐标 (i,j)，对于这个方格，i 和 j 都从 1 变化到 L。用一个变量 $F_{i,j}$ 表示该格点内累积能量的变化。

在此基础上，将各格子的能量值进行初始化，并将其随机分布在[0, 1)处，假设模型中的极限值为 $F_{i,j}=1$，使得各格点处的初能都低于临界值 F_{th}，则系统处于稳定状态。

当某一格点处的能量大于或接近某一临界值时，该点阵会因失稳而崩塌。那么，就按照下面的规则重新分配给它的所有最近邻点［格点 $(i \pm 1, j)$ 和 $(i, j \pm 1)$］，即

$$F_{i\pm1,j} \to F_{i\pm1,j} + \alpha F_{i,j} \tag{2.22}$$

$$F_{i,j\pm1} \to F_{i,j\pm1} + \alpha F_{i,j} \tag{2.23}$$

$$F_{i,j} \to 0 \tag{2.24}$$

其中，α 是动力学变量局域非守恒的量度，一般情况下 $\alpha < 0.25$。

若有多个格点的能量同时满足 $F_{i,j} \geqslant F_{\text{th}}$，那么它们都将按照同样的规则重新分配 $F_{i,j}$ 给它所有的最近邻点，直到系统中所有格点均满足 $F_{i,j} < F_{\text{th}}$ 为止。然后再重复上述步骤，使每个格点的能量均匀增加，开始新一轮崩塌。

这是一个崩塌动力学过程为决定、非定向、离散、不守恒的二维模型。

2.4.6 Zhang 模型

在一个大小为$L \times L$的二维网格上，方格中每个方格都有一个坐标(i,j)，用一个变量$h(i,j)$表示该格点内的沙粒数。对于这个方格，i和j都从 1 变到 L。随机地选择某一格点(i,j)，从外界输入一些沙粒 δ，$0<\delta<1$，每次投加时 δ 随机地取 0～1 中的数，即

$$h(i,j)=h(i,j)+\delta \tag{2.25}$$

设沙粒的崩塌临界值为$h_c=1$（其具体取值对临界行为没有影响），每个方格的沙粒数$h(i,j)$达到或超过此值时，就会发生崩塌，这个格点上所有的沙粒将均匀地分配到 4 个最近邻的格点［即格点$(i\pm1,j)$和$(i,j\pm1)$］中，即

$$h(i,j)\to h(i,j)-0 \tag{2.26}$$

$$h(i\pm1,j)\to h(i\pm1,j)+\frac{h(i,j)}{4} \tag{2.27}$$

$$h(i,j\pm1)\to h(i,j\pm1)+\frac{h(i,j)}{4} \tag{2.28}$$

若最近邻点也满足$h(i\pm1,j)\geqslant h_c$或$h(i,j\pm1)\geqslant h_c$，则$h(i\pm1,j)$或$h(i,j\pm1)$也按照同样规则变化，直到所有格点都满足$h(i,j)<h_c$为止。然后再重复上述步骤，从外界加入一个沙粒。当沙粒在边界崩塌则沙粒掉到系统外。这是一个崩塌动力学过程为决定、非定向、离散、守恒的二维模型。

当然，除了上述几个典型的模型，目前研究的沙堆模型还有很多，这里不再一一列举。对于这些不同的模型是否应归为不同普适类的问题，物理学家进行了广泛的讨论。目前，模型中崩塌规则的变化是否影响系统的临界行为以及模型的普适性，已经成为国际上理论物理研究的一个热点问题。

2.5　自组织临界性实验

尽管数值工具为 SOC 提供了最清晰的证据，但物理学家不满足于此，他们设计和实施了一些实验以观察验证现实世界中是否存在 SOC 特性。很多学者利用颗粒介质材料来开展 SOC 实验。

第一个实验是由 Jaeger 等（1989）在芝加哥大学进行的。他们在一个圆筒形的桶中装满颗粒，并缓慢地旋转该桶，桶内会产生一个具有临界坡度的单侧沙堆。当这个转筒缓慢旋转时，坡度会加大，颗粒会从边缘溢出，导致雪崩（倾斜加载）。这些颗粒的数量可以通过平行板电容器进行测量。他们采用三种不同的几何形状［图 2.13（a）］和两种不同类型的颗粒材料，一种是基本单分散的玻璃珠，另一种是粗糙的氧化铝颗粒，粒径 0.54 mm。这些系统有两种驱动方式：一种是在滚筒（轴长 8 cm，半径 5 cm）中缓慢倾

斜材料直至发生雪崩，另一种是缓慢而随机地向表面添加颗粒（顶部加载）。然而，实验结果中，雪崩大小并未呈现出幂律分布。

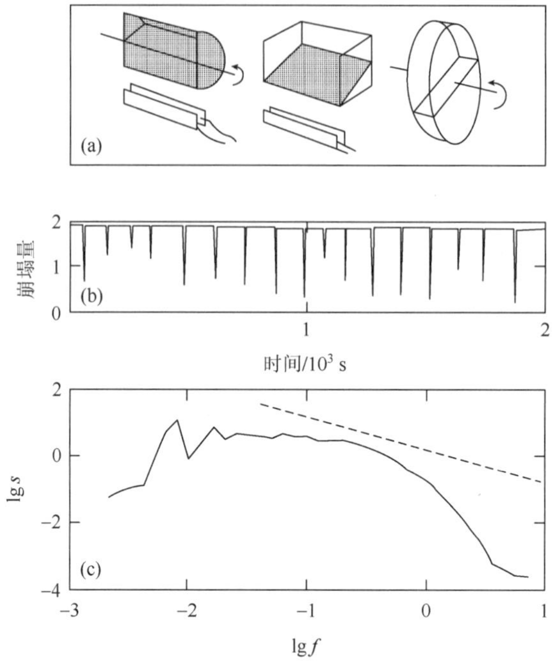

图 2.13　Jaeger 等（1989）在沙堆实验中使用了不同形状的转筒

Held 等（1990）设计了一套精巧的沙堆模型物理实验装置（图 2.14），采用粒径 0.38～1.5 mm 的均匀沙粒在直径为 4 cm 的圆盘上进行实验，获得了各种规模的崩塌，其规模服从负幂律分布。但采用直径为 8 cm 的圆盘进行实验时，却发现沙堆只产生大规模崩塌，而不呈现幂律分布的 SOC 特征，表现出有限尺度效应（图 2.15）。

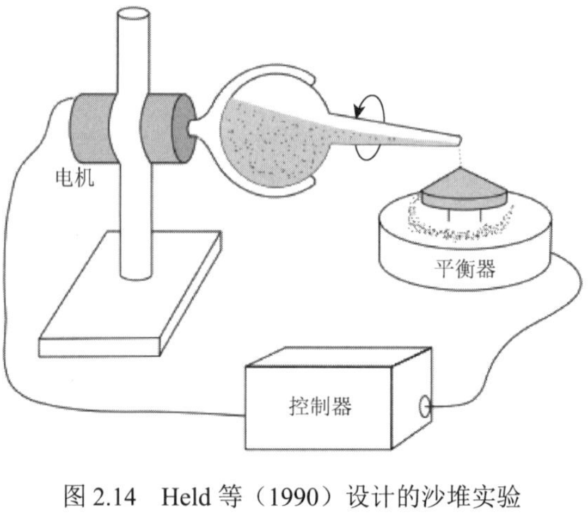

图 2.14　Held 等（1990）设计的沙堆实验

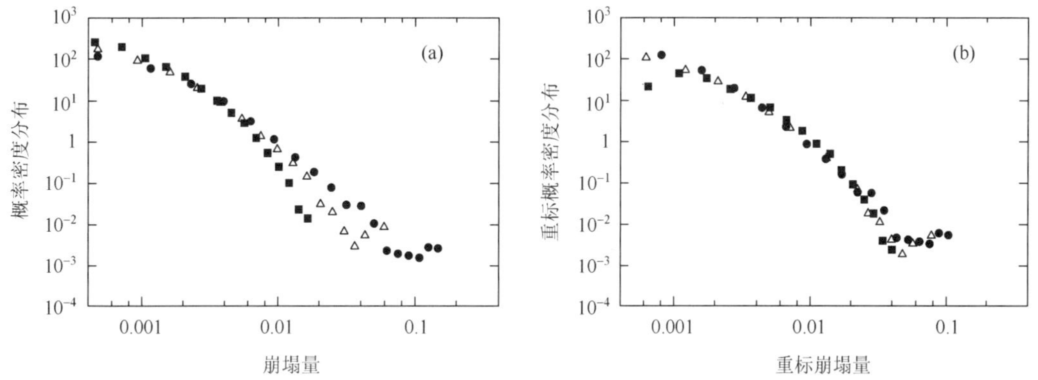

图 2.15　Held 等（1990）设计的沙堆实验中不同粒径颗粒崩塌量的统计分布

（●、△、■分别代表粒径 1.5 mm、0.75 mm、0.38 mm 的均匀沙粒）

随着更多实验的展开，并未在不同的实验颗粒系统中找到普适性的 SOC 特征，观察数据呈现出多种不同的结果。这与复杂系统 SOC 在自然界普遍存在的说法存在一定的矛盾。所有实验者都认定颗粒介质之间的黏聚力和内部摩擦力是影响结果普适性的关键，这是需要避免或控制的技术难题（Jaeger and Nagel，1992；Nagel，1992；Albert et al.，1997）。

为此，Frette 等（1996）完成了漂亮的米堆实验。研究采用稻米作为实验材料，在两块玻璃板之间将米堆限制为二维结构。在米堆的顶部缓慢添加额外的稻谷，同时通过摄像机记录单个稻谷的雪崩和大小。Frette 等进行了不同板距离、不同系统尺寸（从几厘米到几米）和不同稻谷类型的广泛实验。研究发现，对于具有较大纵横比的稻谷，其产生 SOC 行为的效果要远好于颗粒较小的稻米。因此，SOC 不是完全普适的，而是取决于能量耗散的具体机制。稻谷堆的快照显示在图 2.16（a）中，稻谷雪崩的记录区域显示在图 2.16（b）和（c）中，崩塌量的时间演变为图 2.16（d），其中 a 和 b 分别对应（b）和（c）图中稻谷崩塌大小。图 2.16（e）为崩塌量的频率分布。分析结果呈现出幂律分布的斜率 $\alpha\approx2.04$。

西南交通大学姚令侃教授团队利用大型地震模拟振动台，通过输入实测地震波，开展动力扰动下的沙堆模型实验。系统性的实验将物理概化模型推向实际应用中。实验设备是利用电液伺服系统驱动地震模拟振动台。在振动台上放置一个长 2.58 m、宽 1.5 m、高 1.95 m 的箱体，选取粒径为 0.6～50 mm 经过筛分的干燥天然砂石堆砌一个单面坡沙堆。单面坡沙堆受到重力作用自然下滑形成斜坡，总质量达到 6.8 t。实验设备见图 2.17（a）和（b），实验设计见图 2.17（c），图 2.17（d）展示了利用汶川地震卧龙台记录修正波向振动台进行输入扰动的情况。通过重复实验，记录每次扰动后单面坡沙堆的落沙收集槽中沙粒质量，分析崩塌规模和发生频次。地震触发崩塌滑坡的实际状况，可以通过大型振动台沙堆实验的物理过程进行模拟。分析结果如表 2.1 所示。结果说明，当输入地震波峰值加速度较小时，落沙量与发生频率之间服从 SOC 系统的幂律分布，而随着峰值加速度增大，落沙量逐渐转为对数正态分布和正态分布。针对汶川地震区域不同烈度带的实际调查结果与上述实验结果非常吻合。

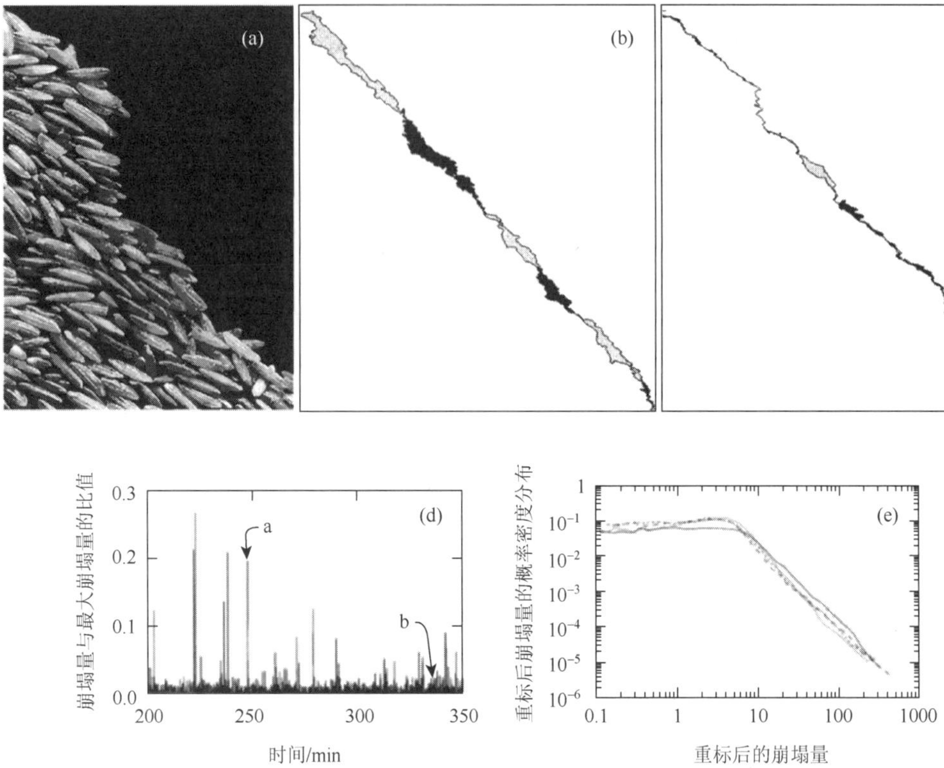

图 2.16　Frette 等（1996）的米堆实验结果

(a)　(b)

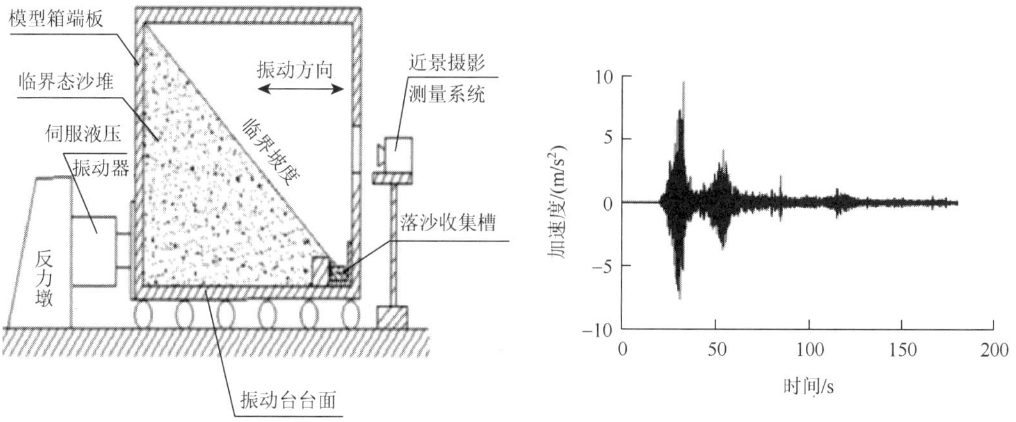

(c)　(d)

图 2.17　姚令侃和黄艺丹（2016）的地震振动台单面坡沙堆实验

表 2.1　姚令侃和黄艺丹（2016）振动台沙堆模型实验结果

组号	峰值加速度/(m/s^2)	实验次数/次	发生崩塌的实验次数/次	崩塌密度	崩塌规模-频率关系式	检验结果
1	0.075	90	49	0.54	$f(x)=500.2x^{-0.774}$	相关系数 $R^2=0.9005$，以 $R^2>0.9$ 为评判标准，认为服从幂律分布
2	0.100	60	35	0.58	$f(x)=579.3x^{-0.783}$	相关系数 $R^2=0.917$，以 $R^2>0.9$ 为评判标准，认为服从幂律分布
3	0.125	150	118	0.79	$f(x)=3887.6x^{-1.059}$	相关系数 $R^2=0.9625$，以 $R^2>0.9$ 为评判标准，认为服从幂律分布
4	0.150	60	60	1.00	$f(x)=\frac{1}{0.59\sqrt{2\pi x}}e^{\frac{-(\ln x-7.36)^2}{2\times 0.59^2}}$	用 χ^2 检验法在显著水平 0.05 下服从正态分布 LN（7.36, 0.59^2）
5	0.250	60	60	1.00	$f(x)=\frac{1}{0.32\sqrt{2\pi x}}e^{\frac{-(\ln x-8.33)^2}{2\times 0.32^2}}$	用 χ^2 检验法在显著水平 0.05 下服从正态分布 LN（8.33, 0.32^2）
6	0.350	60	60	1.00	$f(x)=\frac{1}{5471.5\sqrt{2\pi}}e^{\frac{-(x-16.029)^2}{2\times 5471.5^2}}$	用 χ^2 检验法在显著水平 0.05 下服从正态分布 N（16.029, 5471.5^2）
7	0.450	60	60	1.00	$f(x)=\frac{1}{4484\sqrt{2\pi}}e^{\frac{-(x-16.879)^2}{2\times 4484^2}}$	用 χ^2 检验法在显著水平 0.05 下服从正态分布 N（16.879, 4484^2）

重庆大学的刘信安等（2006）设计沙堆实验用以研究三峡库区典型流域中水华污染的 SOC 特性。实验设计上，利用精密切割加工的不同密度和长径比的铁质颗粒或铝质颗粒为实验材料，开展沙堆实验（图 2.18），并以崩塌大小为横坐标，崩塌大小的分布函数为纵坐标，在对数坐标上进行绘图分析（图 2.19），发现在不同条件的实验中崩塌规模均服从负幂律分布。

上述研究基本上利用颗粒相介质开展沙堆实验，这对于推进 SOC 实验和理论起到了重要作用。为了探索 SOC 在实际应用中的普适性，许多学者设计了水滴崩塌实验、超导体实验、超流体实验等不同介质的沙堆实验，取得了卓有成效的研究结果，也验证了 SOC 的普适性和适用性条件。

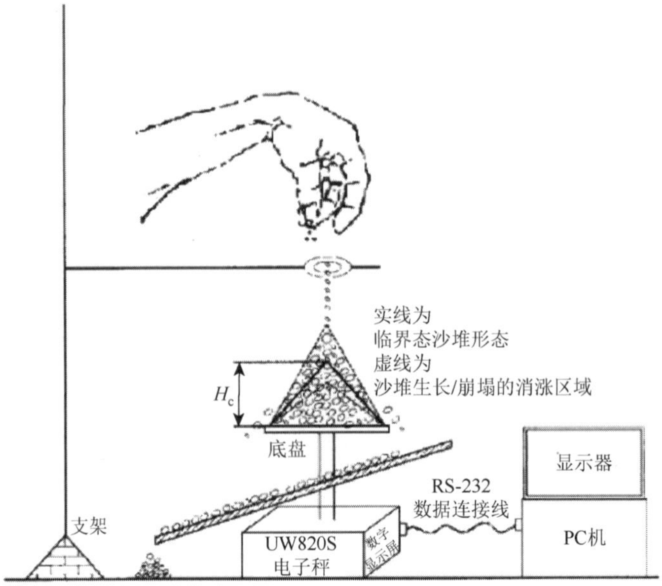

图 2.18　刘信安等（2006）用以研究水华污染的沙堆实验装置示意图

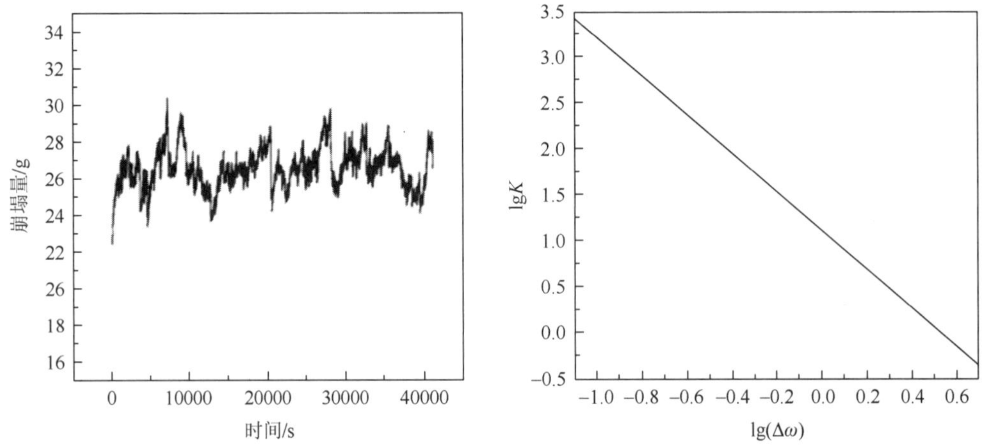

(a) 沙堆崩塌量的时间变化　　(b) 沙堆崩塌量的统计分布

图 2.19　刘信安等（2006）沙堆实验分析结果

第 3 章　大气颗粒物演化的非线性特征

3.1　引　　言

一般来说，外场观测获得的空气污染物浓度时间序列数据的波动本身就是污染物在源头排放、气象、大气输送、大气化学等多种因素综合影响下向大气排放和二次生成的最终结果，直接反映了真实大气中污染的演变。因此，不同空气污染物浓度的时间序列之间的相关关系往往既包含确定性信息（如源头减排的长期趋势、天气条件的季节变化、人类活动的周期性变化等），也包含不确定性信息（如大气湍流、微气象变化和随机误差等）。这些信息在多个时间尺度上的非线性融合导致空气污染物浓度的长期时间序列通常表现出复杂的非线性、非平稳和时空变化特征（Yu et al.，2011；Chelani，2016）。因此，采用复杂系统科学的理论方法来分析外场污染物浓度数据，直接挖掘空气污染多尺度演化所固有的非线性相关特征，评估其未来趋势，可以科学地预测未来大气中高浓度颗粒物的发生和演化。

大气粒子演化的内在非线性动力学机制是其演化自发达到临界状态的内在动力学基础。本章中，我们基于集合经验模态分解方法和混沌动力学指标方法分析大气颗粒物固有的非线性特征及其对大气颗粒物演化的贡献程度。

3.2　研 究 方 法

3.2.1　集合经验模态分解方法

集合经验模态分解（ensemble empirical mode decomposition，EEMD）方法，是由 Wu 和 Huang（2009）为了解决原始经验模态分解（empirical mode decomposition，EMD）方法存在模态混叠的问题，而开发的一种全新的噪声辅助分析数据方法。非线性时间序列 $PM_{2.5}$ 或 O_3 经过 EEMD 方法处理后能够被分解为数量有限的、从高频到低频分布的一系列固有模态函数（intrinsic mode function，IMF），以及趋势项（residual，RES）。

EEMD 的核心思想是在原始污染物浓度序列上加入高斯白噪声，形成新的混合时间序列，从而使每一组分在不同时间尺度上都呈现出连续的信号变化特征。此外，由于添加的都是均值为零的高斯白噪声，经过多次分解和取算术平均数后，能有效地去除所有的噪声。因此，EEMD 方法不仅能有效防止 IMF 分量被邻近噪声影响，同时也克服了模态混叠问题。

原始序列的关键信息都被包含在 IMF 中，并且部分 IMF 呈现季节性或者趋势性变化，因此通过统计模型对其进行预测是非常容易的。各个 IMF 函数的瞬时波动会随着其函数频率的降低而减弱。另外，高频剧烈振荡的 IMF 函数会被视为混沌信号或者是随机噪声，但其具有一定的确定性；而具有固定周期的 IMF 函数将被视作 IMF 分量的周期项。EEMD 方法分解的步骤如下。

首先，假定 $x(t)$ 是一组空气污染基本数据。拟在原序列 $x(t)$ 上引入一条等长且服从正态分布的白噪声信号 $u_i(t)$，从而获得一条新的加有白噪声的序列 $Y_i(t)$ 。

$$Y_i(t)=x(t)+u_i(t),\ i=1,2,\cdots,N \tag{3.1}$$

接着对式（3.1）得到的 $Y_i(t)$ 进行分解，得到 IMF 分量 $c_{ij}(t)$，计算各分量 $c_{ij}(t)$ 的算术平均数，作为最终得到的污染物浓度序列的 IMF 分量，即

$$c_j(t)=\frac{1}{N}\sum_{i=1}^{N}c_{ij}(t) \tag{3.2}$$

式中，$c_j(t)$ 表示经加白噪声后的 IMF 成分。这样，可将最初的污染物浓度序列 $x(t)$ 分解如下：

$$x(t)=\sum_{j=1}^{N}c_j(t)+r_n(t) \tag{3.3}$$

式中，$r_n(t)$ 为原始 $PM_{2.5}$ 或 O_3 浓度序列的 RES 项，而一般情况下白噪声对研究信号的影响满足 $e=\dfrac{a}{\sqrt{N}}$，这里 e 表示标准偏差，a 表示白噪声幅度，一般取 $e=0.2,\ N=100$ 。

3.2.2　混沌动力学

1. 混沌理论

混沌现象是一种普遍存在于自然界中的现象，同时也是一种复杂的动力学行为。混沌理论以非线性动力学系统的混沌特性为研究对象，从其自身的随机与无序特征出发，揭示其一般规律。混沌理论的提出同样也为其他众多领域作出了巨大的贡献，如时间序列分析、力学分析、地质水文分析等。

从数学角度来说，混沌动力学系统是由多个点组成的，它们之间存在着拓扑可转移性、有周期轨道，且对初值非常敏感。混沌动力学系统受初值影响较大，因而在短期内具有可预报性，但其长期动态特性却难以预料。无论是在自然界还是在人的行为中，都有大量的非线性乃至混沌时间序列，所以对这类时间序列进行科学、高效的预测是非常重要的。随着计算机科学和混沌理论的发展，具有混沌动力学的时间序列预测模型被研究者大量开发，并已在多个领域广泛应用，如预测空气污染物浓度、径流流量、能源负荷、交通量等。对混沌序列进行建模与预报是一个反命题，其核心问题是如何在满足一定的非线性动力学条件下，在高维的相空间中发现不同的轨道。本章重点讨论了空气污染的复合体系。

2. 相空间重构

在数学与物理学中，相空间被视为一个能够刻画已知体系中各种可能的信息的多维空间。相空间重构（phase space reconstruction，PSR）技术的本质在于如何在保持污染物时间序列动态特性不变的情况下整合空气污染物的低维时间序列，并将其转化为高维相

空间。相空间坐标能够精确刻画系统所需量，其运动轨迹刻画了系统初始态的演变过程，而轨道吸引子蕴含着运动特性的重要信息。

空气污染浓度序列包含了所有初态的重要信息，可以通过将其嵌入高维空间来恢复原数据的实际结构。在此基础上，采用相空间方法对一维污染物浓度进行一维重建，以求得高维环境下污染体系的规律性。Takens（2010）和 Packard 等（1980）提出了一种新的时滞协调算法，该算法通过对高维数据进行延迟来挖掘数据中隐含的信息。一般情况下，一维大气污染时序的相空间重建如下：

$$x=\{x(i)\,|\,[x_i,x_{i+\tau},\cdots,x_{i+(m-1)\tau}]^{\mathrm{T}},i=1,2,\cdots,M\} \tag{3.4}$$

式中，M 是向量点在相空间中的数量，$M=N-(m-1)\tau$；m 是嵌入维度；τ 是延迟时间。通过式（3.4）的重构后，能得到长度为 N 的重构时间序列。

3. 饱和关联维数

关联维数方法是一种最基础的非线性动力学研究手段，可以从维度上区分混沌与随机系统，并能给出变量个数等重要信息。嵌入维度（m）的尺寸对重建相空间有重要的影响，它反映了在新相空间中重建信号的好与坏。这样，当重建的相空间中包含全部自变量时，原系统就可以正常工作。

本书将采用格拉斯贝格尔-普罗卡恰（Grassberger-Procaccia，GP）法（Grassberger and Procaccia，1983），以单个（或多个）时间序列刻画体系的动态变化，并在此基础上对其进行饱和关联维数计算：

$$D_m=\lim_{r\to 0}\frac{\ln C_m(r)}{\ln r} \tag{3.5}$$

式中，m 是嵌入维度；$C_m(r)$ 是关联积分；r 代表相空间中的距离尺度。实际上，每个 D_m 的对应值都是通过最小二乘法拟合对数曲线的“缩放区域”来对应不同的曲线得到的。在某一点上，D_m 的饱和度达到一个饱和值，我们称该饱和度为饱和关联维数。当系统的饱和关联维数不是一个整数时，它就会表现出一种混沌现象；当它的数值增大时，系统就会变得更加混沌；当这个数值大到无穷时，它就会呈现出一种高维随机现象。

4. 李雅普诺夫指数

李雅普诺夫（Lyapunov）指数是一种有效的测量方法，它可以定量地反映大气环境的变化对初始状态的敏感度和预报能力。Lyapunov 指数可以用来刻画系统在相空间中的趋势性，也就是它的收敛与发散。

在大气系统中，Lyapunov 指数 λ 在动态一维空气污染系统 $x_{n+1}=f(x_n)$ 中被定义为

$$\lambda=\lim_{n\to\infty}\frac{1}{n}\sum_{i=0}^{n-1}\ln\left|\frac{\mathrm{d}f(x)}{\mathrm{d}x}\right|_{x=x_i} \tag{3.6}$$

式中，n 是循环次数；x 是到最近点的距离；$f(x)$ 是动力微分方程。当 $\lambda>0$ 时，重构相空间可展开为数据结构；当 $\lambda<0$ 时，系统有唯一稳定解；在此基础上，提出了一种新的扩散方程，即该方程有一个发散点，或有一个周期解。同时，Lyapunov 指数为正也说明了系统对于初值具有较强的灵敏度，且具有全局收敛性，而且它的轨道是一个吸引子。

利用小初始值方法求出了系统的 Lyapunov 指数。另外，以 Lyapunov 指数的倒数作为基准$T=1/\lambda$，得到了大气污染模型的最大可预报距离随着Lyapunov指数的增大而减小的结论。

5. 柯尔莫哥洛夫熵

柯尔莫哥洛夫（Kolmogorov）熵是一种衡量大气污染系统运动混沌度的重要指标，它可以用来刻画动力学演化中轨道分裂数的增长率。Kolmogorov 熵是由 Lyapunov 指数正指标的总和构成，当它的数值较大时，系统就会进入混沌状态。q 级广义熵在数学上是这样定义的：

$$Kq=-\frac{1}{q-1}\lim_{\tau\to 0}\lim_{r\to 0}\lim_{d\to\infty}\frac{1}{\mathrm{d}\tau}\log_2\sum_{i_1\cdots i_d}p(i_1,i_2,\cdots,i_d)^q \tag{3.7}$$

式中，k_0 为拓扑熵，k_1 为 Kolmogorov 熵，k_2 为二阶雷尼（Renyi）熵，且 $k_0 \geqslant k_1 \geqslant k_2$。在实际计算中，常用 k_2 的值代替 k_0。如果时间序列表现出周期或者拟周期的运动，那么 $K=0$；如果序列是混沌的，那么 $0<K<\infty$；若为随机运动，$K\to\infty$。同时，在污染动态系统中，信息丢失率的增加也会对系统的混乱度产生影响。在此基础上，我们继续使用 GP 法来计算 Kolmogorov 熵。

3.3　结果与分析

3.3.1　$PM_{2.5}$时间序列的集合经验模态分解

1. 典型灰霾期 $PM_{2.5}$ 时间序列的 EEMD 分解

1）研究时段和研究站点的选取

本章的研究区域选取四川盆地的成都平原，由于成都独特的地理位置，冬季大气层结构稳定。成都市区静态风场频次高，大气传输能力差，气候稳定，特殊的地形地貌不利于污染物的扩散和稀释，这是导致寒冷季节重污染天气容易发生的一大重要因素。由于冬季是灰霾的集中爆发期，本章以成都市区 2017 年 12 月至 2018 年 2 月冬季灰霾期间大气 $PM_{2.5}$ 小时平均质量浓度为研究对象。

2017 年 12 月至 2018 年 2 月，成都市有 8 个大气环境监测站，本研究选取大石西路站点、金泉两河站点、君平街站点以及三瓦窑站点进行监测。对于中间缺失的数据，将缺失值前后的数据取平均值来补偿。图 3.1 为成都市 4 个大气站点的 $PM_{2.5}$ 小时平均质量浓度分布曲线。四个站点的 $PM_{2.5}$ 质量浓度均超过 75 μg/m^3，说明成都市冬季大气污染形势依然十分严峻。通过对观测资料的分析，得出该区 $PM_{2.5}$ 呈非周期性分布特点。为了检验 $PM_{2.5}$ 的排放是否真实地具有明显的非周期性和非线性特征，对四个站点 $PM_{2.5}$ 质量浓度的基本统计数据进行分析（此处是从国家大气环境监测系统中得到的数据），如表 3.1 所示。

从表 3.1 计算结果可以看出，本次灰霾期间成都 4 个监测站点 $PM_{2.5}$ 质量浓度平均值分别为 95.430 μg/m^3（大石西路）、94.520 μg/m^3（金泉两河）、88.651 μg/m^3（君平街）、91.946 μg/m^3（三瓦窑），每个站点的 $PM_{2.5}$ 质量浓度都超过了国家对 $PM_{2.5}$ 设置的二级标准限值。通过对成都冬季环境质量的分析，发现其整体状况为“劣”，并呈现出严重的“重度污染”。

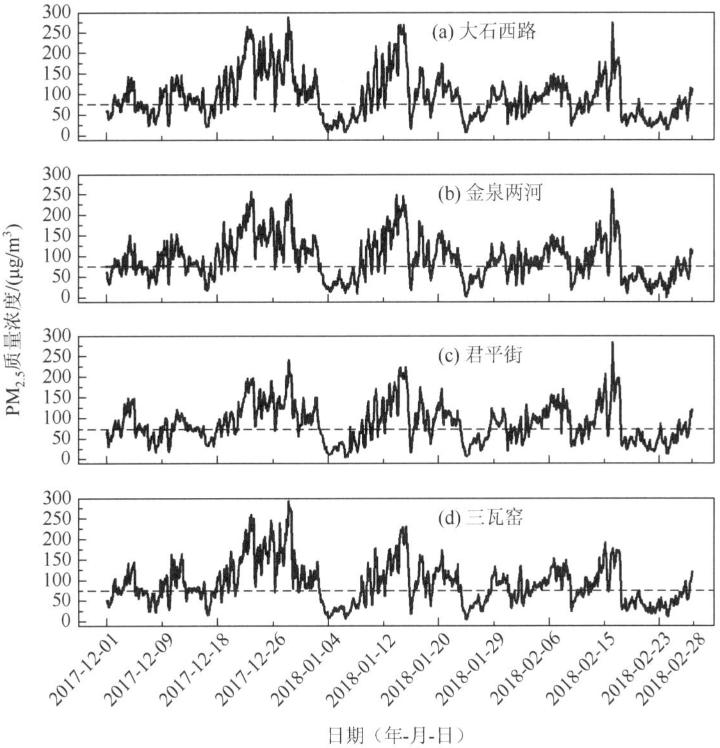

图 3.1　四个站点（大石西路、金泉两河、君平街和三瓦窑）$PM_{2.5}$小时平均质量浓度数据

注：虚线表示站点$PM_{2.5}$的国家二级标准限值（75 μg/m³）。

表 3.1　成都市四个监测站点 $PM_{2.5}$ 浓度统计分析

统计项目	站点			
	大石西路	金泉两河	君平街	三瓦窑
最小值/(μg/m³)	8	1	6	6
最大值/(μg/m³)	286	262	282	293
均值/(μg/m³)	95.430	94.520	88.651	91.946
标准差	54.437	50.343	46.363	51.030
峰度值	3.621	3.163	3.135	3.654
偏度值	0.918	0.683	0.642	0.844
Lilliefors 统计量	0.0739	0.0620	0.0570	0.0620
Lilliefors 临界值	0.0229	0.0229	0.0229	0.0229
正态分布	不服从	不服从	不服从	不服从

2）研究结果

由于篇幅限制，图 3.2 仅以君平街监测站为例，对成都市市区冬季$PM_{2.5}$浓度时间序列进行 EEMD 分解，获得了 IMF 分量（IMF1～IMF10）和一个长期趋势项（RES）。IMF 分量是$PM_{2.5}$浓度时间序列在不同时间尺度上高频到低频波动的体现，RES 项则能反映君平街站点冬季$PM_{2.5}$质量浓度的整体演变。IMF 分量的信号变化都有其适应不发生变化的标准周期，在同样的时间内，时间尺度的差异导致各污染物水平随着时间的变化而变化，其反映了大气系统由内力和外力共同作用的非线性动力特征。可以通过算出 IMF1～IMF10 分量对应的平均周期以及方差贡献率，来反映每个 IMF 模态在不同尺度上波动的频率和振幅，以及对原始污染物浓度时间序列的影响。

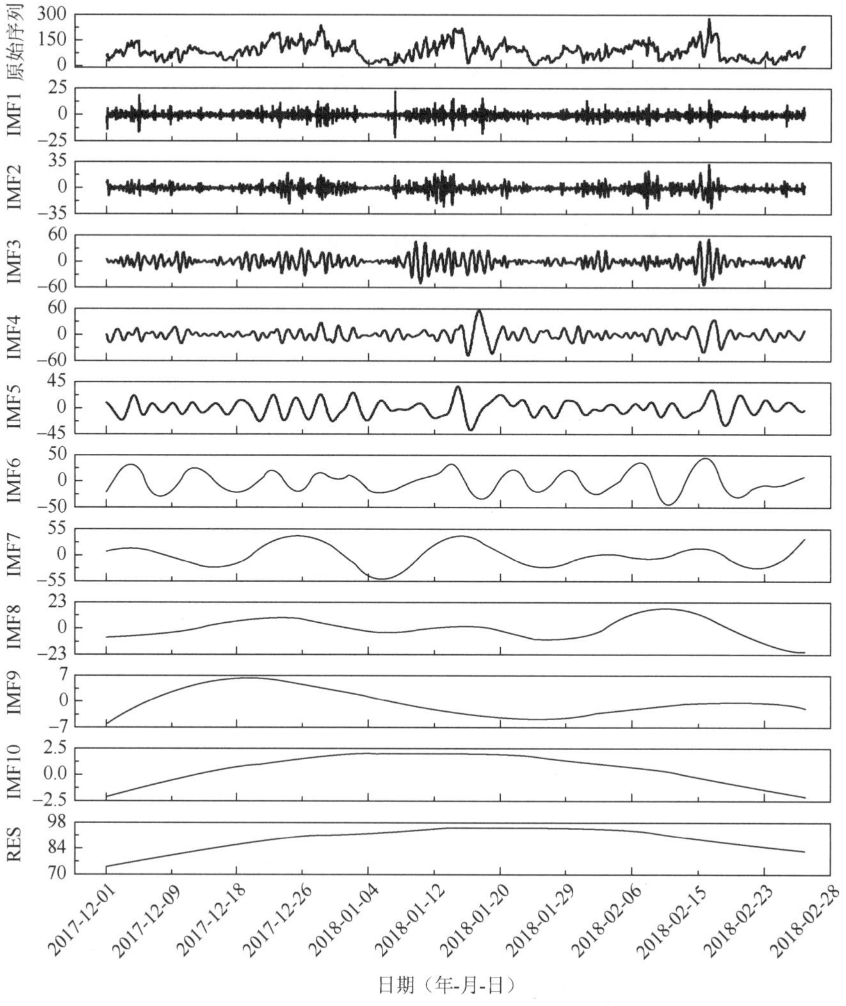

图 3.2　君平街站点 $PM_{2.5}$ 时间序列的 EEMD 分析

成都市区四个监测站点 IMF 分量的主要统计情况见表 3.2，其中平均周期为表征不同 IMF 分量在不同时间尺度上变化的平均周期。大石西路、金泉两河、君平街和三瓦窑站点前四个高频模态对应的累积贡献率分别为：95.19%、97.07%、95.53%和 94.73%。由于前四个高频模态的累积贡献率较高，因此其可以很好地体现 $PM_{2.5}$ 浓度随时间变化的特征。因此，我们主要分析前四个模态在各站点的平均周期。根据表 3.2 的计算结果，得出各站点 EEMD 分解得到的前四个模态的浓度变化率的平均周期分别为准 4 h（IMF1）、准 8 h（IMF2）、准 24 h（IMF3 和 IMF4）。这些模态对应的平均周期与人类生产和生活密切相关，因此严重雾霾的发生主要是由于人为污染物的周期性排放。

表 3.2　成都市四个监测站点 EEMD 模态分解结果

站点	分量	IMF1	IMF2	IMF3	IMF4	IMF5	IMF6	IMF7	IMF8	IMF9	IMF10
大石西路	周期/h	3.63	7.96	23.79	23.79	62.27	111.42	192.45	529.25	2117	2117
	贡献率/%	44.24	25.61	17.99	7.35	2.99	1.13	0.38	0.18	0.03	0.05
金泉两河	周期/h	3.34	7.96	23.79	24.62	62.26	111.42	235.22	529.25	2117	2117
	贡献率/%	49.55	26.84	14.00	6.68	1.59	0.46	0.28	0.15	0.06	0.19
君平街	周期/h	3.29	7.99	23.79	23.79	62.26	111.42	192.45	192.45	529.25	1058.5
	贡献率/%	44.07	23.26	19.17	9.03	2.97	0.73	0.47	0.19	0.05	0.02
三瓦窑	周期/h	4.41	7.96	23.79	23.79	62.26	111.42	192.45	423.4	705.67	2117
	贡献率/%	45.55	24.08	17.32	7.78	3.77	0.92	0.41	0.12	0.02	0.01

通过对 IMF1～IMF10 分量进行显著性检验，可以判断其是原始序列的物理分量还是纯噪声。图 3.3 显示了四个站点（即大石西路、金泉两河、君平街和三瓦窑）每个 IMF 分量的显著性检验。考虑显著性水平 $\alpha = 0.01$，如果该组成点位于显著性水平的临界线之上，则表明该组成点通过了 99%显著性检验，即表明该组成点所包含的信息在置信水平范围内具有物理意义。如果该组成点位于显著性水平的临界线之下，则表明其没有通过显著性检验，组成它的点可能包含更多的白噪声。

图 3.3 中横坐标的值代表双对数坐标下的平均周期，IMF 分量越靠近左侧，则对应的周期越短，频率越高。纵坐标表示双对数坐标下功率谱的能量值，IMF 分量越接近峰值，其值越大，包含的能量越多。四个监测站的所有分量都位于显著性水平 $\alpha = 0.01$ 的临界线

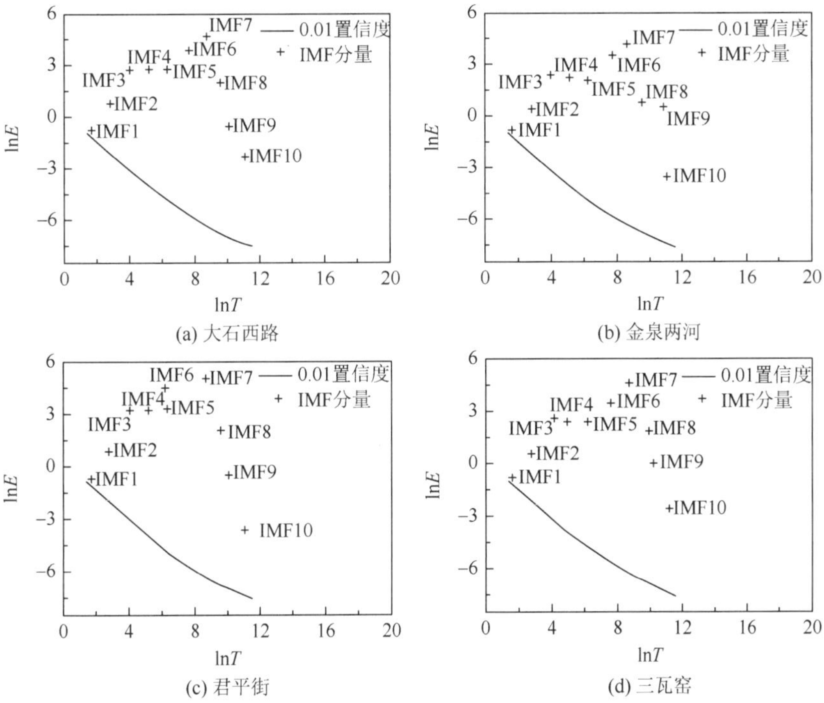

图 3.3　四个站点 IMF 分量的白噪声检验

之上，这意味着所有分量都通过了显著性检验。检验结果表明：在 99%置信度下，四个监测站的所有分量都包含具有实际物理意义的信息。

根据 EEMD 分解后的结果来看，各 IMF 分量是大气系统外部周期输入的整体表现。那么，在周期性人为污染物排放为主的条件下，宏观尺度上 $PM_{2.5}$ 浓度的波动是否存在明确的统计规律呢？为了更深入地了解雾霾演化的特征规律，本书进一步研究了 $PM_{2.5}$ 质量浓度波动的宏观统计规律。

图 3.4 为四个站点 $PM_{2.5}$ 质量浓度序列（横坐标）的累积概率（纵坐标）分布图。在双对数坐标图中，各个站点的 $PM_{2.5}$ 质量浓度波动数据在一定范围内具有良好的幂律分布结构。幂律分布结构的标度指数为 1.79（大石西路）、1.89（金泉两河）、1.93（君平街）和 1.70（三瓦窑）。每个站点标度指数不同的原因是站点位于不同的地理位置和环境，导致不同站点的幂律指数不同。这与自然界中大量存在的正态分布规律不同。一般来说，正态分布的变量都有相应的平均值。另外，$PM_{2.5}$ 的含量也有一定的区域性，偏离幂函数分布。造成这种情况的主要原因是本章采用的 $PM_{2.5}$ 数据的最小时间精度为小时，忽略了小于小时尺度上的 $PM_{2.5}$ 质量浓度波动，如分、秒等，这使得大部分的小值 $PM_{2.5}$ 浓度波动在双对数坐标中丢失，导致线性关系出现偏差。复杂系统的演变达到 SOC 状态的表征可以通过是否具有稳定的幂律分布统计特征来判断。

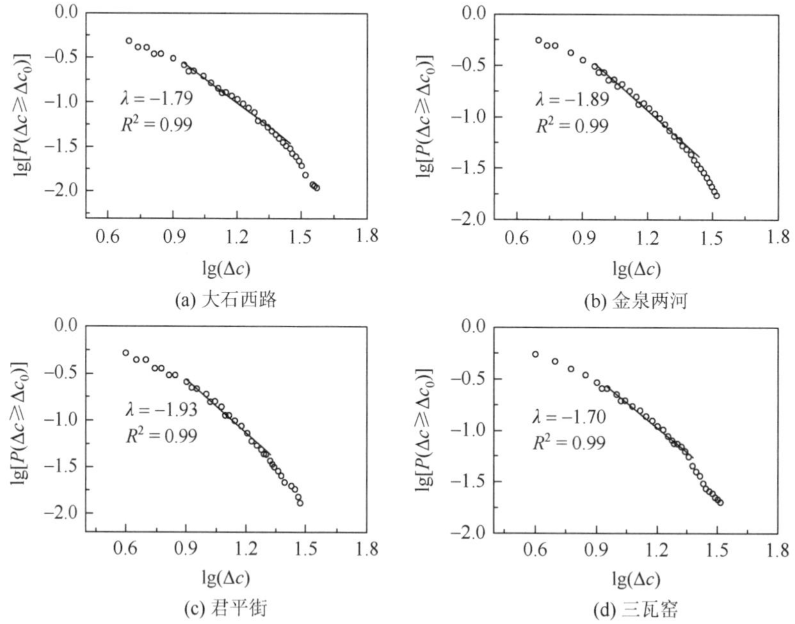

(a) 大石西路　(b) 金泉两河　(c) 君平街　(d) 三瓦窑

图 3.4　四个站点 $PM_{2.5}$ 浓度序列的累积概率分布

2. $PM_{2.5}$ 长期演化的 EEMD 分解

1）研究范围

中国三大城市群（京津冀、长三角、珠三角）是目前中国经济发展速度较快、人口密度较大、工业分布较密集、空气质量较差的区域，已成为我国雾霾污染现象较为严重的地区，且雾霾污染现象从开始的单一城市逐渐向局部区域蔓延，呈现出明显的区域特征。表 3.3 为本书雾霾污染研究涉及的主要中心城市。

表 3.3　三大城市群的主要城市

城市群	主要城市
京津冀城市群	安阳、保定、北京、沧州、承德、邯郸、衡水、廊坊、秦皇岛、石家庄、唐山、天津、邢台、张家口
长三角城市群	安庆、常州、池州、滁州、杭州、合肥、湖州、嘉兴、金华、马鞍山、南京、南通、宁波、上海、绍兴、苏州、台州、泰州、铜陵、芜湖、无锡、宣城、盐城、扬州、镇江、舟山
珠三角城市群	东莞、佛山、广州、惠州、江门、深圳、肇庆、中山、珠海

本节以我国三大城市群 49 个城市为研究区域，选择从 2016 年 1 月 1 日 00:00 到 2020 年 12 月 31 日 23:00 作为一个长期的研究时段，对该研究区域该时间段 $PM_{2.5}$ 小时平均质量浓度进行研究。

2）EEMD 分解结果

本书拟利用 EEMD 方法，对我国三大城市群主要城市 $PM_{2.5}$ 进行 14 个时间尺度及 1 个长期趋势因子的模拟（图 3.5～图 3.7）。

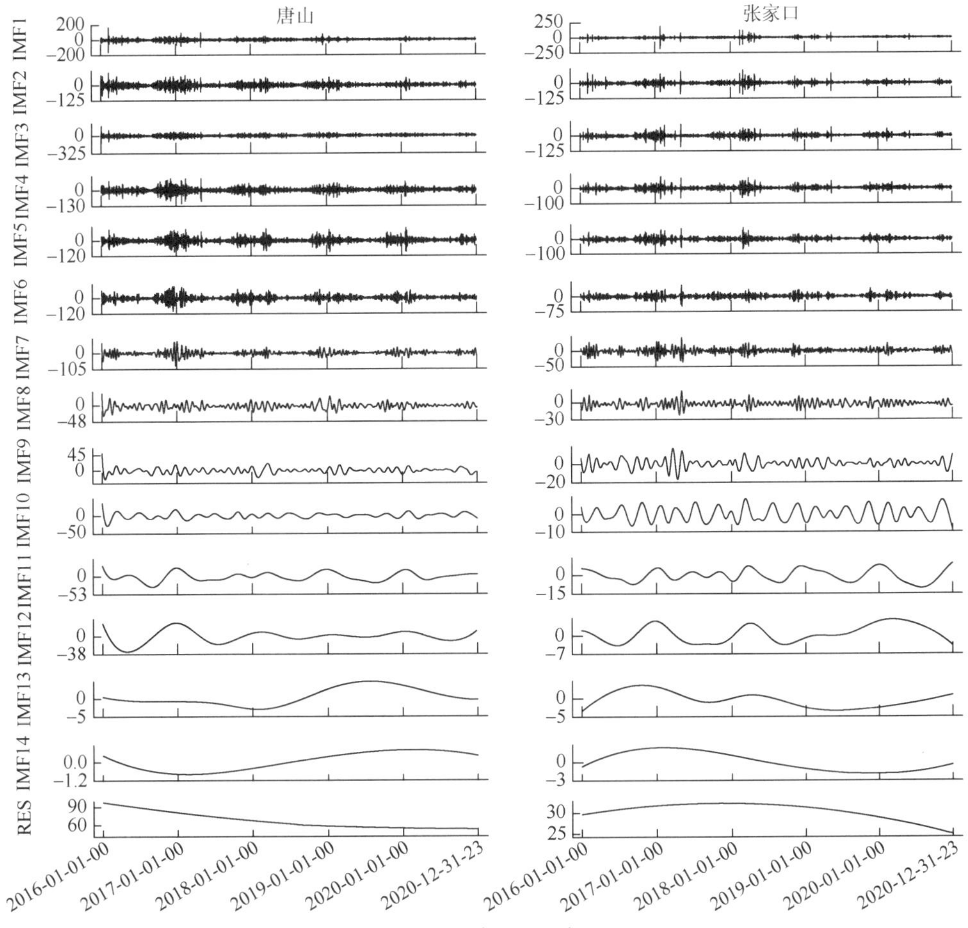

图 3.5　唐山和张家口 $PM_{2.5}$ 浓度序列的 EEMD 分析

IMF1～IMF9 在高频成分中存在较强的非线性，既可以是混沌的，也可以是随机的。而 IMF10～IMF14 各成分则具有相对较大的规律性，具有相对稳定的周期性。由 RES 项可知，大气中 $PM_{2.5}$ 的含量有降低的趋势。

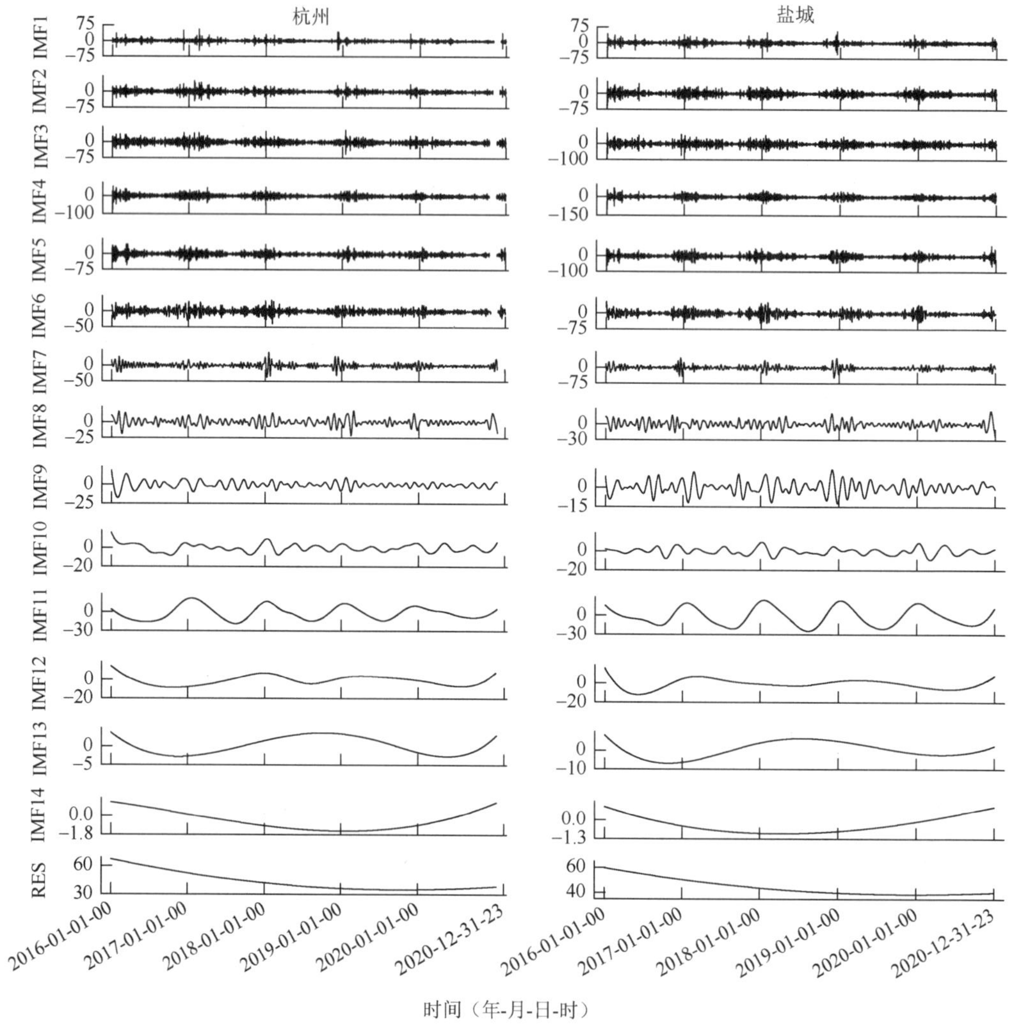

图 3.6　杭州和盐城 $PM_{2.5}$ 浓度序列的 EEMD 分析

然后，利用类似于 $PM_{2.5}$ 的观测数据，重建 O_3 时序 EEMD，识别其高频成分的混沌特征。经调整后的 $PM_{2.5}$ 三个成分对其方差的贡献见表 3.4～表 3.6。

从表 3.4～表 3.6 得出，三大城市群中高频 IMF 分量的方差贡献率都在 50%以上，表明高频 IMF 分量是影响其波动性的重要因素。然而，由于 $PM_{2.5}$ 主要受到人为源和二次源影响，其对 O_3 的贡献率远大于其周期项，且受到人为活动的强烈干扰。同时，我国三个主要城市群的 $PM_{2.5}$ 周期项方差贡献率比 O_3 大，这主要是由于国家出台了一系列减排措施，$PM_{2.5}$ 浓度在这段时间出现下降的趋势。

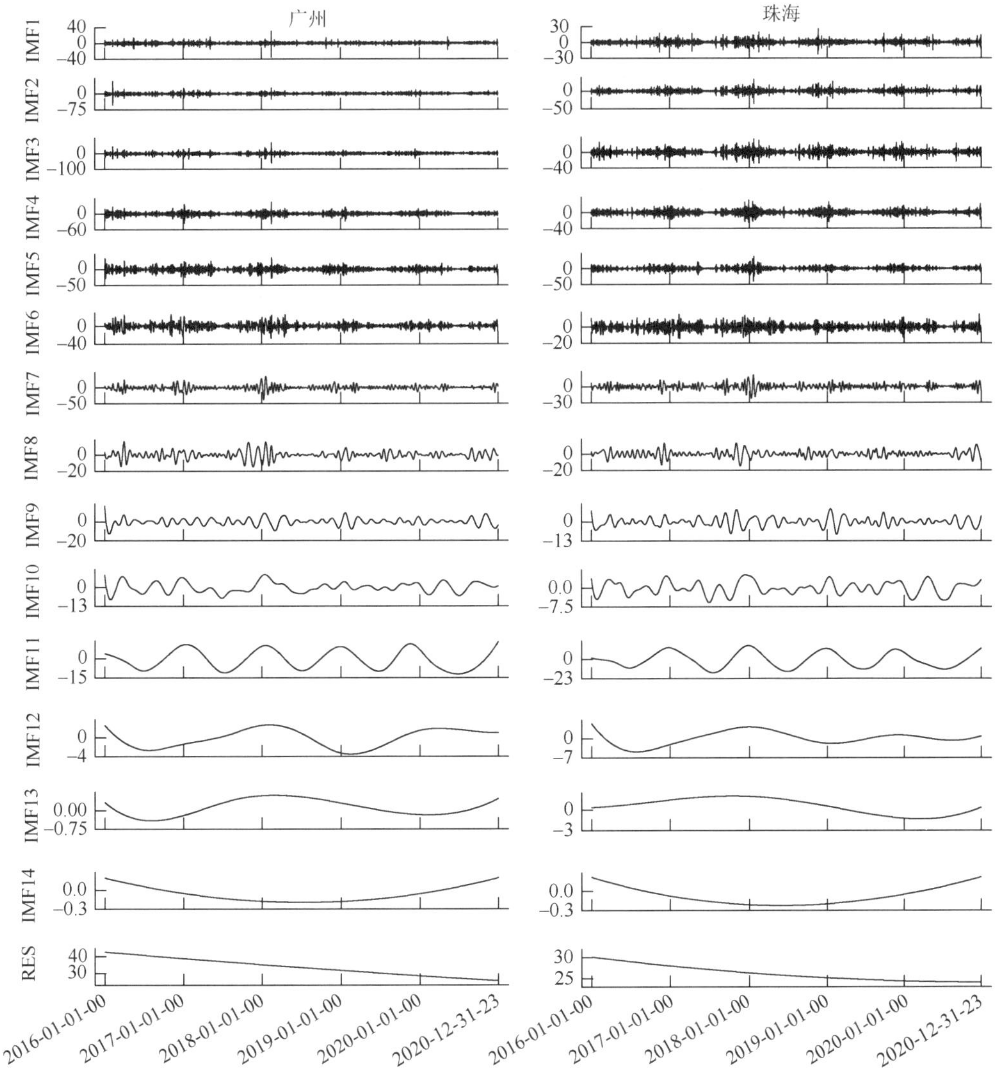

图 3.7　广州和珠海 $PM_{2.5}$ 浓度序列的 EEMD 分析

表 3.4　京津冀各城市 $PM_{2.5}$ 时间序列的高频 IMF 成分方差贡献率（%）

城市	高频 IMF 分量	周期项	趋势项
安阳	58.2555	39.57543	2.169065
保定	54.58645	27.11768	18.29588
北京	75.86326	12.14951	11.98723
沧州	73.83	22.50755	3.662453
承德	83.03081	13.63907	3.330123
邯郸	58.89744	38.62298	2.479587

续表

城市	高频 IMF 分量	周期项	趋势项
衡水	62.24798	29.5121	8.239916
廊坊	73.03707	18.30196	8.660965
秦皇岛	77.97084	20.29222	1.736942
石家庄	55.57158	33.81139	10.61703
唐山	72.23818	16.90335	10.85847
天津	77.51645	15.89535	6.588193
邢台	57.7608	35.64206	6.597138
张家口	89.10111	10.08091	0.81798

表 3.5　珠三角各城市 $PM_{2.5}$ 时间序列的高频 IMF 成分方差贡献率（%）

城市	高频 IMF 分量	周期项	趋势项
东莞	66.47437	27.55234	5.973294
佛山	63.53032	27.55006	8.919622
广州	68.28042	23.24336	8.476213
惠州	59.86959	35.34502	4.785385
江门	60.78917	38.38314	0.82769
深圳	52.52579	40:9378	6.536411
肇庆	73.00443	24.6802	2.31537
中山	59.7766	38.77962	1.443776
珠海	56.16429	42.37376	1.461946

表 3.6　长三角各城市 $PM_{2.5}$ 时间序列的高频 IMF 成分方差贡献率（%）

城市名称	高频 IMF 分量	周期项	趋势项
安庆	57.0737	41.97641	0.949891
常州	70.8254	25.02114	4.153454
池州	54.48996	43.5188	1.991245
滁州	61.53355	30.98725	7.479195
杭州	60.2766	25.64397	14.07943
合肥	59.65265	31.36492	8.982437
湖州	64.00037	26.17088	9.828755
嘉兴	63.35806	22.23225	14.40969
金华	61.04617	20.71938	18.23444
马鞍山	66.96712	31.71086	1.322016

续表

城市名称	高频 IMF 分量	周期项	趋势项
南京	60.52917	30.38259	9.088241
南通	74.8627	21.2187	3.918599
宁波	67.23847	23.05774	9.703798
上海	77.89715	14.01096	8.091897
绍兴	64.65325	25.15003	10.19672
苏州	68.84062	24.46933	6.690049
台州	69.34024	19.46864	11.19112
泰州	70.63128	22.42848	6.940242
铜陵	53.81969	39.5678	6.612507
无锡	66.74234	22.86608	10.39158
芜湖	59.56099	35.88053	4.558479
宣城	67.37261	29.3424	3.284995
盐城	68.72764	26.98365	4.288712
扬州	69.26053	24.27553	6.463946
镇江	68.38492	24.523	7.092078
舟山	76.01237	13.67386	10.31377

图 3.8～图 3.10 为采用 EEMD 方法对主要城市的 $PM_{2.5}$ 高频 IMF 分量和周期项进行重构的数据图。由图中可以看出，不同区域 $PM_{2.5}$ 的高频 IMF 分量存在很大差异，表现

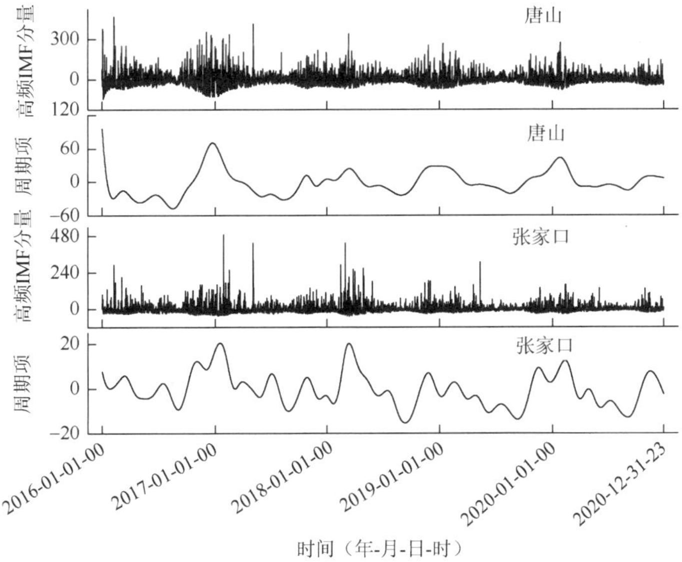

图 3.8　唐山和张家口 $PM_{2.5}$ 时间序列的高频 IMF 分量与周期项

出强烈的非线性特征，并且在重组后表现出更加显著的周期性。同时，对 2016～2020 年我国各区域 $PM_{2.5}$ 的高频 IMF 分量进行统计分析，结果表明，各区域 $PM_{2.5}$ 的频率分布呈现出较为平稳的趋势。通过三个城市群的比较，可以看出，三个城市群中高频 IMF 分量与周期项间存在着很大的相似性，并且它们的大尺度的变化规律是相同的。研究表明，同一座城市群中 $PM_{2.5}$ 高频 IMF 分量的周期性变化具有更强的异质性，其原因是人为活动对 $PM_{2.5}$ 的影响更大。

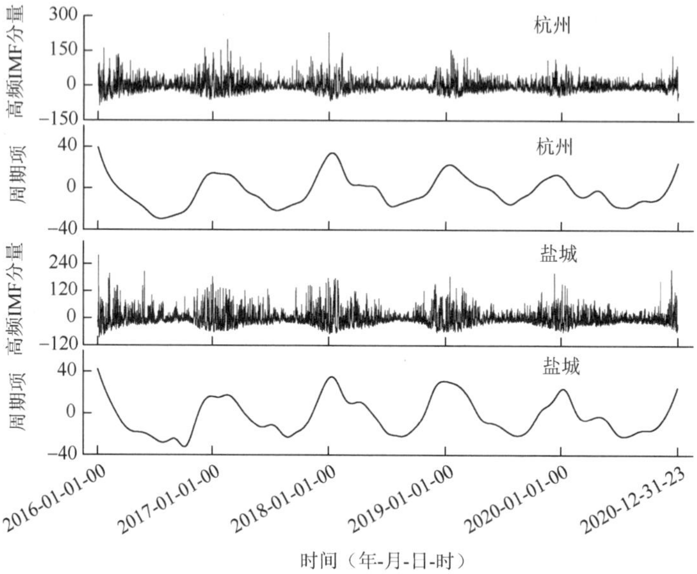

图 3.9　杭州和盐城 $PM_{2.5}$ 时间序列的高频 IMF 分量与周期项

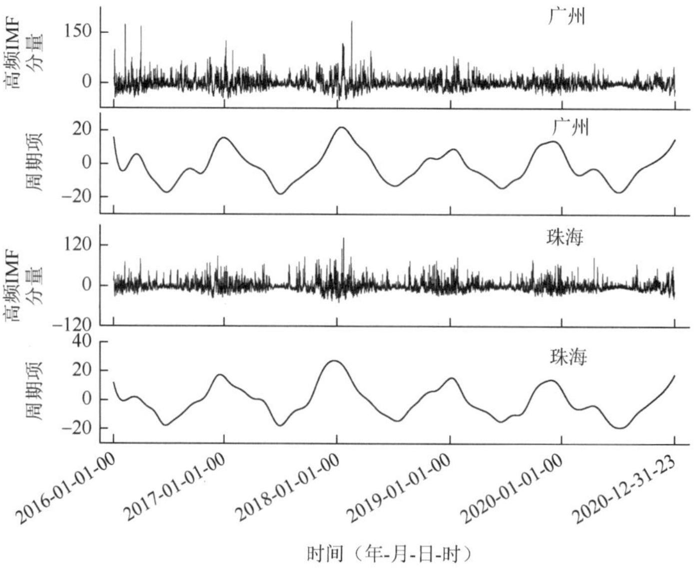

图 3.10　广州和珠海 $PM_{2.5}$ 时间序列的高频 IMF 分量与周期项

3.3.2　$PM_{2.5}$时间演化的混沌特征

1. $PM_{2.5}$时间序列的延迟时间

这一部分依然用互信息法计算$PM_{2.5}$ 2016年至2020年的延迟时间，包括唐山与张家口、杭州与盐城、广州与珠海、京津冀与长三角、长三角与珠三角的交互信息函数。图3.11中的黑点第一个最小值所对应的时刻就是一个延迟时刻。唐山、张家口延迟19 h，广州延迟44 h，珠海延迟21 h，杭州延迟44 h，盐城延迟42h（图3.11）。

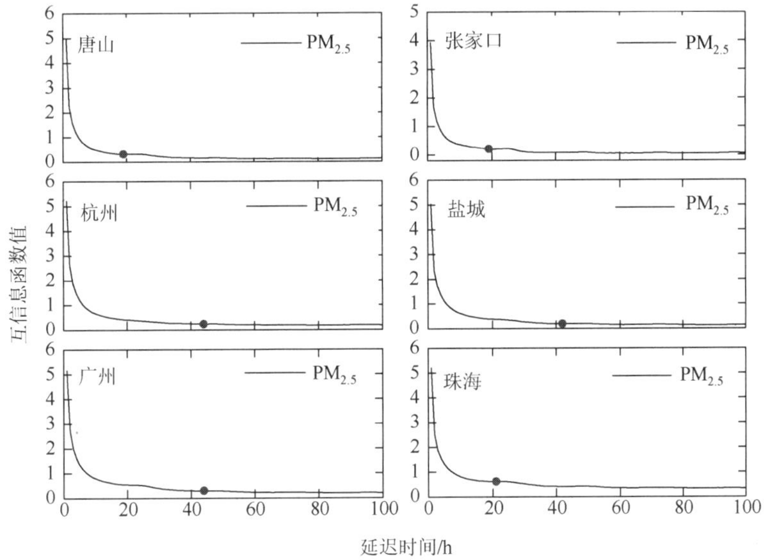

图 3.11　各城市 $PM_{2.5}$ 延迟时间图

2. $PM_{2.5}$时间序列的饱和关联维数

如图 3.12～图 3.14 所示，在对数坐标下以 $C(r)$为纵坐标，r 为横坐标，得到唐山、张家口、杭州、盐城、广州、珠海的拟合维度分别为 12、14、8、12、11。图 3.17 显示了 $PM_{2.5}$ 在每个城市中的饱和关联维数与嵌入维度。

将唐山和张家口的$PM_{2.5}$作为动力学模型，采用变量的最小个数为12和14，以变量对$PM_{2.5}$的影响最大为选择依据。城市中$PM_{2.5}$的测量不仅会受本地排放、气象条件等因素影响，而且还会受到其他地区输送的影响。因此，对 $PM_{2.5}$ 时间序列进行预测时，通常无法从数学和定量角度找到最佳变量。

3. $PM_{2.5}$时间序列的最大 Lyapunov 指数

图 3.15 为唐山、张家口、杭州、盐城、广州和珠海 $PM_{2.5}$ Lyapunov 指数的离散性曲

线，图 3.17 为 Lyapunov 指数的最大离散度与时间的函数关系。结果表明，各个城市的可预报时间最大为 2.7 h、1.7 h、2.1 h、2.7 h、3.7 h、3.6 h。各城市 $PM_{2.5}$ 的最大 Lyapunov 指数都为正，则各城市 $PM_{2.5}$ 有混沌动力学特性。

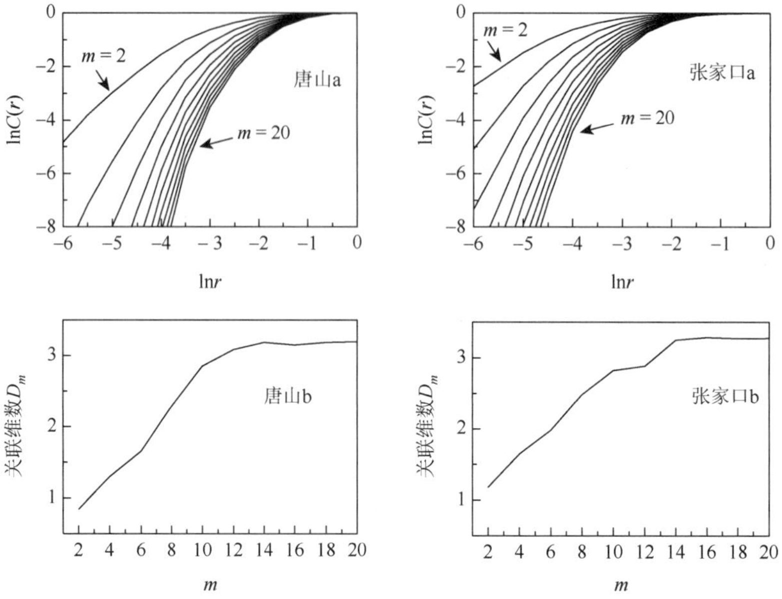

图 3.12　唐山、张家口 $PM_{2.5}$ 关联维数-嵌入维度图

注：*m* 为嵌入维度，下同。

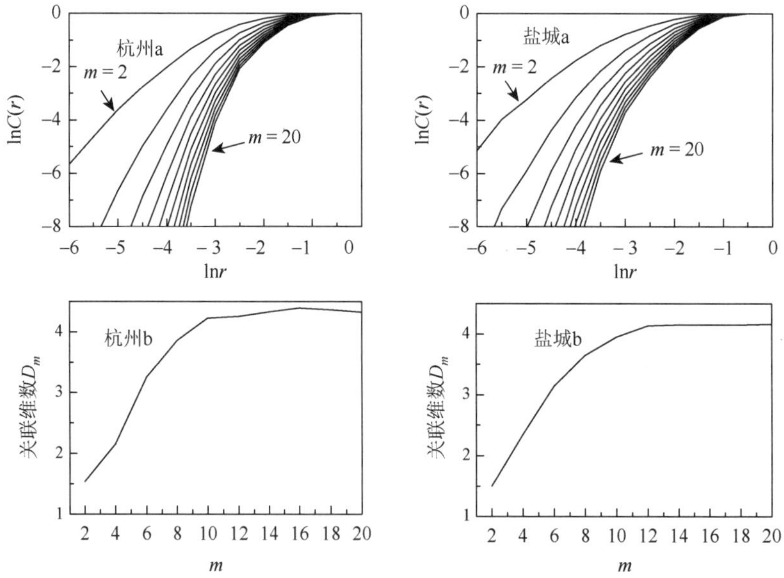

图 3.13　杭州、盐城 $PM_{2.5}$ 关联维数-嵌入维度图

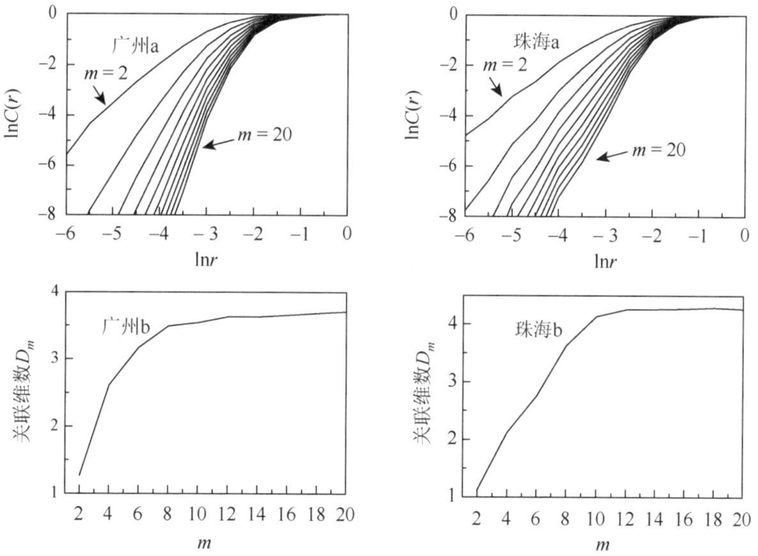

图 3.14　广州、珠海 $PM_{2.5}$ 关联维数-嵌入维度图

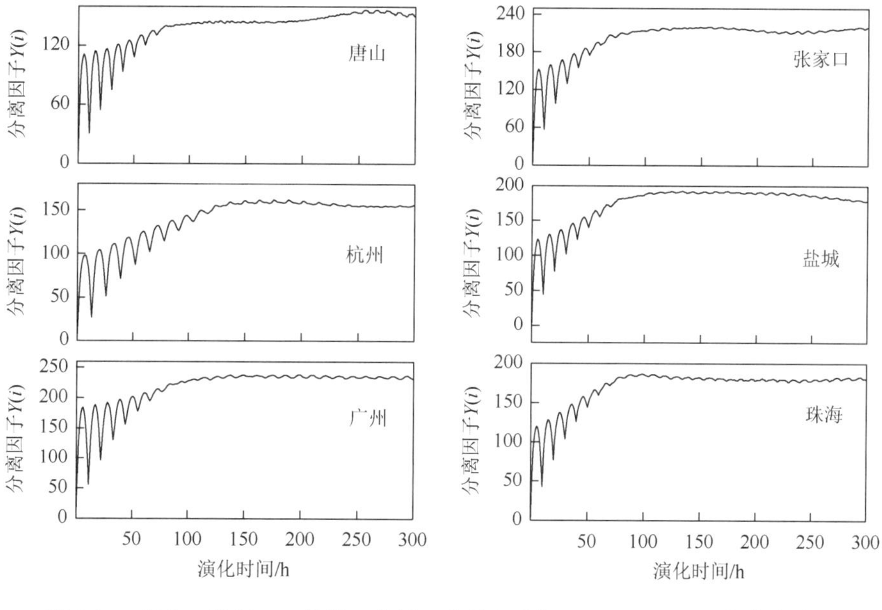

图 3.15　唐山、张家口、杭州、盐城、广州和珠海 $PM_{2.5}$ Lyapunov 指数变化图

4. $PM_{2.5}$ 时间序列的 Kolmogorov 熵

$PM_{2.5}$ 的 Kolmogorov 熵采用 GP 法计算，其结果见图 3.16。结果显示，各城市 $PM_{2.5}$ 混沌系统有共性和区别性，但差别不大。各城市的 Kolmogorov 熵分别为 1.70、1.32、1.33、1.22、1.78、1.44。图 3.16 显示了唐山和张家口、杭州和盐城、广州和珠海的 $PM_{2.5}$ 时间序列 Kolmogorov 熵。

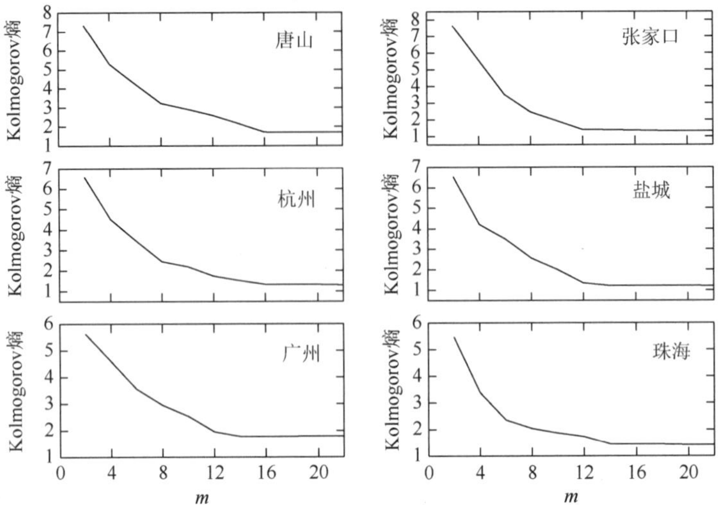

图 3.16　不同城市 $PM_{2.5}$ 的 Kolmogorov 熵-嵌入维度变异曲线

5. 各城市 $PM_{2.5}$ 的混沌参量

图 3.17 为各城市群 $PM_{2.5}$ 序列的混沌参量。$PM_{2.5}$ 平均延迟时间基本在 17～44 h，北京 60 h。北京是污染最严重的城市，其 $PM_{2.5}$ 序列变化最复杂。$PM_{2.5}$ 受人类活动影响，由其他污染物的二次转化而成，其滞后期较 O_3 要长。京津冀的嵌入维度均值为 10.57，长三角为 10.15，珠三角为 9.33。嵌入维度较大的城市其 $PM_{2.5}$ 混沌系统的动力学特征有

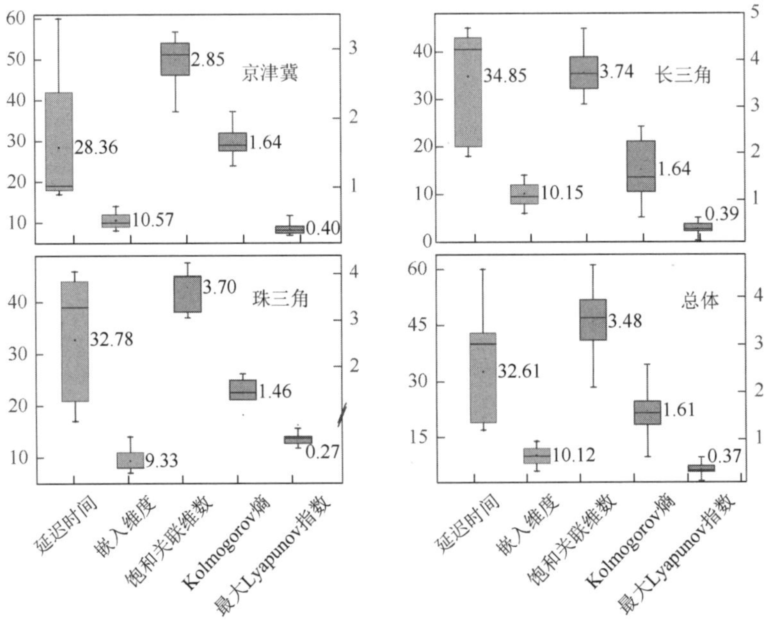

图 3.17　$PM_{2.5}$ 混沌参数箱线图

注：左纵坐标表示延迟时间和嵌入维度数值；右纵坐标表示饱和关联维数、Kolmogorov 熵和最大 Lyapunov 指数。

待进一步研究。京津冀的饱和关联维数为2.85，长三角的饱和关联维数为3.74，珠三角的饱和关联维数为3.70。表明每个城市最少要有4～5个或更多微分方程，才能构建描述$PM_{2.5}$混沌系统的非线性微分方程组。京津冀的最大Lyapunov指数为0.40，长三角的最大Lyapunov指数为0.39，珠三角的最大Lyapunov指数为0.27，最大可预报时间分别为1.7～3.2 h、1.6～7.7 h、1.5～7.7 h，Kolmogorov熵均值为1.64、1.64、1.46，表明珠三角城市群$PM_{2.5}$呈现出最小的混沌特性。

6. 2016～2020年中国城市群$PM_{2.5}$混沌参数年变化特征

2016～2020年，全国各地的年均气象因子都相差不大，因此各个城市年的混沌特征值的变化能够体现出大气中$PM_{2.5}$的时空分布。图3.18显示了三个主要城市群内嵌入式维数箱线图的时滞。各大城市一年的延迟约为20 h。与前四年比较，2020年，珠三角城市圈的滞后期更为集中，但其平均水平及各城市的数据差异较小。

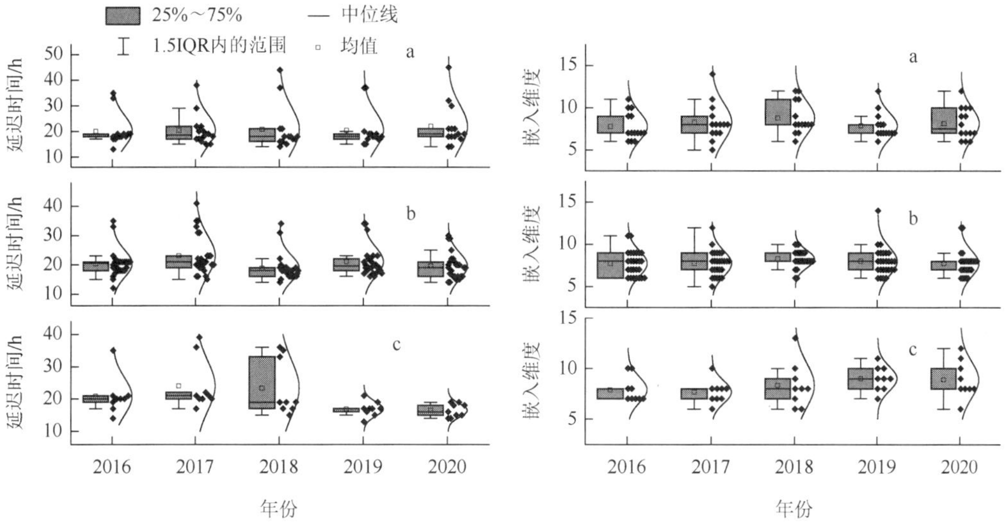

图3.18　三个城市群一年中$PM_{2.5}$时滞及嵌入维度箱线图

注：a为京津冀城市群，b为长三角城市群，c为珠三角城市群。

衡量混沌特性强度的重要参数是最大Lyapunov指数，所以用最大Lyapunov指数的年变异性刻画各城市群$PM_{2.5}$的内部演变动态，利用Kolmogorov熵与饱和关联维数作为变量的辅助检验。如图3.19所示，三个城市群$PM_{2.5}$的最大Lyapunov指数都有降低的趋势，但在我国东部地区，$PM_{2.5}$的最大Lyapunov指数却没有明显变化，并与各个城市群年平均$PM_{2.5}$的Lyapunov指数（虚线）相吻合。京津冀城市群拟合梯度为–0.047，长三角城市群拟合梯度为–0.050，珠三角城市群拟合梯度为–0.053。图3.20中各城市群饱和关联维数随着Kolmogorov熵递减，各城市群饱和关联维数分别为–0.19、–0.23和–0.30，Kolmogorov熵拟合斜率为–0.19、–0.24和–0.25。

近些年，我国相继出台了《大气污染防治行动计划》《打赢蓝天保卫战三年行动计划》等一系列重大方针和措施。在京津冀、长三角、珠三角的大气污染减排建议，以及减少

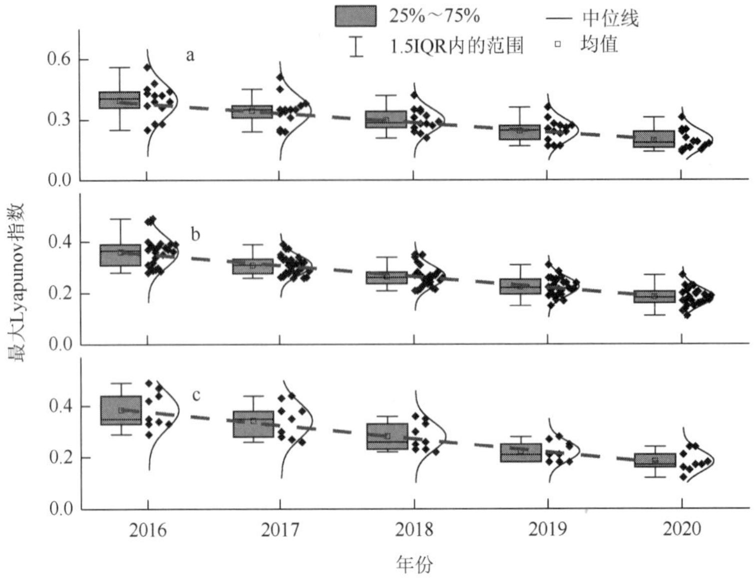

图 3.19　三个城市群一年中 $PM_{2.5}$ 的最大 Lyapunov 指数箱线图

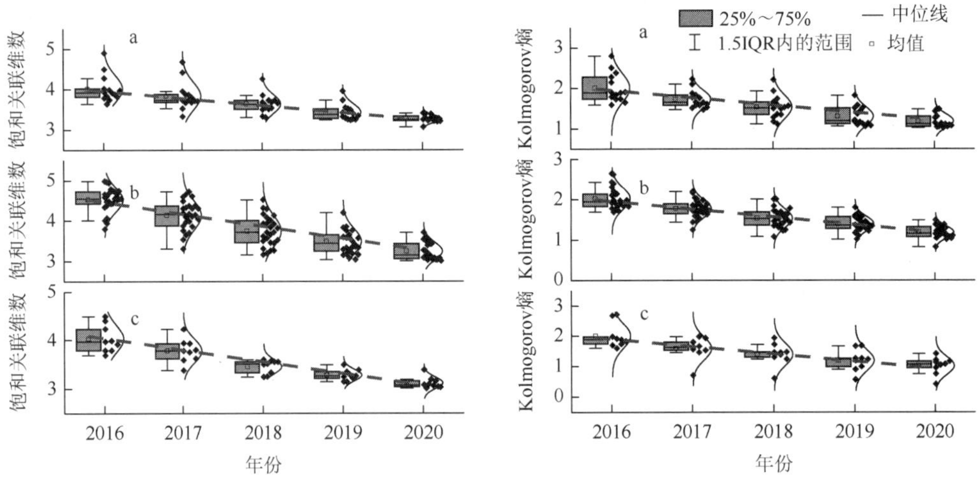

图 3.20　三个城市群一年中 $PM_{2.5}$ 的饱和关联维数及 Kolmogorov 熵的曲线

重污染天数等具体指标中，主要治理措施包括对重污染企业进行全面治理、调整产业和能源结构、创新污染治理技术、控制煤炭总量、建立区域合作机制等。在一系列关键政策措施的推动下，我国大气污染防治工作取得显著成效，重点城市的 $PM_{2.5}$ 浓度总体上显著降低。各大城市群 $PM_{2.5}$ 浓度的最大 Lyapunov 指数和 Kolmogorov 熵总体上逐年下降，说明在优先控制下，$PM_{2.5}$ 浓度波动的随机性得到了控制，同时也减弱了混沌性。但由于各城市群 $PM_{2.5}$ 演化的最大 Lyapunov 指数仍大于 0，混沌特征仍然很明显，$PM_{2.5}$ 演变过程中仍存在较强的非线性，高浓度污染可能会在未来重现。

第 4 章　大气颗粒物演化的分形特征

4.1　引　言

分形理论是对具有多尺度、多过程和非线性特征的复杂系统进行定量研究的科学工具（Lopes and Betrouni，2009）。近年来，复杂性科学领域利用时间序列分形方法研究大气污染取得了重大进展。其中最重要的发现是，城市大气 $PM_{2.5}$-O_3 复合污染浓度时间演化动态过程具有典型的 $1/f$ 噪声行为、长期持续相关特征和多重分形特征（Chelani，2016；Pan et al.，2017；Liu and Shi，2021）。这说明，从长期来看，过去、现在甚至未来的 $PM_{2.5}$ 污染之间都存在密切联系。同时，长期持续性的强弱与时间尺度密切相关，在一定时间尺度上，长期持续性越强，意味着对污染物的预测越准确。长期持续具有两个特性，即比例不变与自相似。这表明，高浓度污染的发生具有标度不变性，即在不同的时间分辨率下，其动态分布模式仍然相似。研究表明（Yuval and Broday，2010；Dong et al.，2017），大气污染演变的长期持续性效应可能是导致大气环境中高浓度 $PM_{2.5}$ 事件发生的关键特征效应，而在以往的大气数值模型中一直被忽视。如果将大气污染长期持续性引入模型中，可以降低不确定性，进而对大气复合污染的发生及演化特征进行更准确的模拟预测。

大气颗粒物演化的 $1/f$ 噪声行为、长期持续相关特征和多重分形等特征，是空气污染 SOC 系统演化至临界状态时的时空特征模式。在此基础上，利用去趋势波动分析（detrended fluctuation analysis，DFA）法、消除趋势波动率相关分析方法，以多重分形消除趋势波动理论、多重分形去趋势互相关理论为基础，以 $PM_{2.5}$ 为研究对象，开展复杂环境下 $PM_{2.5}$ 的分形演化特征研究。

4.2　研 究 方 法

4.2.1　去趋势波动分析法

Peng 等（1995）首次提出了一种适用于对非一致性数据进行长时依赖关系的消除趋势波动分析方法。其计算方法如下。

首先，对原始的时间序列 $\{\tau_q(i)\}(i=1,2,\cdots,N)$ 进行积分，得到积分序列。

$$y(k)=\sum_{i=1}^{k}[\tau_q(i)-\overline{\tau}_q],\quad k=1,2,\cdots,N \tag{4.1}$$

其次，整个序列被等长分割。利用最小二乘法对区间进行拟合，得到局部趋势；将所有趋势组合在一起，作为趋势信号 $\overline{y}_n(k)$。

再次，将趋势信号与整个序列的积分相乘，从而获得了一种波函数：

$$F(n)=\sqrt{\frac{1}{N}\sum_{k=1}^{N}[y(k)-\overline{y}_n(k)]^2} \tag{4.2}$$

式中，$F(n)$ 为时间尺度 n 下的波动函数。

当 $F(n)$ 为线性时，有幂函数关系：

$$F(n)\propto n^{\alpha} \tag{4.3}$$

其中，α 代表一系列具有长期持续特性的时间序列。$\alpha=0.5$，该时间序列为随机性；$1>\alpha>0.5$，为长时间序列；$0<\alpha<0.5$，序列具有反长期持续性。

4.2.2 多重分形消除趋势波动分析法

本章提出了一种新的基于多重分形的新方法——多重分形消除趋势波动分析（multi-fractal detrended fluctuation analysis，MFDFA）法。详细的计算过程如下。

针对 $PM_{2.5}$ 的序列 $x(k)$，$k=1,2,\cdots,N$，其累积离差序列 $X(i)$ 为

$$X(i)=\sum_{k=1}^{i}[x(k)-\overline{x}],\quad i=1,2,\cdots,N \tag{4.4}$$

式中，N 为序列的长度；$\overline{x}=\frac{1}{N}\sum_{k=1}^{N}x(k)$ 为平均值。

将 $X(i)$ 划分为等距 $N_S=[N/s]$ 互不相交的区间。利用最小二乘法，对各区间作线性拟合，求出各序列子区之间的起伏信号：

$$F^2(s,v)=\frac{1}{s}\sum_{k=1}^{s}\left[X_V(k)-\overline{X}_V(k)\right]^2 \tag{4.5}$$

全时序波动函数的确定：

$$F_q(s)=\left\{\frac{1}{2N_S}\sum_{v=1}^{2N_S}[F^2(s,v)]^{q/2}\right\}^{1/q},\quad q\neq 0 \tag{4.6}$$

$$F_0(s)=\exp\left\{\frac{1}{4N_S}\sum_{v=1}^{2N_S}\ln[F^2(s,v)]\right\},\quad q=0 \tag{4.7}$$

每一个确定 q 值，存在幂律关系：

$$F_q(s)\propto s^{h(q)} \tag{4.8}$$

式中，$h(q)$ 为广义的赫斯特（Hurst）指数。

当 $h(q)$ 为常数时，时间序列是均匀一致的。当 $h(q)$ 随 q 改变时，$PM_{2.5}$ 序列为多重分形。当 $h(q)>0.5$ 时，$PM_{2.5}$ 序列具有长期正相关性；当 $h(q)<0.5$ 时，$PM_{2.5}$ 序列具有反持续性；当 $h(q)=0.5$ 时，$PM_{2.5}$ 序列是随机的。

多重分形强度可以用 $h(q)$ 来计算：

$$\Delta h=h(q)_{\max}-h(q)_{\min} \tag{4.9}$$

4.2.3　去趋势互相关分析法

去趋势互相关分析法（detrended cross-correlation analysis，DCCA）是一种适用于对非稳态数据进行相关性分析的方法。

首先，对原始序列 $x(i)$和 $y(i)$ $(i=1,2,\cdots,N)$ 进行积分。

$$X(k)=\sum_{i=1}^{k}[x(i)-\overline{x}],\ Y(k)=\sum_{i=1}^{k}[y(i)-\overline{y}] \tag{4.10}$$

式中，$X(k)$和 $Y(k)$表示积分序列，其中 $k=1,2,\cdots,N$；$x(i)$和 $y(i)$表示污染浓度序列的第 i 个数据值；$\overline{x}$ 为原始序列的平均值；N 是序列长度。

其次，将积分序列 $X(k)$和 $Y(k)$分为等距 $N_S=[N/s]$ 非重叠的区间。用最小二乘法进行线性拟合，求出局部趋势。将所有趋势信号组合在一起，得到序列的趋势信号 $\overline{X}_s(k,i)$ 和 $\overline{Y}_s(k,i)$ 。

利用积分信号对趋势信号进行减法运算，求出残差方差：

$$F(s)=\sqrt{\sum_{i=1}^{N-n}\left\{\frac{1}{s-1}\sum_{k=i}^{s+i}[X(k)-\overline{X}_s(k,i)][Y(k)-\overline{Y}_s(k,i)]\right\}} \tag{4.11}$$

最后，重复上述步骤，计算不同尺度 s 下的 $F(s)$。若 $\ln s$-$\ln F(s)$存在线性，则存在幂律关系：

$$F(s)\propto s^{\alpha} \tag{4.12}$$

式中，α 表示 DCCA 指数，即自相似性参数。

当 $\alpha\approx0.5$ 时，两组序列相互独立；当 $\alpha>0.5$ 时，两组序列之间长期互相关，即过去某一变量增大（减小），则会导致另一变量未来增大（减小）；当 $\alpha<0.5$ 时，表明两组序列具有连续的反向相关性。

4.2.4　多重分形去趋势互相关分析法

多重分形去趋势互相关分析法（multi-fractal detrended cross-correlation analysis，MFDCCA）首先确定两个时间序列 $\{x(i)\}$ 和 $\{y(i)\}$ ，$i=1,2,\cdots,N$ ，其中 N 是时间序列的长度。序列 $\{x(i)\}$ 和 $\{y(i)\}$ 可以构造为

$$X(i)=\sum_{t=1}^{i}[x(t)-\overline{x}],\quad Y(i)=\sum_{t=1}^{i}[y(t)-\overline{y}] \tag{4.13}$$

式中，$\overline{x}=\frac{1}{N}\sum_{t=1}^{N}x(t)$；$\overline{y}=\frac{1}{N}\sum_{t=1}^{N}y(t)$ 。

其次，将序列 $\{x(i)\}$ 和 $\{y(i)\}$ 分割为等长$\left(N_s=\frac{N}{s}\right)$的非重叠段，$s$ 是时间尺度。

对每个区间 $v(v=1,2,\cdots,2N)$ 进行最小二乘线性拟合计算局部趋势 $\{x(i)\}$ 和 $\{y(i)\}$。求所有区间残余信号的协方差：

$$F^2(s,v)=\frac{1}{s}\sum_{i=1}^{s}|X[(v-1)s+i]-\tilde{X}(i)||Y[(v-1)s+1]-\tilde{Y}(i)| \tag{4.14}$$

$$F^2(s,v)=\frac{1}{s}\sum_{i=1}^{s}|X[N-(v-N_s)s+i]-\tilde{X}(i)||Y[N-(v-N_s)s+i]-\tilde{Y}(i)| \tag{4.15}$$

对于每个区间，$v=N+1,N+2,\cdots,2N$。

然后计算序列 $q(q\neq 0)$ 阶波动函数 $F_q(s)$：

$$F_q(s)=\left\{\frac{1}{2N_s}\sum_{v=1}^{2N_s}[F^2(s,v)]^{\frac{1}{q}}\right\}^{\frac{1}{q}} \tag{4.16}$$

$$F_q(s)=\exp\left\{\frac{1}{4N_s}\sum_{v=1}^{2N_s}\ln[F^2(s,v)]\right\},\ q=0 \tag{4.17}$$

式中，q 可以取任何实值（在该研究中 q 为−20～20）。

最后，如果两个时间序列 $\{x(i)\}$ 和 $\{y(i)\}$ 具有长期幂律互相关性，则 $F_q(s)\propto s^{h(q)}$，其中 $h(q)$ 是广义互相关指数，即当 $q=2$ 时，$h(q)$ 即 DCCA 指数 $h(2)$。$h(2)=0.5$ 说明两序列无关；$h(2)>0.5$ 表示两序列之间存在长期幂律互相关性，这意味某一个序列增大（减小）可能导致另一个序列增大（减小）；$h(2)<0.5$ 则刚好相反。

q 增大时，两个序列具有多重分形性质。多重分形的强度可用 $h(q)$ 来计算。

$$\Delta h=h(q)_{\max}-h(q)_{\min} \tag{4.18}$$

4.3　结果与分析

4.3.1　新冠疫情期间区域大气高污染发生的分形特征

1. 研究数据

在新冠疫情期间，污染物的排放量大大下降。但一些地方不时发生重污染事件，因此这期间我国高污染的成因是一个值得探讨的问题。例如，Sicard 等（2020）在武汉开展研究，研究新冠疫情中人类活动减少对大气污染的影响，发现武汉市在 2020 年疫情期间 O_3 日平均质量浓度较 2017～2019 年同期增长了 36%。Huang 等（2020）研究表明，2020 年新冠疫情期间，尽管污染物的排放量显著下降，但华东地区雾霾没有缓解。Chang 等（2020）对上海市 2020 年元旦前后大气颗粒物的含量变化进行分析，结果表明，$PM_{2.5}$ 中二次气溶胶质量浓度在 2020 年春节期间比 2019 年增加了 16%。有不少研究表明，虽然工业排放和交通排放都处于停滞状态，但是空气污染状况却并没有得到改善，这与污染物自身变化机制有着密切关系，而并非人为因素所导致的。

长株潭城市群处于湖南省中东部（北纬 26°03′～28°40′，东经 111°54′～114°15′），由长沙、株洲和湘潭组成。长株潭城市群地处雪峰与罗霄山脉交界的山谷地带，中间地势较低，以多山丘陵为主。该区为亚热带季风气候区，雨量充沛，是我国南方重要的经济发展区域。长株潭城市群是湖南省工业化、城市化重点地区，其大气污染物排放量大，受地形特征影响，容易造成大气污染问题。为此，本书拟以长沙、株洲、湘潭等城市大气 $PM_{2.5}$、O_3 为研究对象，开展 $PM_{2.5}$ 和 O_3 的时空变化规律研究，如图 4.1 所示。

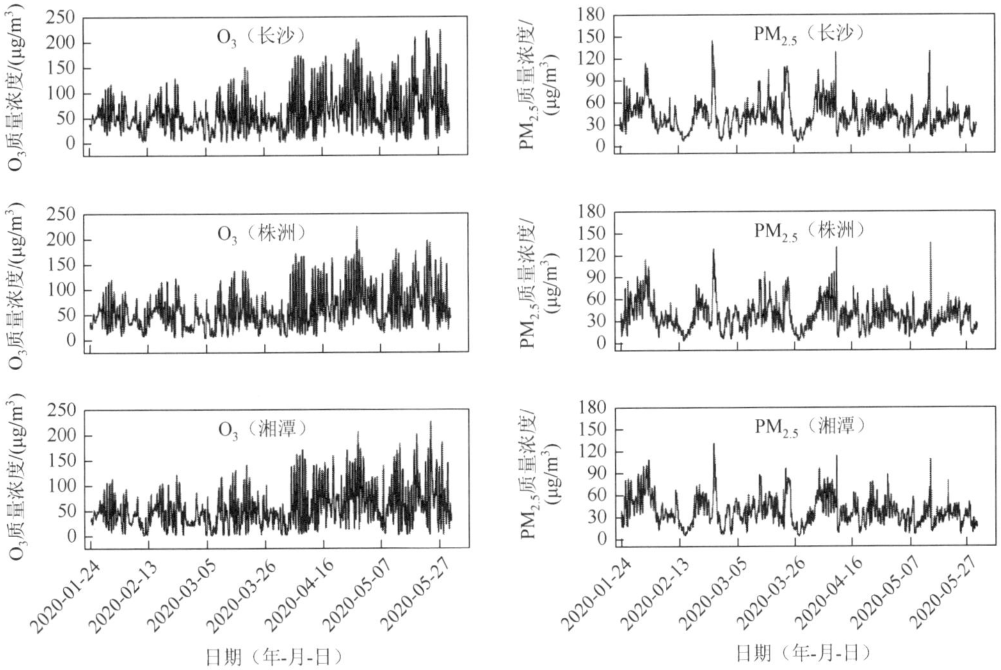

图 4.1　长株潭城市群 O_3 和 $PM_{2.5}$ 质量浓度变化

2. $PM_{2.5}$ 和 O_3 质量浓度日变化规律

如图 4.2 所示，长沙、株洲、湘潭的 $PM_{2.5}$、O_3 质量浓度日变化规律基本一致，且与近地面光化学过程存在较强的相关关系，都是白天高晚上低的单峰型。三个城市 O_3 质量浓度在 16:00 时达高峰，随后逐步下降，次日 07:00 出现最低值，这主要是 O_3 对光照、温度的响应较慢，导致 O_3 的生成需要一定的时间，因此 O_3 的质量浓度在 16:00 时达到高峰。16:00 之后太阳辐射减弱，产生的 O_3 比氧化反应（如 NO 氧化为 NO_2）消耗的 O_3 少。因此，16:00 后，O_3 质量浓度逐步下降，第二天 07:00 左右出现最低值。三个城市 $PM_{2.5}$ 质量浓度的日变化特征均为 03:00 出现高峰，16:00 前后逐渐下降至最低值，原因在于 $PM_{2.5}$ 质量浓度的日变化特征与太阳辐射、重力等因素有关。$PM_{2.5}$ 等颗粒物在夜间沉降，使得 $PM_{2.5}$ 在近地面持续积累，在 03:00 出现高峰。当太阳辐射增强时，近地面温度升高，靠近地表的热气团会产生，$PM_{2.5}$ 质量浓度也会随之升高，随后在 16:00 出现最低值。有研究指出，$PM_{2.5}$ 质量浓度在非疫情期间为双峰日变化，可能是高峰时段车辆排放所致。

在新冠疫情期间，$PM_{2.5}$质量浓度的每日波动表现为单峰值，这很有可能是因为交通管制减少了汽车尾气排放。

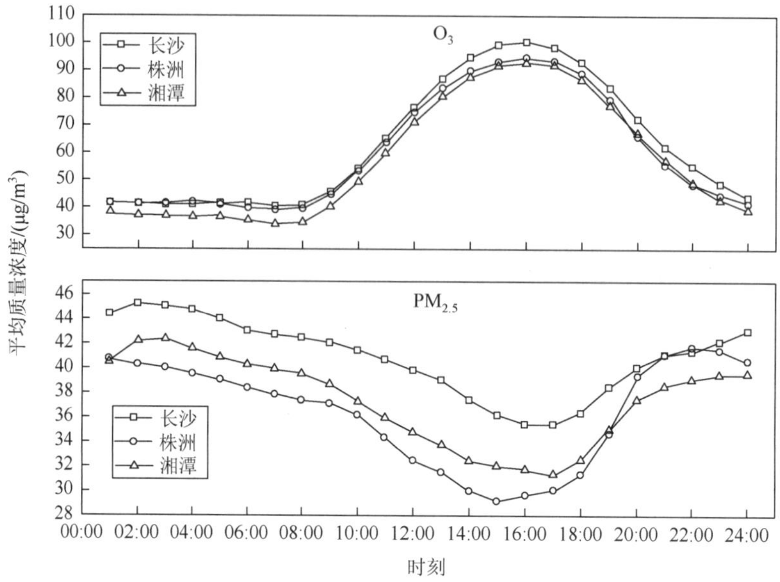

图 4.2　$PM_{2.5}$和O_3浓度日变化规律

3. $PM_{2.5}$和O_3的长期持续性及相关性特征

本书采用 DFA 法对$PM_{2.5}$和O_3的时序变化特征进行统计分析。得出了以下结论：新冠疫情期间，长沙、株洲和湘潭$PM_{2.5}$和O_3不同时间尺度s与其波动函数$F(s)$在对数坐标下呈显著的线性相关。三个城市$PM_{2.5}$、O_3的 DFA 指数采用最小二乘法估算，长沙为$\alpha(PM_{2.5}) = 0.968$，$\alpha(O_3)= 0.771$；株洲为$\alpha(PM_{2.5}) = 0.997$，$\alpha(O_3) = 0.812$；湘潭为$\alpha(PM_{2.5}) = 1.000$，$\alpha(O_3) = 0.768$。可用 DFA 指数α来表征污染物的长期持续性，长株潭城市群$PM_{2.5}$和O_3的α都大于 0.5，在一定的时间尺度上，二者的相关性不服从马尔可夫过程，但遵循幂指数衰减规律。随着α的增加，污染物在大气中的滞留时间也随之增加，这表明过去污染源所排放的$PM_{2.5}$（O_3）质量浓度越高，将来$PM_{2.5}$（O_3）的浓度就越高。

为定量评价O_3与$PM_{2.5}$交互作用对$PM_{2.5}$质量浓度演变的影响，本书拟采用 DCCA 法研究长沙、株洲、湘潭$PM_{2.5}$与O_3之间的相互作用，结果见图 4.3。长沙、株洲和湘潭在研究期间都有相似的演变模式，同时，$PM_{2.5}$质量浓度与O_3质量浓度呈显著线性相关。长沙、株洲、湘潭的 DCCA 系数为 0.893、0.910、0.900，说明新冠疫情时$PM_{2.5}$与O_3的关联是长期的。

由上述数据可知，长沙、株洲、湘潭三地$PM_{2.5}$、O_3及$PM_{2.5}$-O_3之间存在较强的持续性。这说明各城市$PM_{2.5}$和O_3的时空演变不仅受其本身浓度的影响，还受两者的共同影响。

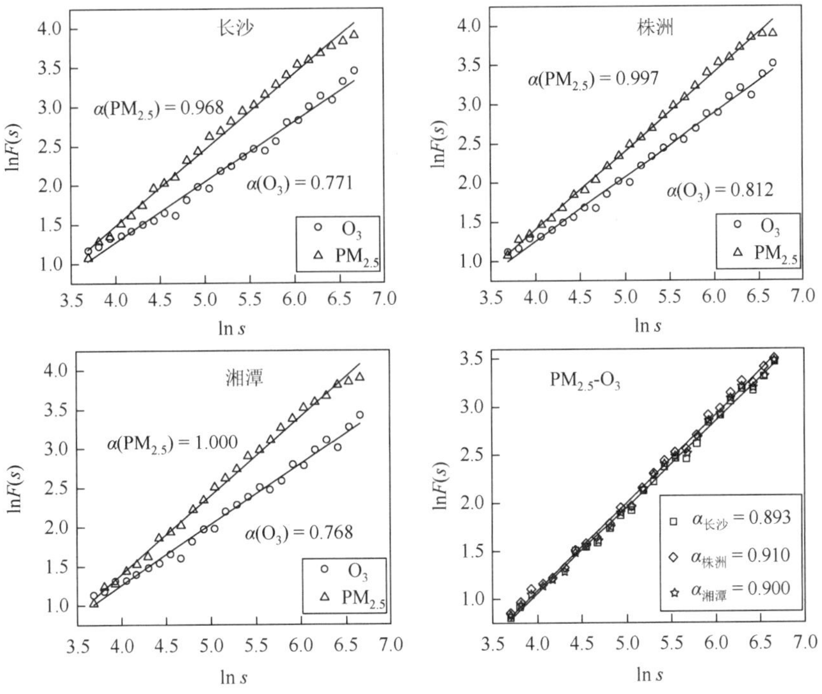

图 4.3　三个城市 $PM_{2.5}$、O_3 及 $PM_{2.5}$-O_3 质量浓度的 DCCA 曲线

4. O_3 和 $PM_{2.5}$ 质量浓度序列多重分形特征

本书采用多重分形消除趋势波动分 MFDFA 方法与 MFDCCA 法，研究局地 O_3 和 $PM_{2.5}$ 质量浓度变化的非线性特性，以及二者之间的相关性。

两对数曲线图中 $PM_{2.5}$、O_3 和 $PM_{2.5}$-O_3 的相关性 q 级上的 $\ln s$ 与消除趋势波函数 $\ln F_q(s)$ 进行拟合，拟合结果较好。其中，$\ln s$-$\ln F_q(s)$在 q（$q=0$、±5、±10、±20）级时，都是线性的，并且是收敛的。研究结果显示，长株潭地区 $PM_{2.5}$、O_3、$PM_{2.5}$-O_3 三者之间的交互作用关系呈现出不同的幂函数关系。从图 4.4～图 4.6 中 q 阶广义赫斯特指数的变化可以看出，这三个变量之间的相互作用具有明显的非线性特征。长沙、株洲和湘潭的 O_3、

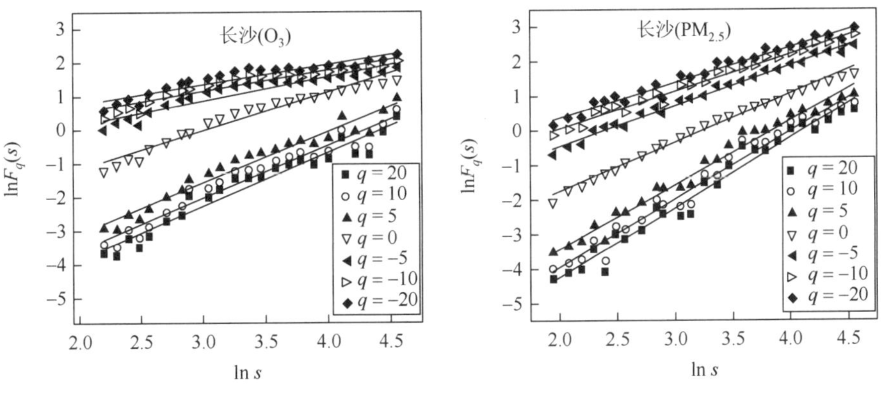

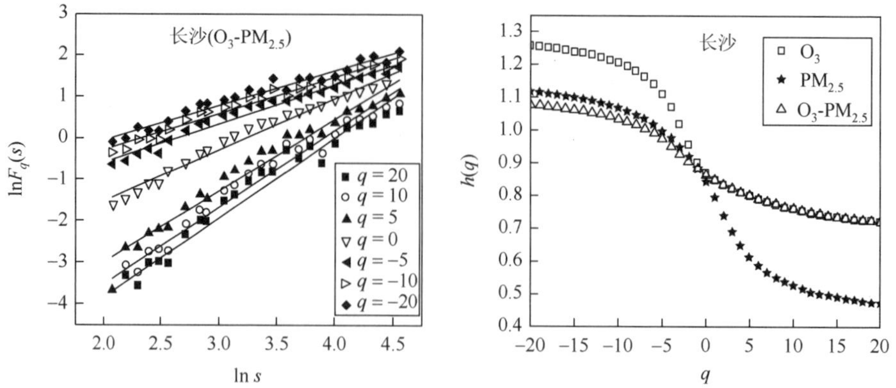

图 4.4　新冠疫情期间长沙 $PM_{2.5}$、O_3、$PM_{2.5}$-O_3 的双对数涨落曲线和 q 阶广义赫斯特指数

$PM_{2.5}$ 质量浓度和 $PM_{2.5}$-O_3 的互相关性 $h(q)$随 q 值的增大而减小，揭示了长株潭城市群 $PM_{2.5}$、O_3 与 $PM_{2.5}$-O_3 相关关系的长期持续性具有多分形尺度不变性。

基于该模型，给出了多重分形强度的计算方法。表 4.1 为长沙、株洲、湘潭疫情暴发时 O_3、$PM_{2.5}$ 和 $PM_{2.5}$-O_3 的相关性。$PM_{2.5}$ 序列的多重分形强度在每个城市都是最高的。造成这个现象的原因在于，疫情多在冬春季节发生，静风速与逆温共同作用下 $PM_{2.5}$ 的演化不稳定，因此 $PM_{2.5}$ 具有较高的多重分形特性。长沙、株洲和湘潭的非线性特征存在一致性，研究发现，长株潭城市群的环境质量存在明显的区域性特点。

表 4.1　长沙、株洲、湘潭三年同相分形特性的研究

城市	年份	O_3			$PM_{2.5}$			$PM_{2.5}$-O_3	
		Δh	α	λ	Δh	α	λ	Δh	α
长沙	2018	0.941	0.640	1.771	0.707	1.085	3.209	0.577	1.150
	2019	0.810	0.712	1.773	0.825	1.131	3.471	0.620	0.900
	2020	0.536	0.771	1.651	0.644	0.968	3.071	0.357	0.893
株洲	2018	0.886	0.652	2.814	0.641	1.066	3.305	0.741	0.858
	2019	0.868	0.788	2.700	0.6643	1.071	3.122	0.447	0.963
	2020	0.467	0.859	2.531	0.596	0.751	2.809	0.377	0.818
湘潭	2018	0.651	0.662	1.770	0.686	1.039	3.653	0.489	0.884
	2019	0.820	0.723	1.951	0.982	1.038	3.938	0.591	0.921
	2020	0.518	0.851	1.609	0.644	0.777	3.574	0.346	0.842

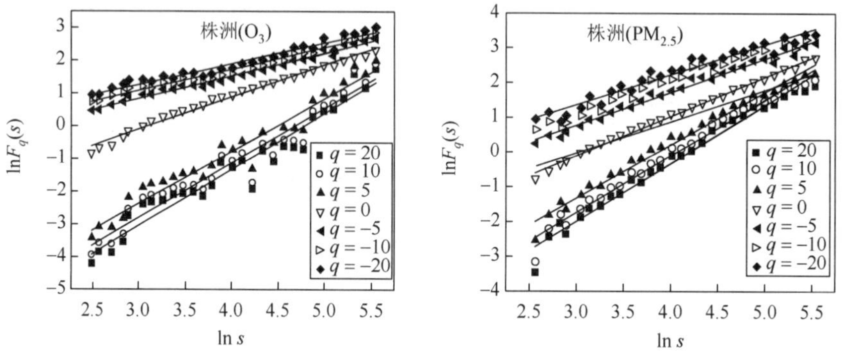

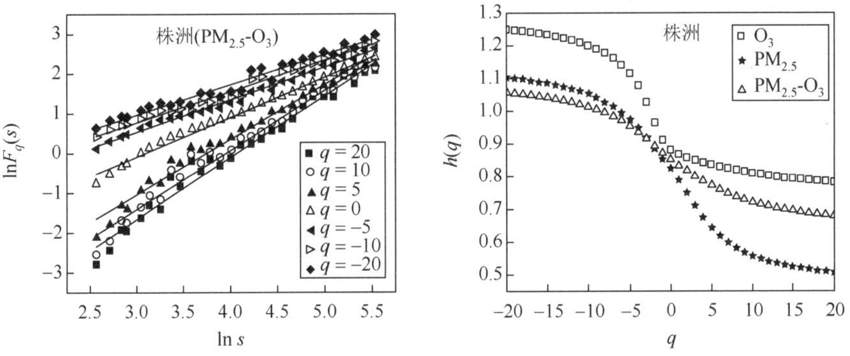

图 4.5 新冠疫情期间株洲 $PM_{2.5}$、O_3、$PM_{2.5}$-O_3 的双对数涨落曲线和 q 阶广义赫斯特指数

基于以上研究，长株潭城市群 $PM_{2.5}$、O_3 浓度和 $PM_{2.5}$-O_3 互相关多重分形特征在新冠疫情期间，呈现出显著的动态同步性。长沙、株洲、湘潭三个城市的 $PM_{2.5}$ 与 O_3 也具有相似的非线性动力学演化机理；长株潭城市群 $PM_{2.5}$、O_3 与 $PM_{2.5}$-O_3 的交互关系具有明显的多重分形特征。这表明，在疫情期间，$PM_{2.5}$ 与 O_3 的浓度并非孤立地演化，它们之间具有复杂的交互作用。

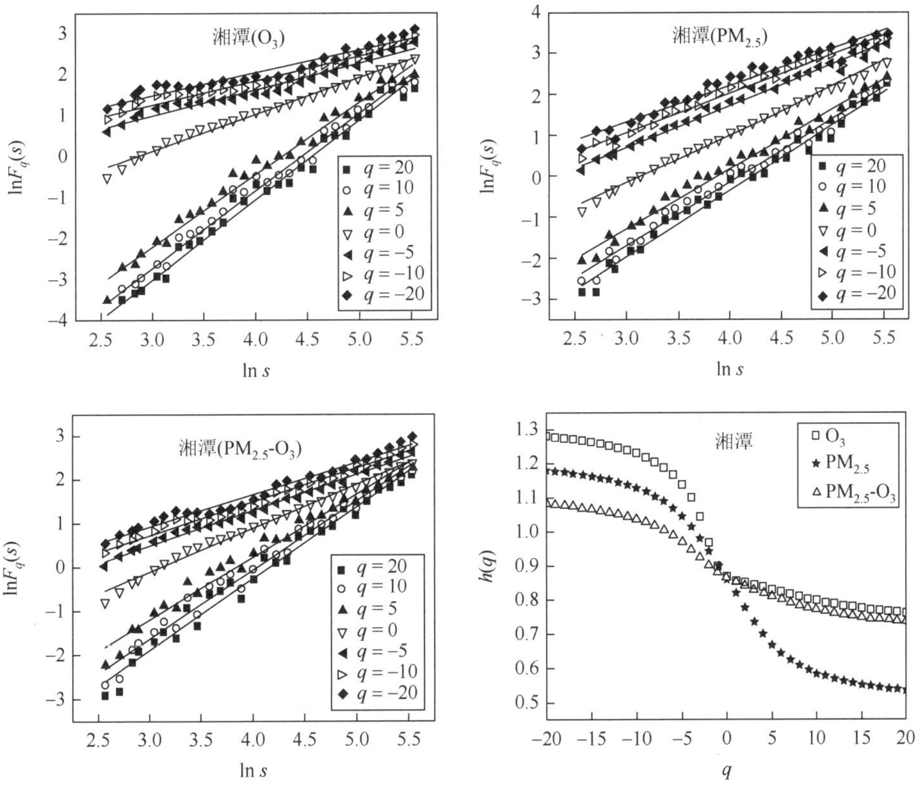

图 4.6 新冠疫情期间湘潭 $PM_{2.5}$、O_3、$PM_{2.5}$-O_3 的双对数涨落曲线和 q 阶广义赫斯特指数

5. $PM_{2.5}$和 O_3 污染浓度概率统计分布

基于此，本书应用最小二乘法对长株潭城市群大气 $PM_{2.5}$、O_3 的时间序列进行拟合，结果表明，该系统具有明显的幂律结构特性（图 4.7）。长沙、株洲和湘潭的 O_3 λ 指数分别为 $\lambda_{长沙}=1.651$、$\lambda_{株洲}=2.531$、$\lambda_{湘潭}=1.609$、$PM_{2.5}$ λ 指数为 $\lambda_{长沙}=3.071$、$\lambda_{株洲}=2.809$、$\lambda_{湘潭}=3.574$。$PM_{2.5}$ 和 O_3 在不同城市的标度指数不同，可能是尽管长株潭城市群有区域性污染，但每个城市的地理位置和大气环境仍有差别，造成同一种污染物在不同的城市表现出不同的幂律分形结构。新冠疫情期间，长沙、株洲和湘潭的 $PM_{2.5}$ 和 O_3 浓度演变没有表现出典型的特征浓度，然而，幂次分布结构的稳定与否是衡量一个系统能否达到自组织临界状态的一个重要指标。新冠疫情时，$PM_{2.5}$ 污染很可能具备有机碳的特性。

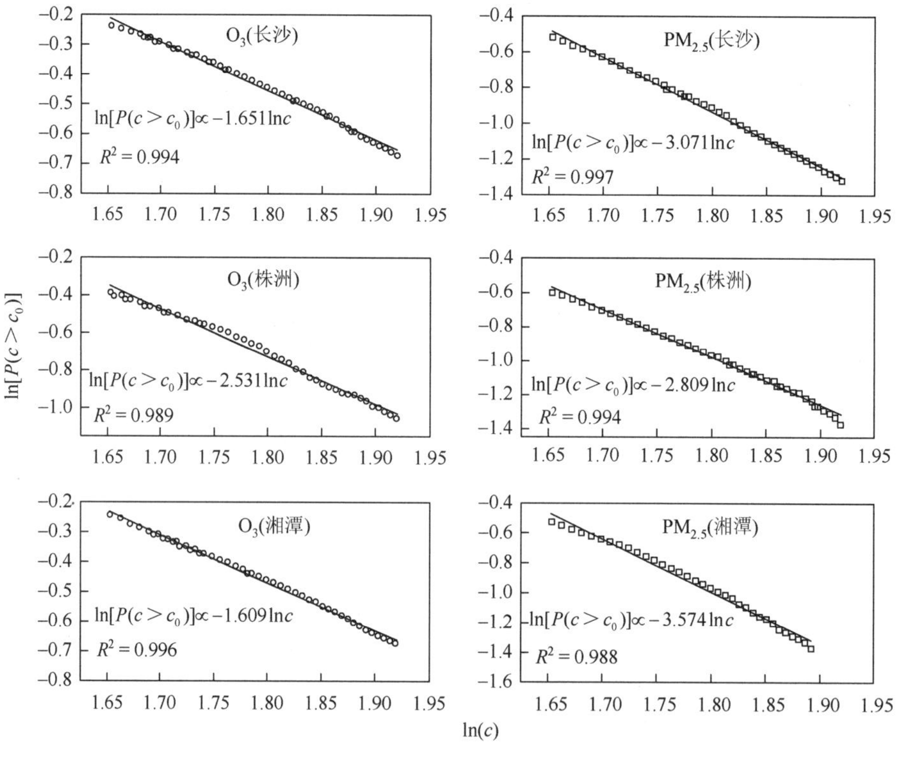

图 4.7 $PM_{2.5}$、O_3 在长沙、株洲、湘潭时均数的概率统计分布

6. 历史同期数据对比分析结果

本书以我国非新冠疫情暴发期（2018 年 1 月 24 日～2018 年 5 月 31 日和 2019 年 1 月 24 日～2019 年 5 月 31 日）和新冠疫情暴发期（2020 年 1 月 24 日～2020 年 5 月 31 日）为研究对象，采用分形分析方法，研究不同季节对 $PM_{2.5}$、O_3 污染的影响。结果见表 4.1。长沙、株洲、湘潭分形参数值在 2018 年与 2019 年类似，但在 2020 年有很大

差异。其主要区别是：2020 年 O_3 演变的长期持续指数 α 显著大于 2018 年、2019 年，其他分形参数在 2020 年比 2018 年、2019 年有所下降。

在新冠疫情暴发期间，人类活动显著减少，同时以 O_3 为代表的前体物的排放量也减少了，从而导致 O_3 在空气中蓄积。除了自然演变外，工业、生活、交通等人为因素对 $PM_{2.5}$、O_3 的影响不容忽视，它们使得 $PM_{2.5}$、O_3 的波动演化更加复杂，尤其是在非疫情暴发时期，空气污染演化的非线性分形特征更加显著。

SOC 理论能从宏观和全局的角度阐释长期持久性及幂律分形结构的动力学机理。Shi 和 Liu（2009）采用 SOC 模型分析 SO_2、NO_2 和 PM_{10} 浓度发现，这三种污染物浓度在演化的过程中呈现出分形的特征。苏蓉等（2010）利用 SOC 理论，结合重标极差法和强度-频率法对上海市 PM_{10} 浓度进行了研究，结果表明，SOC 的内在机理是导致 PM_{10} 浓度长期持续演变的重要因素。Shi 等（2013）率先建立了一个新的细颗粒物 SOC 演化模型，揭示了细颗粒物 SOC 在时空演化过程中呈现出长时间持续性及幂指数分布特征。通过以上研究，我们可以看出，SOC 内在机理是导致城市大气污染演变的关键因素。

在本章中，我们进一步发现，在大气复合污染的背景下，长株潭城市群在新冠疫情期间 $PM_{2.5}$ 和 O_3 的动态演化特征与 SOC 内在机理非常相似，具体描述如下。

大气复合污染是由 O_3、$PM_{2.5}$ 和气象因子等多种短程交互作用的组分组成的。在这些过程中，有两个短程反应，第一个反应是氧化剂（•OH、H_2O_2、RCHO 等）浓度增大，会影响二次气溶胶生成。第二个反应是大气中二次气溶胶可直接或间接地影响 O_3 的形成，并通过多相氧化、大气动力学、光解率等途径影响 O_3 的形成。

作为一个开放而复杂的系统，大气复合污染系统能持续地从外界引入物质或能量，如 VOC 和 NO_x 能通过光氧化反应生成 O_3，或者在大气环境中，某些活泼的气体会与空气中的二次颗粒物发生复杂的化学反应。同时，大气层也在一定程度上消耗该系统中的材料和能源，例如，更多的 O_3 会加强大气层的氧化性，加剧光化学氧化速率，但这一过程会迅速消耗大量 O_3；大气系统生成的二次气溶胶可通过降水的冲刷或在强风中碰撞、凝结，形成大颗粒污染物从而脱离大气系统。最后，大气系统将会在外界的物质、能量与其自身所需的物质、能源之间建立一个稳定的耗散结构。

在稳定的气象环境中，由于短程近邻作用，大气系统将会自动向临界态转变。在此基础上，提出了一种新的解决方案，即在一定条件下，大气复合系统在进入临界态后闭锁，然后保持在稳态。

当一个复杂的空气系统自发演化到临界状态并维持该状态时，系统外部的任何微小变化都可能导致系统内发生整体的连锁效应。因此，大气系统的局部区域对原始条件十分敏感，如气象、地形等因素。同时，随着体系进入临界态，体系内部很多短程近邻之间的交互作用会呈现出长时间持久的特性，O_3 和二次气溶胶存在交互作用，其既能通过对大气的氧化性作用，又能通过光化学作用影响二次气溶胶的形成。也就是说，在一定时期内，污染事件的演变范围、强度都与其发生的范围、强度有着紧密的联系。最终，在时间和空间上，大气吸收的外部能量和其所消耗的能量在时间和空间上的相关性都会呈现出长时间的持续性或者幂指数的分布。

此外，长沙、株洲、湘潭的观测数据显示，新冠疫情发生时，该区域 94%的地区为静止、弱风，即最大瞬时风速小于 3.3 m/s，存在较弱的水平与垂直扩散能力。另外，长株潭城市群位于湘江流域，位于雪峰山脉与罗霄山脉的交界地带，中部地势较低，四面较高，周边地区多为丘陵山区，对污染物的扩散不利。这一区域的静态气候和复杂的地形特征，为 SOC 机理的形成提供了一个稳定的外部环境。

Le 等（2020）在对北京强霾成因进行深入研究后发现，虽然一次污染物排放量下降，但二次污染物与 O_3 间复杂的化学反应是导致 $PM_{2.5}$、O_3 浓度升高的重要因素。

$PM_{2.5}$ 主要由其前体物通过复杂的化学反应形成，包括 SO_2 通过气相反应生成硫酸盐；NO_2 氧化生成 HNO_3，HNO_3 与碱性物质反应产生硝酸盐，而硝酸盐还可以通过 N_2O_5 的水解反应生成；还包括 VOC 在大气中经历的各种化学过程（如光氧化、凝结、非均相等反应）而产生的二次气溶胶。O_3 污染源自大气中的 NO_x、CO 和 VOC 的光化学反应。

O_3 与二次气溶胶会向大气复合系统提供慢速的物质和能量，使其逐步演化到一个自组织的临界态。在城市局地大气中，O_3 等二次前体物的累积是 O_3 催化 SO_2 与 NO_x 发生氧化生成硫酸盐和硝酸盐的过程。这些反应提高了气溶胶对紫外线的吸收能力，降低了大气中 O_3 的生成速率。大气组分间的短程交互作用是导致 O_3 与二次气溶胶发生非线性演化的关键因素。当大气系统稳定在临界状态时，外部环境中一个小的扰乱都会使得这一临界状态被打破，即可能出现更严重污染事件。同时，长沙、株洲、湘潭等地的 $PM_{2.5}$、O_3 浓度均表现出明显的长时间持续性，且呈幂指数分布，这是评估大气系统中是否存在 SOC 特征的重要标准。虽然新冠疫情期间，人类活动对大气污染物排放的影响显著降低，但其影响机理尚未明确。

长沙、株洲、湘潭等地大气中 $PM_{2.5}$、O_3 浓度均表现出明显的长时间持续性，且呈幂指数分布，这是评估大气系统中是否存在 SOC 特征的重要标准。虽然在新冠疫情时期，人类活动造成的污染显著下降，但是大气污染体系的非线性发展机理并没有发生变化。由此推测，新冠疫情暴发后，我国部分地区发生空气重污染，SOC 很可能是其重要的驱动机制。

4.3.2　$PM_{2.5}$ 多尺度演化的 EEMD 和多重分形分析

1. *研究数据*

长株潭城市群位于中国长江经济带的中心，是重要的城市群之一，由湘潭、长沙、株洲三大核心城市组成。然而，该城市群存在严重的空气污染问题，其中 $PM_{2.5}$ 成为空气质量治理的主要关注点。本章选取 2015 年 1 月 1 日至 2019 年 12 月 31 日期间长株潭地区的 $PM_{2.5}$ 小时平均浓度作为研究对象，其五年间变化趋势如图 4.8 所示。图中显示 $PM_{2.5}$ 浓度的变化为夏季低冬季高。除了这种周期性变化外，还存在许多高频非线性变化，这些特征与周期性变化之间的关联并不容易直观地观察到。因此，为了更深入地分析这些复杂的变化特征，需要进一步运用 EEMD 法对高频模态进行分解分析。

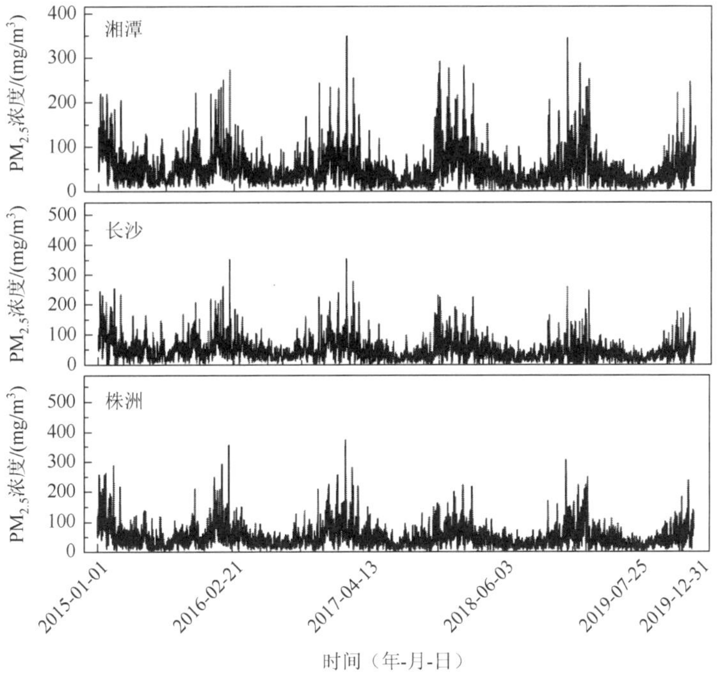

图 4.8　2015-01-01 至 2019-12-31 湘潭、长沙、株洲 $PM_{2.5}$ 小时浓度图

2. $PM_{2.5}$ 时空变化的 EEMD

用 EEMD 法从大气 $PM_{2.5}$ 中提取出周期短、频率高的模式。拆分的结果展示在图 4.9～图 4.11 中。三个城市的初始 $PM_{2.5}$ 序列被拆分成 14 个 IMF 分量和一个趋势项。这些城市的长期趋势呈现逐渐下降的态势，显示了研究期间各城市 $PM_{2.5}$ 浓度的逐渐降低，也反映了近年来环保工作的成果。三个城市的 IMF 分量由高频至低频的变化反映了 $PM_{2.5}$ 的时空分布特点。各分量的振幅随频率减小而增大。并且，每一个 IMF 成分都有其相

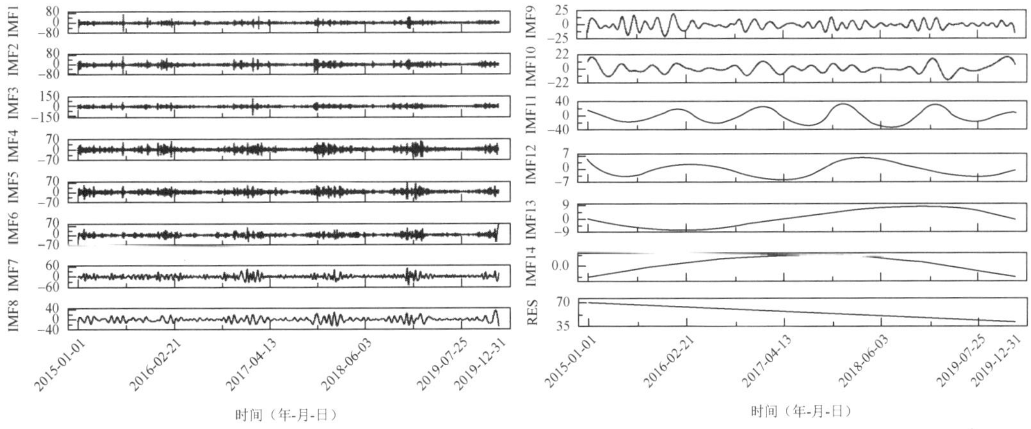

图 4.9　湘潭市 $PM_{2.5}$ 序列的 EEMD 分析

应的拟周期，并且各 IMF 成分的信号变动均处于该拟周期中。在同一研究时段上，13 个 IMF 分量的波动随时间的变化是不均匀的。这反映了大气复杂系统内力和外力的相互作用非线性特性。因此，为了更好地理解这种情况，需要分别计算每个 IMF 分量的平均周期。

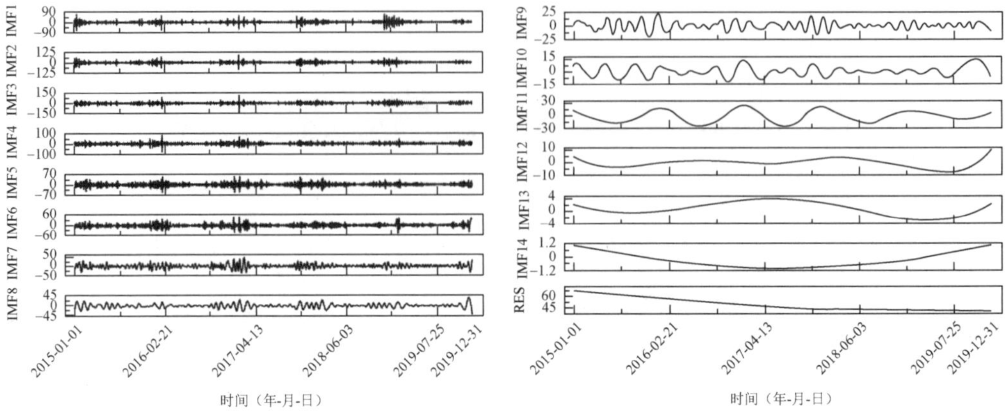

图 4.10　长沙市 $PM_{2.5}$ 序列的 EEMD 分析

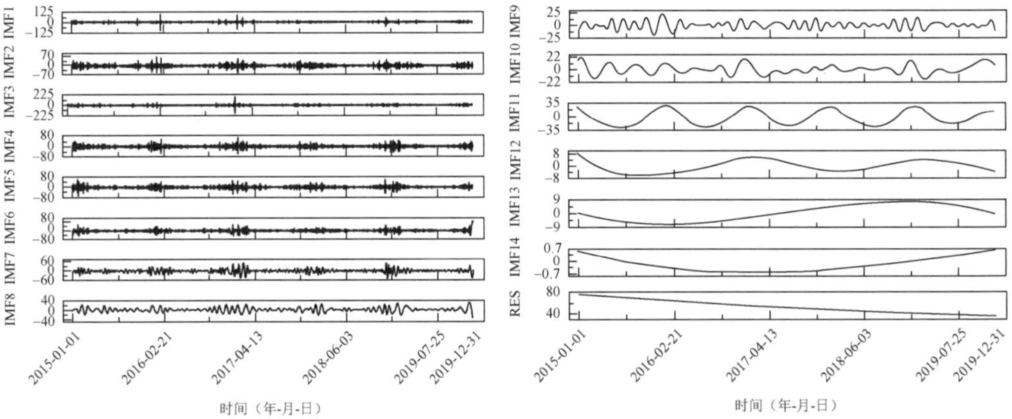

图 4.11　株洲市 $PM_{2.5}$ 序列的 EEMD 分析

为了准确描绘各 IMF 分量对初始序列整体的影响大小，需要使用它们的方差贡献率来进行评估。因此，我们使用快速傅里叶转换（fast Fourier transformation，FFT）计算了三个城市每个 IMF 分量的平均周期以及方差贡献率，其结果列于表 4.2。用峰值数除以 IMF 点所得的数值就是 IMF 的平均周期，而用 IMF 成分和趋势项的总和计算出的各个 IMF 的方差贡献率就是 IMF 的方差贡献率。湘潭市的前八个模态振荡周期分别为准 3 h（IMF1）、准 12 h（IMF2）、准 24 h（IMF3）、准 48 h（IMF4）、准 108 h（IMF5）、准 168 h（IMF6）、准 503 h（IMF7）和准 617 h（IMF8）。其他各城市剩余的 IMF 分量的平均周期均超过 617 h，其中前八个模态在 617 h 内呈现大致均匀的周期振荡，对应一个月的时间尺度。前八个高频分量对各城市的 $PM_{2.5}$ 浓度的整体波动特征有显著影响，其累积方差贡献率分别为湘潭 51.60%、长沙 61.14%和株洲 50.61%。尽管三个城市前八个高频分量的累积方差贡献率的差异很小，但仍体现出它们具有明显的区域污染特征。其他模态对 $PM_{2.5}$ 浓度整体变化特征的贡献相对较小。在长达五年的时间尺度内观察，长株潭城市群主要呈现静稳天气的趋势。由于污染物的远距离传输需要时间，短周期高频模式不太可能由外部传输引起。因此可以推断，外部传输不会使得稳定的短期高频特征模态存在。各城市的 $PM_{2.5}$ 前八个模态之和（高频累积模态）能够较好地反映长株潭集聚区大气污染排放所引起的复杂非线性效应带来的特征变化。

表 4.2　湘潭、长沙、株洲各 IMF 分量及趋势项的统计值

IMF 分量及趋势项	湘潭		长沙		株洲	
	周期/h	贡献率/%	周期/h	贡献率/%	周期/h	贡献率/%
IMF1	3	0.60	3	1.24	3	0.69
IMF2	12	1.95	12	3.30	12	2.09
IMF3	24	5.89	24	8.18	24	5.71
IMF4	48	6.58	44	6.72	24	5.89
IMF5	108	9.17	120	9.85	94	8.21
IMF6	168	11.16	180	11.17	168	11.48
IMF7	503	9.24	434	11.70	434	10.06
IMF8	617	7.01	617	8.98	617	6.48
IMF9	1184	3.48	1184	4.71	1184	3.46
IMF10	2922	4.23	2922	3.49	2922	5.58
IMF11	8765	28.11	8765	20.13	8765	24.19
IMF12	21912	0.85	43824	1.44	21912	1.27
IMF13	43824	3.26	43824	0.54	43824	2.60
IMF14	43824	0.01	43824	0.08	43824	0.01
RES	43824	8.47	43824	8.50	43824	12.27

3. $PM_{2.5}$ 时空变化的多重分形特征

首先，开发研究 $PM_{2.5}$ 的先进方法具有实际意义。我们应用 MFDFA 法来计算不同时期 $PM_{2.5}$ 的累积平均值，其结果如图 4.12 所示。从图 4.12（a）～图 4.12（c）可以明显看出，q 在−20～20 内，针对每个城市的每个序列，都能很好地适应 $F_q(s)$ 曲线。$F_q(s)$（波动函数）和 s（尺度）的幂律关系可以通过这些曲线显示出来。每个城市的一般 $h(q)$ 和 q 的情况如图 4.12（d）～图 4.12（f）所示。在各个城市的 $PM_{2.5}$ 序列中，随着 $h(q)$ 值增大，q 减小，这说明各个城市的高压 $PM_{2.5}$ 累积模式具有多重分形特征。为了量化这种多重分形特征的强度，我们分别计算了每个城市的 Δh 值，湘潭、长沙、株洲的计算结果分别为 0.79、0.78、0.80。而 $h(2)$的值分别为 0.74、0.76、0.86，这些数值均大于 0.5，表明高频 $PM_{2.5}$ 的长期持续性特征对于这三个城市来说较为显著。

多重分形特征产生的主要原因有两个：一是其极端值的尖峰肥尾正态分布，二是其在不同时间尺度上小值和大值波动的持续影响。这两种驱动机制的根源可以在数据的混洗和随机替换过程中找到。混洗过程能够破坏数据的时间均匀性但保持其原始分布。但是，混洗过程会破坏多重分形的相关性，使得混合后的时间序列只有一个分形，这对多重分形的长期持久性产生了一定的影响。由此，利用随机序列，可以有效地判定长时间保持特性对多重分形特性的影响。另外，脉冲的肥尾会对多重分形特性产生影响，我们将利用代数型数据区分脉冲的肥尾正态分布对多重分形特性的影响。此外，尖峰肥尾也会影响多重分形特征。数据的非线性特征通过相位随机方法来进行消除，这样就只保留了原始数据的线性特征。因此，替代序列可以帮助判别尖峰肥尾正态分布是否会影响多重分形特性。

利用 MFDFA 方法对 $PM_{2.5}$ 的高频累积模态数据进行重新构建和替换，将这些数据随机分解成不同部分，以生成随机数据和替代数据。图 4.12（d）～图 4.12（f）展示了在不同时间尺度下混洗数据和替代数据的 $h(q)$ 值。在原始 $PM_{2.5}$ 累积模态序列 $h(q)$ 方面，各城市对 q 的依赖性高于混洗序列及其替代序列。混洗序列与 q 之间的关联性最不显著，这表明原始 $PM_{2.5}$ 序列的多重分形特性主要与其长期持续性具有相关性。与原始 $PM_{2.5}$ 序列相比，各城市替代数据中的 $h(q)$ 对 q 的依赖性较小。随机序列之间存在显著的差异，这显示了长期持续性是 $PM_{2.5}$ 高频累积模式的主要驱动力。每个城市在五年的时间尺度内都有这种模式的发展。另外，在五年的时间尺度上，尖峰和肥尾对于 $PM_{2.5}$ 浓度波动的影响作用不明显。在这五年中，长沙、株洲和湘潭城市群 $PM_{2.5}$ 浓度产生波动的主要影响因素是其在不同时间尺度上的长期持续性作用。

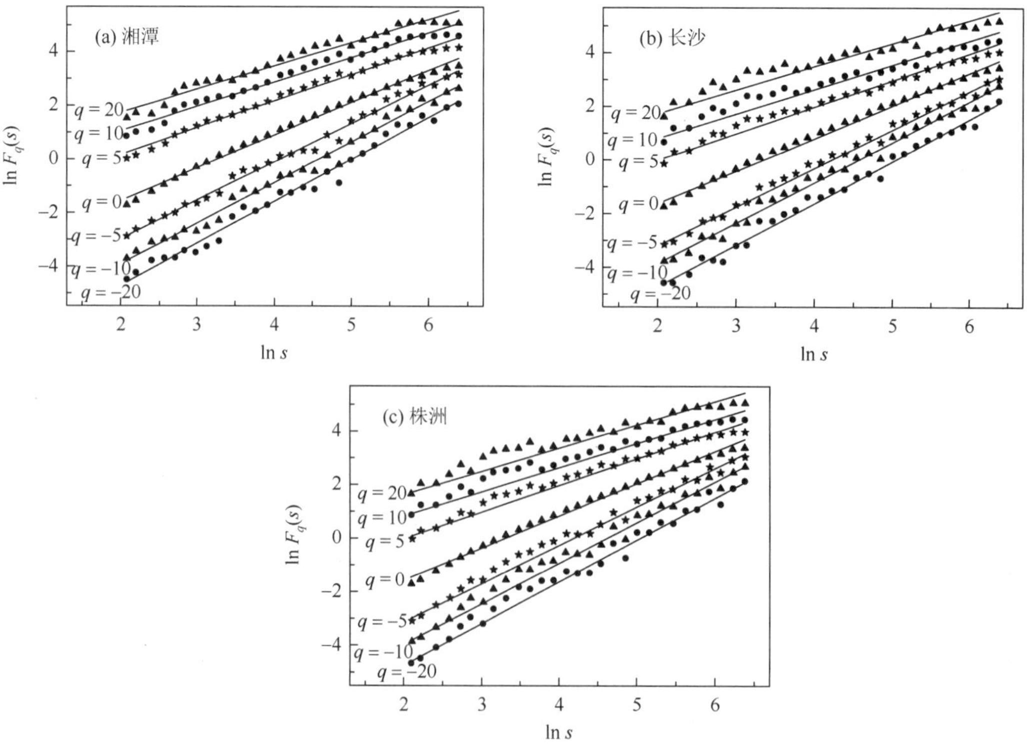

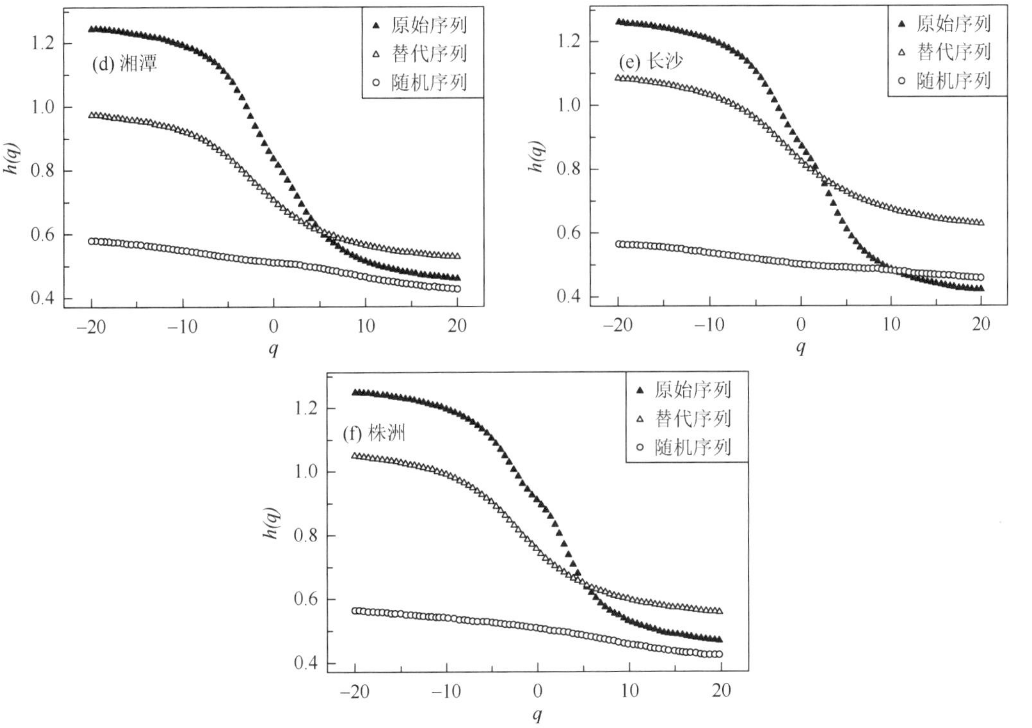

图 4.12　（a）～（c）湘潭、长沙、株洲 $PM_{2.5}$ 高频累积模态 $F_q(s)$ 的对数图，（d）～（f）$PM_{2.5}$ 高频累积模态的 $h(q)$值

4. 气象因素对 $PM_{2.5}$ 序列的多重分形强度影响

虽然多重分形参数可以有效地分析 $PM_{2.5}$ 微粒的动态组成，但这些参数无法反映整个研究期间时间序列行为的动态变化。为了更清晰地解释 $PM_{2.5}$ 序列的动态变化，有必要分析其在不同时间尺度上的周期性发展。多重分形强度值被用来衡量序列波动的程度。因此，我们采用 MFDFA 法计算各城市 $PM_{2.5}$ 在月时间尺度上的高频累积模式多重分形强度值的月度变化规律，具体结果见图 4.13。另外，我们对不同城市 $PM_{2.5}$ 的高频累积模式多重分形强度值 Δh 的不同月平均模式进行了统计分析，如图 4.14（a）～图 4.14（c）所示。结果显示，1 月份，各城市 $PM_{2.5}$ 的 Δh 值达到第一个峰值，然后出现逐月下降的趋势，Δh 值达到最低的时间是 6 月份，然后又呈现出逐渐上升的趋势，直至第二个峰值的到来。总体上看，不同地区的 $PM_{2.5}$ 序列呈现一定的周期性变化，呈现出冬季高、夏季低的模式。这从侧面暗示了 $PM_{2.5}$ 序列的多重分形强度可能会受到气象因素的影响。此外，我们还对 2015～2019 年三个城市的温度和降水量的月平均变化规律进行了统计分析，具体见图 4.14（d）～图 4.14（f）。总体来说，这三个城市的最高降水量出现在 6 月，平均气温最高出现在 7 月。各城市的月平均气温、月平均降水量和月平均相对湿度的变化均呈现出周期性的特征。不同地区 $PM_{2.5}$ 的高频累积模式多重分形强度值变化特征与气象要素变化密切关联。因此，气象条件的变化可能对 $PM_{2.5}$ 的高频累积模式在多时间尺度上演化的多重分形强度产生重要影响。

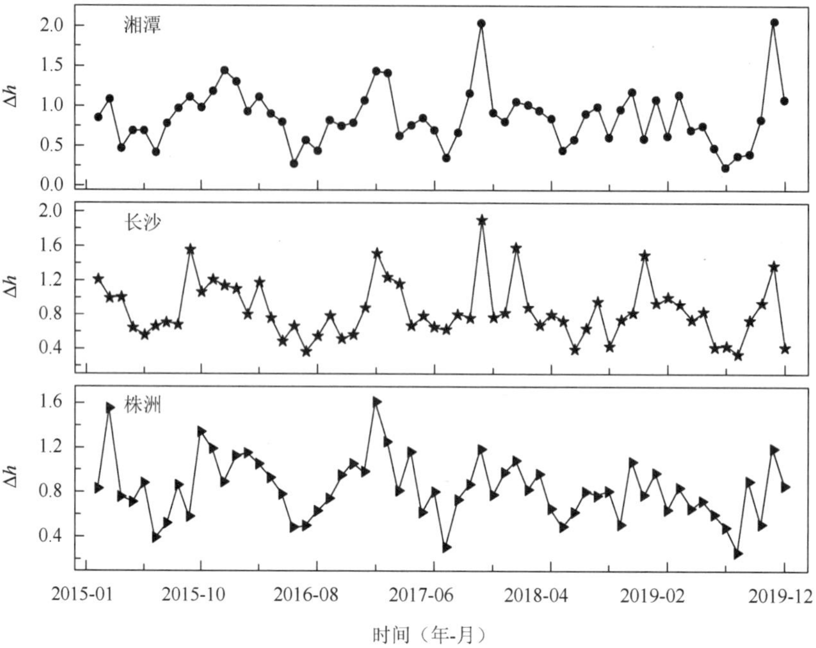

图 4.13　湘潭、长沙、株洲 $PM_{2.5}$ 的高频累积模式多重分形强度 Δh 值在 2015～2019 年的月变化模式

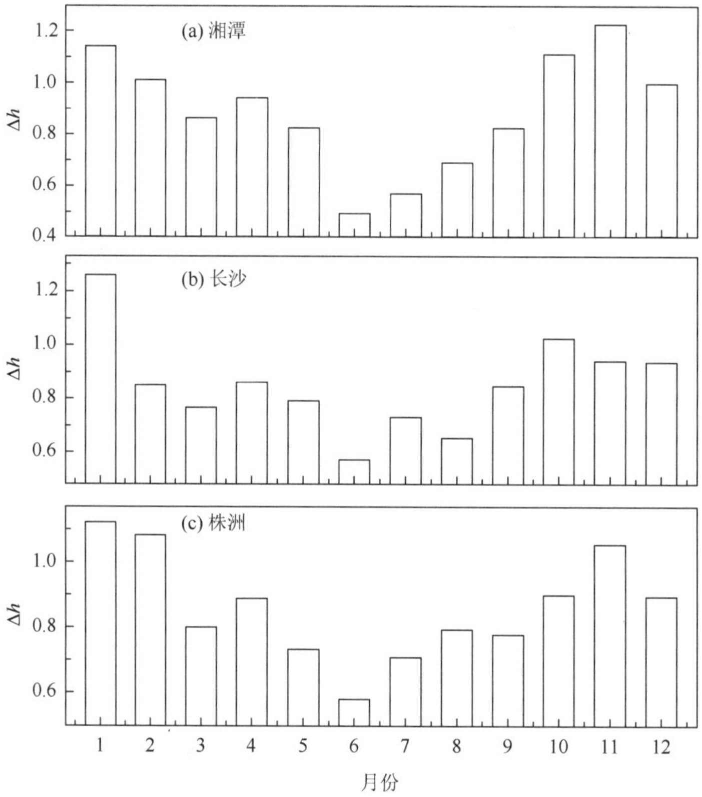

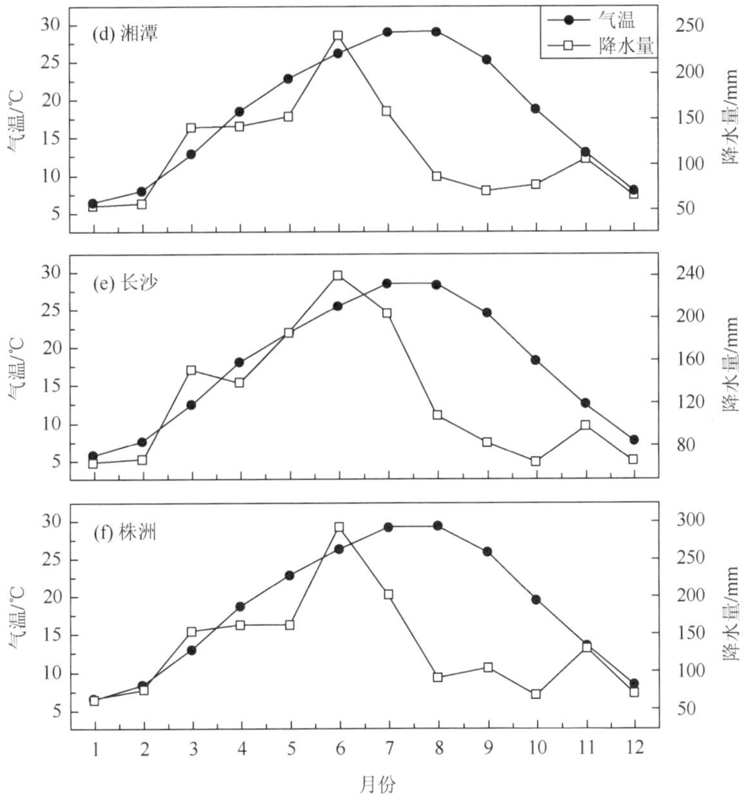

图 4.14　湘潭、长沙、株洲高频 $PM_{2.5}$ 的多重分形强度 Δh 值（a）～（c）和气象要素（d）～（f）在 2015～2019 年的月变化模式

5. 讨论

通过 EEMD 对 $PM_{2.5}$ 时空发展的分析，长沙、株洲和湘潭三市 $PM_{2.5}$ 的趋势项均呈现出 $PM_{2.5}$ 浓度逐渐降低的趋势，这表明各地区实施的大气污染防治行动计划已经取得了显著成效。在 $PM_{2.5}$ 的各个演变模式中，都有不同尺度的振荡拟周期，其中，高频模式中短周期的累积变异贡献率已达 50%以上。这说明与短周期具有相关性的高频模态是影响 $PM_{2.5}$ 整体变化特征的一大重要因素。因此，累积高频 $PM_{2.5}$ 模式的非线性变化可以揭示出 $PM_{2.5}$ 模式的非线性趋势，特别是该地区的大气污染趋势。

$PM_{2.5}$ 时空演变的多重分形分析表明，长株潭城市群 $PM_{2.5}$ 高频累积模式主要受不同时间尺度上长期持续的内部动力机制控制。与短期不同的是，在长期持续性机制的作用下，高频 $PM_{2.5}$ 累积模式在特定时间尺度上表现出较强的持续性特征。$PM_{2.5}$ 的长期持续性特征表明，过去特定时间段内某个地区污染源排放的污染物将以幂律形式对 $PM_{2.5}$ 当前乃至未来的演变趋势产生持久影响。此外，$PM_{2.5}$ 浓度波动和演变的内在驱动力也是通过长期持续性机制来反映的。长株潭城市群大气系统 $PM_{2.5}$ 浓度的演变趋势对过去 $PM_{2.5}$ 浓度的长时间尺度波动具有较强的敏感性和依赖性。

长沙、株洲、湘潭位于湖南省中东部地区，属于亚热带季风性湿润气候。研究时间尺度内，长沙、株洲、湘潭年平均气温分别为 18.21℃、17.59℃、18.57℃，年平均降水量分别为 1351 mm、1477 mm、1593 mm，年平均风速分别为 1.25 m/s、2.60 m/s、1.65 m/s。这三个城市具有相似的气候特征。前期研究表明，气温、降水量等气象条件是影响大气污染物分布和浓度的重要因素，不同时间尺度的气象条件也对污染物的长期滞留产生重要影响。同时，夏季长沙、株洲、湘潭平均气温分别为 27.4℃、28.3℃、28.1℃，平均风速分别为 2.3 m/s、1.8 m/s、1.3 m/s，平均降水量分别为 183.9 mm、195.8 mm、161.8 mm。垂直降温速率因为地表温度较高而增大，因此促进了空气污染物的扩散。降水是空气污染物的有效捕捉器，当降水量增大时，随着环境湿度的增大，空气中的污染物与水蒸气更易发生吸附从而降低大气污染物的含量作用，空气更加清洁。气温的升高和降水的增加将有效降低气候污染物浓度的整体效应，从而使 $PM_{2.5}$ 低浓度和高浓度的变化幅度较小。这也是长株潭城市群 $PM_{2.5}$ 高频模式多重分形强度在夏季最小的原因。冬季时，长沙、株洲和湘潭的平均气温分别为 6.9℃、7.8℃、7.5℃，平均降水量分别为 66.7 mm、72.1 mm、58.8 mm，平均风速分别为 2.9 m/s、1.6 m/s、1.2 m/s。冬季风速较低，大气污染物不易扩散，使得横向上污染物容易积累。早晚温差较小，其对流效应较弱，大气结构相对较为稳定，容易形成逆温天气。这种天气会使得在垂直方向上，大气污染物进一步累积。而冬季降水量减少，会使得空气污染物和水汽的吸附作用减弱。这使得气候污染物浓度持续升高，容易产生高浓度的 $PM_{2.5}$ 污染，使得 $PM_{2.5}$ 在低浓度与高浓度之间变化强烈。因此，长株潭城市群中 $PM_{2.5}$ 高频模式的多重分形强度在冬季更强。三个城市 $PM_{2.5}$ 高频模式的非线性发展具有相似的特征，这也从另一个方面说明了长株潭大气污染具有区域气候污染的特征。

自从实施了《大气污染防治行动计划》，长株潭城市群在大气污染治理方面展现出了强大的控制力度，近年来 $PM_{2.5}$ 的影响逐步减弱。然而，$PM_{2.5}$ 浓度的逐渐下降并没有影响长沙、株洲和湘潭地区高频 $PM_{2.5}$ 模态的多重分形特征。这主要是因为该地区长期持续性机制对 $PM_{2.5}$ 浓度的多时间尺度变化起着主导控制作用，尤其是在冬季。在这种影响机制下，此前排放污染物量的增加可能会影响当前甚至是未来一段时间内污染物浓度的上升。因此，在冬季，污染物存在的长期持续性的非线性动力机制可能会造成更严重的空气污染。

本章提出了一种新的模型，即 EEMD-MFDFA 模型，可以为研究区域空气污染在多个时间尺度上的动态特征分析提供新的方法。这个模型能够有效地捕捉长株潭城市群 $PM_{2.5}$ 的高频成分，更准确地展现这些高频成分的多重分形特征和动态来源。长期持续性机制是长株潭城市群长期甚至未来出现严重污染天气的主要驱动力。因此，在长株潭城市群大气污染防治措施的长期规划中，应特别关注在不同时间尺度上，$PM_{2.5}$ 非线性变化特征会受到空气污染物的长期持续性动力机制的影响。

4.3.3 在多时间尺度上 O_3 与 $PM_{2.5}/PM_{10}$ 的多重分形特征及其环境意义

《大气污染防治行动计划》实施后，我国城市空气质量得到了显著提高。虽然 $PM_{2.5}$ 浓度显著下降，但一些城市的 O_3 浓度却不断升高，造成了新的空气污染。在高 O_3 浓度环境下，大气中非均相光化学反应促进了气溶胶的快速生成，这导致了大气中细颗粒物质量浓度（$PM_{2.5}/PM_{10}$）的增大。当大气的氧化能力增强时，细颗粒物在大气中生成的速度加快，$PM_{2.5}/PM_{10}$也随之增大。反之，随着大气氧化性的减弱，$PM_{2.5}/PM_{10}$也会相应减小。因而，可用$PM_{2.5}/PM_{10}$的值来评价大气氧化性的强弱。研究大气污染减排下O_3与$PM_{2.5}/PM_{10}$之间复杂的非线性相关特征，对于深入了解城市空气污染成分的生成和发展具有重要的科学意义。

O_3和$PM_{2.5}/PM_{10}$在不同时间和空间尺度上有着复杂的相互作用。一方面，O_3的变化可能会影响二次气溶胶形成的速率，从而影响细颗粒物的产生。例如，Ding 等（2021）发现，夏季O_3浓度将会增加，其大气氧化能力增强，使得羟基自由基（•OH）、挥发性有机化合物（VOC）、硝基自由基（NO_3•）在光化学反应下更容易向二次气溶胶转化；有研究指出，长三角地区高浓度的O_3可能影响大气的光化学反应并促进二次气溶胶的形成。另一方面，O_3与$PM_{2.5}$之间不仅存在着正相关关系，$PM_{2.5}$浓度的增加也可能抑制O_3的生成。此外，$PM_{2.5}$浓度的增加会使得太阳辐射和大气光化学反应减弱，从而抑制O_3的生成。O_3与$PM_{2.5}/PM_{10}$在大气复合系统中的发展变化不仅受光化学机制影响，还受气象、地形等多种外界因素的影响。在大气光化学、气象和地形的综合作用下，O_3与$PM_{2.5}/PM_{10}$的相互作用表现出了不同时间尺度上的非平稳、复杂和非线性特征。人为污染物排放、气象条件分别具有规律性和周期性，使得大气污染发展是一个在多个时间尺度上呈现广泛非线性和多模态的动态过程。

因此，将 EEMD 法应用于O_3和$PM_{2.5}/PM_{10}$序列的模态分割，可以有效地获得包含不同时间尺度污染变化信息的高频数据，并进一步使用多重分形方法，有利于深入认识在多时间尺度上O_3和$PM_{2.5}/PM_{10}$非线性互相关关系的演变特征。

1. 研究数据

株洲市为落实《大气污染防治行动计划》，自 2014 年开始就针对空气污染物治理开展了一系列工作。为了评估《株洲市大气污染防治规划》的实施对株洲市空气质量发展的影响，本章选择 2016 年 1 月 1 日至 2019 年 12 月 31 日的$PM_{2.5}/PM_{10}$和O_3小时平均质量浓度数据作为研究对象。2016 年 1 月 1 日至 2019 年 12 月 31 日，株洲市总共设立了 7 个大气环境监测站。为确保数据完整性，研究选取监测数据较为完整的大京风景区、火车站、天台山庄和株冶医院四个站点作为研究对象，并采用前后时间平均的方式来填补这四个站点的缺失数据。大京风景区是株洲市的环境空气质量背景点，火车站是市区的主要交通监测点，天台山庄是城郊空气质量监测点，株冶医院是居民住宅区监测点。这些站点的数据展示如图 4.15 所示。

2. EEMD 结果分析

为了深入了解O_3和$PM_{2.5}/PM_{10}$在多时间尺度上的发展情况，首先对株洲市 2016～2019 年的四个监测站点的O_3质量浓度和$PM_{2.5}/PM_{10}$数据进行 EEMD 分析和显著性统计检验，其结果均具有一致性，每个站点都得到了 14 个 IMF 分量和 1 个长期趋势项。考虑到篇幅限制，本章仅以火车站监测点为例，具体数据如图 4.16 和图 4.17 所示。

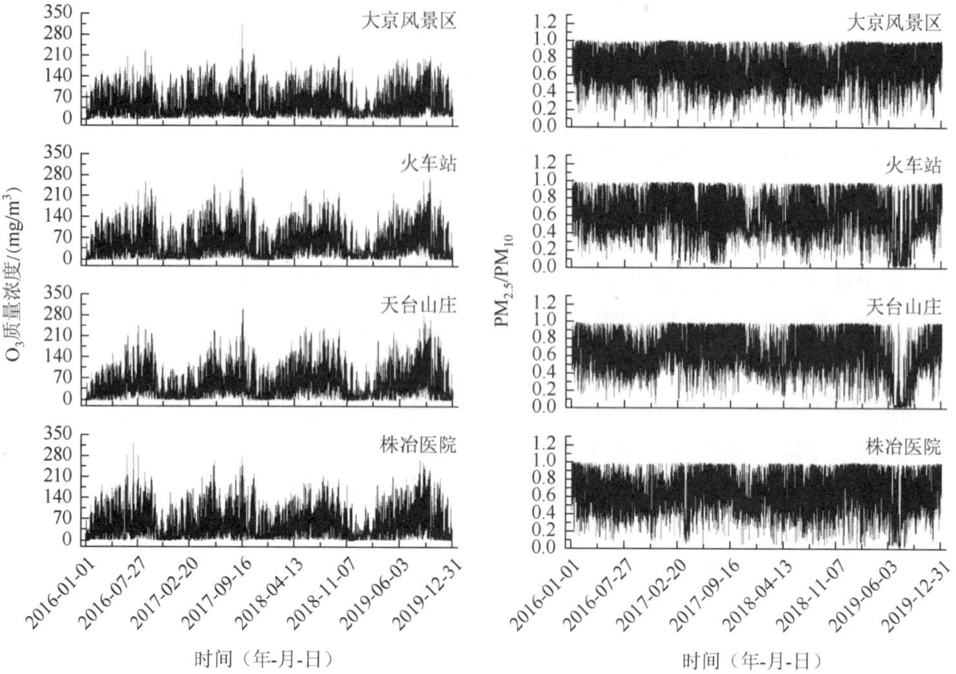

图 4.15　2016～2019 年株洲市四个监测站点 O_3 质量浓度与 $PM_{2.5}/PM_{10}$ 数据图

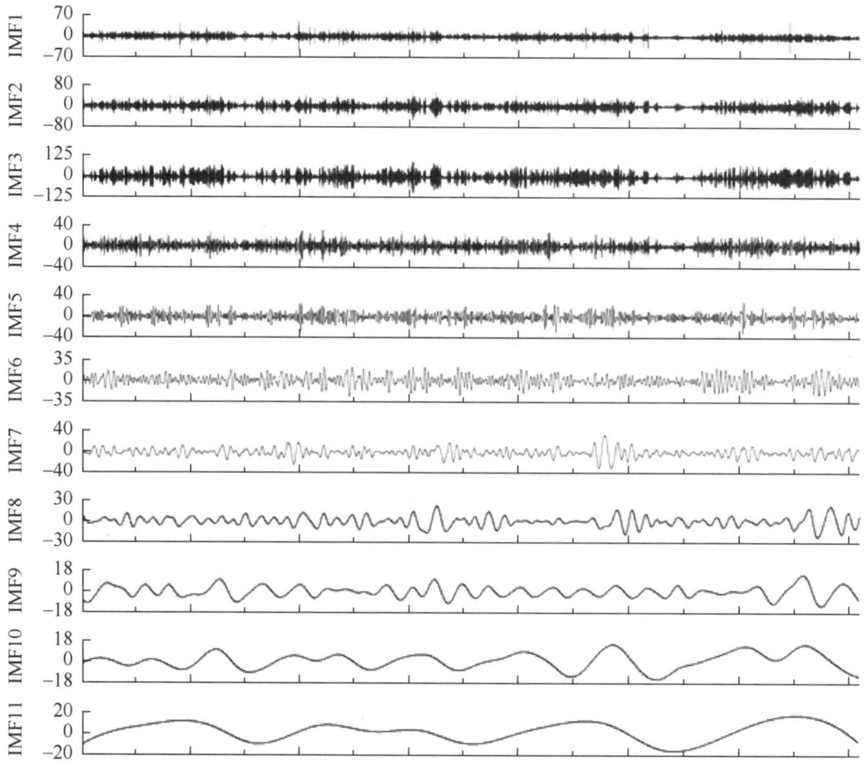

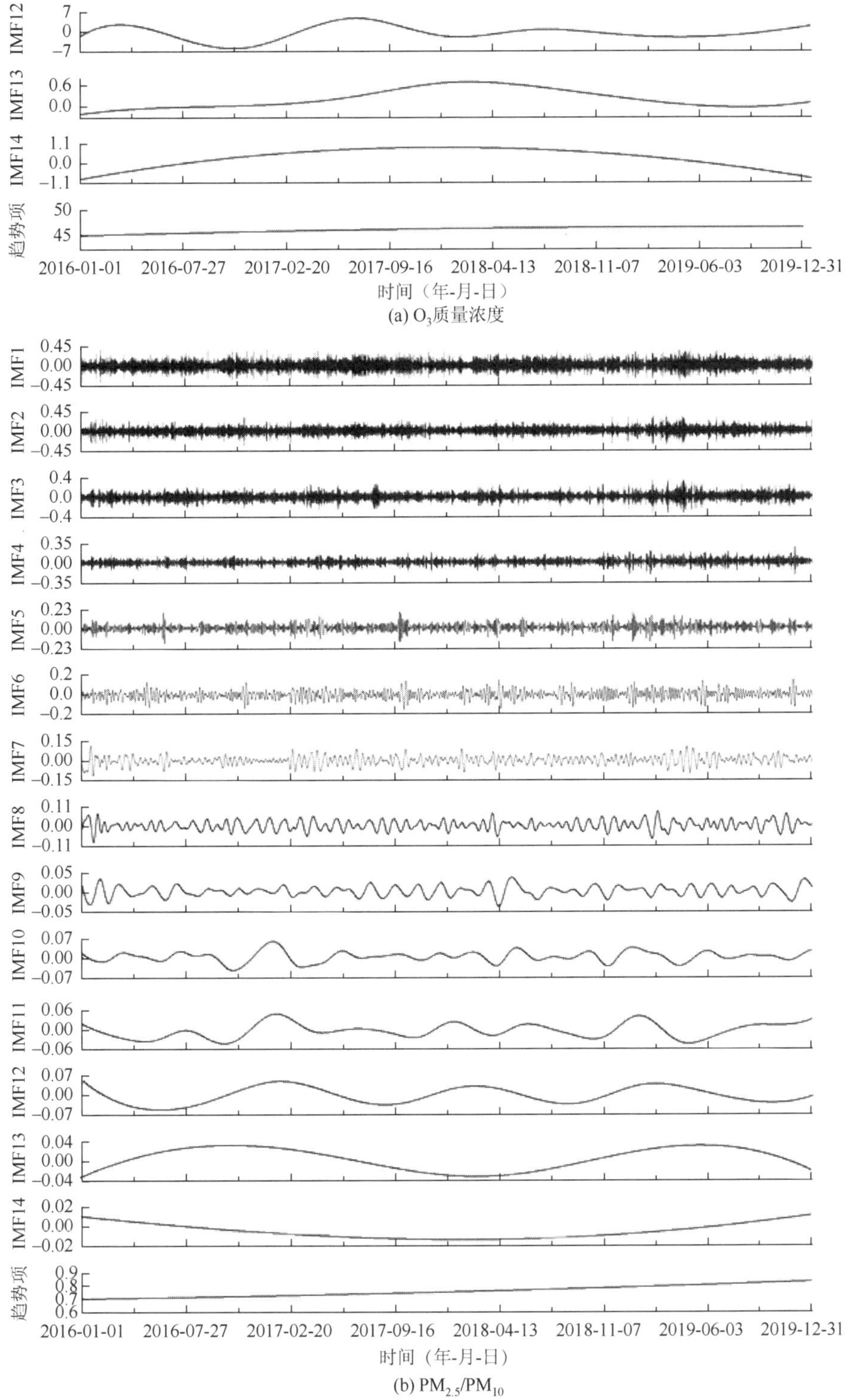

(a) O_3质量浓度

(b) $PM_{2.5}/PM_{10}$

图 4.16　2016～2019 年株洲市火车站监测站点 O_3 质量浓度、$PM_{2.5}/PM_{10}$ 时间序列的 EEMD

根据趋势项可以看出从 2016 年至 2019 年，在较长时间尺度上，O_3 和 $PM_{2.5}/PM_{10}$ 呈现出相似的变化趋势，即上升趋势。这说明虽然株洲市大气污染防治工作取得了显著成效，但新的污染问题却日益显著。O_3 和 $PM_{2.5}/PM_{10}$ 的相似变化也表明两者之间可能具有某种密切的联系。

分解后的 IMF 分量呈现出周期和幅度上的差异。对四个站点 O_3 和 $PM_{2.5}/PM_{10}$ 序列分解的 14 个 IMF 分量分别计算其平均周期和方差贡献率，并展示了模态变化的总体趋势以及每个 IMF 分量的信号变化程度对原始时间序列的影响，其计算结果展示在表 4.3 和表 4.4。O_3 和 $PM_{2.5}/PM_{10}$ 序列的平均周期包括典型的日周期、周周期和年周期等特征周期，显示了 IMF 分量与人类生产活动中的污染物排放和气象条件的密切相关性。例如 IMF1～IMF4 对应的平均周期≤24 h，与污染物在短周期内的光化学反应密切相关，代表每日污染物变化的振荡分量；而 IMF5 和 IMF6 对应的平均周期大致在一周以内，反映了人类活动对 O_3 变化的“周末影响”；其他 IMF 分量对应月、季、年等周期，展现了不同时间尺度气象条件的周期性变化以及区域污染物远距离输送对空气污染变化的影响。不同时期变化的污染物浓度波动大小随时间呈现出不同的非统一变化。

从表 4.3～表 4.4 可知，14 个 IMF 分量中，前四个分量的方差贡献率最高，表 4.3 中将前 4 个分量相加得到方差贡献率分别为 52.40%（火车站）、48.93%（天台山庄）、66.71%（大京风景区）、58.96%（株冶医院）。其较大的累计方差贡献率能够有效展示 O_3 和 $PM_{2.5}/PM_{10}$ 变化的主要特征。本章将每个站点的 IMF1～IMF4 的数据叠加，形成 O_3 和 $PM_{2.5}/PM_{10}$ 序列的高频分量模态，有助于更好地呈现 O_3 和 $PM_{2.5}/PM_{10}$ 之间在短期内以光化学反应为主的相互作用。

本章用显著性检验（$\alpha = 0.01$ 临界曲线）来判断 14 个 IMF 分量是否具有实际的物理意义，这些成分是用 EEMD 法得到的。当 IMF 分量位于临界曲线之上时，表明该分量已通过 99%的显著性检查。在这个置信水平内，该分量包含了实际意义的信息。另外，这些分量中可能包含大量的白噪声。火车站站点的主要测试结果如图 4.17 所示，其他三个站点的结果类似。图中横轴表示 IMF 分量的平均周期，从左到右依次是 IMF1～IMF14。IMF 分量的能量值用纵轴来表示，IMF 分量越靠近顶部，说明其分量包含的能量越多。所有的 IMF 分量都超过了临界曲线（$\alpha = 0.01$），因此所有分量均通过了显著性测试。这表明，

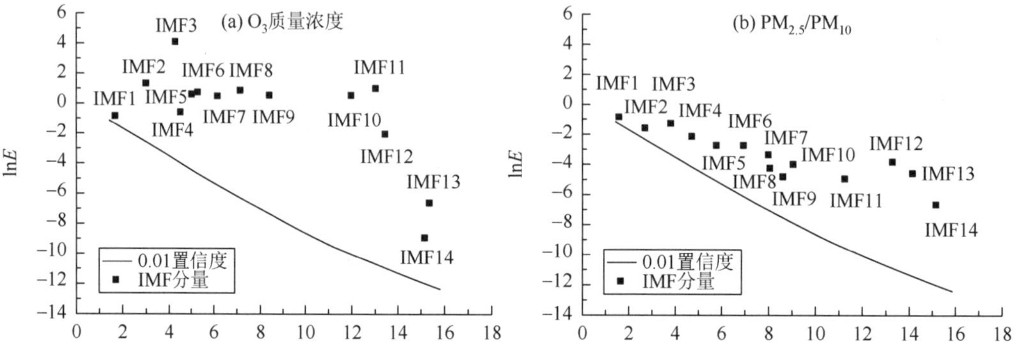

图 4.17　火车站站点 14 个 IMF 分量的显著性检验分析结果

在 99%置信度下，各站点的 O_3 和 $PM_{2.5}/PM_{10}$ 序列经过 EEMD 得到的 IMF 分量都是原始序列中具有实际物理意义的变化成分。

表 4.3　各站点 O_3 质量浓度序列的 14 个 IMF 分量的方差贡献率和平均周期

IMF 分量	大京风景区		火车站		天台山庄		株冶医院	
	平均周期/h	方差贡献率/%	平均周期/h	方差贡献率/%	平均周期/h	方差贡献率/%	平均周期/h	方差贡献率/%
IMF1	6	1.72	6	1.89	6	1.78	6	2.31
IMF2	12	7.79	12	7.95	12	7.96	12	8.03
IMF3	24	52.52	24	38.27	24	35.01	24	43.7
IMF4	24	4.68	24	4.29	24	4.18	24	4.92
IMF5	85.94	4.45	106.58	4.29	106.58	3.84	80.42	4.04
IMF6	171.04	5.37	171.04	4.78	171.04	4.64	171.04	4.38
IMF7	574.82	5.01	432.89	4.66	432.89	4.63	432.89	4.17
IMF8	1095.75	4.37	876.6	4.14	876.6	3.71	796.91	3.44
IMF9	2062.59	2.0	1845.47	2.19	1845.47	3.7	1845.47	2.1
IMF10	4383	4.37	4383	8.86	4383	7.7	4383	9.37
IMF11	8766	6.73	8766	17.03	8766	22.13	8766	12.88
IMF12	11688	0.57	35064	0.52	17532	0.22	17532	0.27
IMF13	35064	0.01	35064	0.02	35064	0.003	35064	0.03
IMF14	35064	0.03	35064	0.02	35064	0.003	35064	0.02
趋势项	35064	0.31	35064	1.08	35064	0.50	35064	0.33

表 4.4　各站点 $PM_{2.5}/PM_{10}$ 序列的 14 个 IMF 分量的方差贡献率和平均周期

IMF 分量	大京风景区		火车站		天台山庄		株冶医院	
	平均周期/h	方差贡献率/%	平均周期/h	方差贡献率/%	平均周期/h	方差贡献率/%	平均周期/h	方差贡献率/%
IMF1	4.8	23.46	6	21.17	3.43	13.91	6	2.28
IMF2	8.01	14.15	12	10.78	12	8.95	12	7.9
IMF3	24	17.56	12	9.53	24	11.01	12	42.93
IMF4	24	9.53	24	5.82	24	6.00	24	4.85
IMF5	57.29	6.47	67.69	4.02	67.69	4.59	80.42	3.96
IMF6	157.24	6.42	205.05	6.04	205.05	6.19	182.63	4.23
IMF7	315.89	3.99	315.89	5.26	302.28	3.87	432.89	4.06
IMF8	746.04	2.57	637.53	4.11	637.53	2.06	1095.75	3.41
IMF9	1168.8	1.57	1168.8	1.78	4383	4.57	1845.47	1.99
IMF10	2922	1.26	7012.8	7.47	5844	9.18	8766	10.96
IMF11	4383	1.79	8766	16.21	8766	17.59	11688	13.05
IMF12	8766	3.08	8766	2.83	11688	8.08	17532	0.31
IMF13	17532	1.82	17532	1.13	35064	1.65	35064	0.02
IMF14	35064	0.21	35064	0.003	35064	0.07	35064	0.01
趋势项	35064	6.10	35064	3.86	35064	2.28	35064	0.04

3. O_3和$PM_{2.5}/PM_{10}$之间的多重分形特征

为了深入研究不同尺度下 O_3 和 $PM_{2.5}/PM_{10}$ 序列之间的非线性相关性，本节针对2016～2019年四个监测站的O_3和$PM_{2.5}/PM_{10}$序列的原始数据和高频分量进行MFDCCA分析。四个站点的研究结果显示出一致的趋势。鉴于篇幅限制，这里只展示了火车站站点的MFDCCA计算结果，具体如图4.18所示。

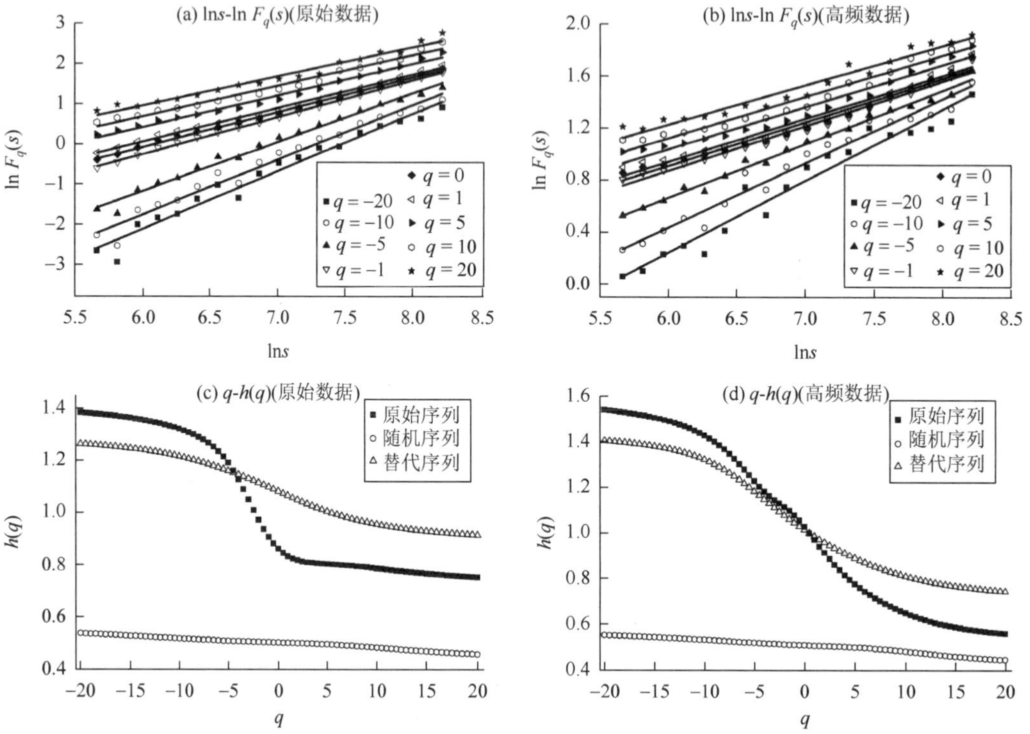

图4.18　2016～2019年株洲市火车站站点原始和高频数据的MFDCCA分析

在2016～2019年的长时间尺度下，火车站站点的原始数据和高频数据的$\ln s$-$\ln F_q(s)$呈现出良好的线性关系（图中展示了$q=0,\pm1,\pm5,\pm10,\pm20$时的拟合曲线）。这说明 O_3 与 $PM_{2.5}/PM_{10}$ 的互相关性呈幂函数关系。它们在一定的时间尺度下，互相关性与传统马尔可夫过程不一致，它不会随时间的变化而呈现出指数式下降，而是以幂律的方式缓慢下降。因此，在多时间尺度下，O_3和$PM_{2.5}/PM_{10}$的互相关性呈现出标度不变性结构。

当$q=2$时，火车站站点原始数据的$h(2)=0.82$，而高频数据的$h(2)=0.91$（表4.5）。这表明O_3和$PM_{2.5}/PM_{10}$之间的互相关性存在正相关关系，并且在研究周期的时间尺度内呈现出长期存在的幂律形式特性。这也说明过去O_3质量浓度的波动会持续影响未来$PM_{2.5}/PM_{10}$的波动，因此，O_3和$PM_{2.5}/PM_{10}$之间存在长期持续性特征，并且该特征在一定时间尺度上不会随着时间的变化而变化。

火车站站点原始数据的 Hurst 指数 $h(q)$从 1.38 降低到 0.75，高频数据的 $h(q)$则从 1.54 降低到 0.56。这种变化说明，在局域结构上，O_3 和 $PM_{2.5}/PM_{10}$ 之间的长期持续性特征具有异质性，即 O_3 与 $PM_{2.5}/PM_{10}$ 在不同时间尺度上的关联性并不相同，它们的交叉相关性也呈现出多重分形。从物理和化学结构的角度来看，O_3 和颗粒物之间的相互作用是由它们的微观物理和化学机制决定的。然而，二者在不同时间尺度上的交互作用却是动力学的范畴。以上结果表明，O_3 与 $PM_{2.5}/PM_{10}$ 交互作用的长期持续性存在差异。这种在多尺度上的复杂互相关性特征可以通过多重分形来进行定量刻画。多重分形系数越大，表明 O_3 与 $PM_{2.5}/PM_{10}$ 长期持续性的差异性越大。各个站点的多重分形强度计算结果如表 4.5 所示。在 2016～2019 年的时间尺度上，原始数据和高频数据均表现出强烈的多重分形特征，其中，高频数据的 Δh 值比原始数据的 Δh 值高得多，这主要是因为高频数据比原始数据具有更强的非线性特征。

表 4.5　各站点原始数据与高频数据的 Δh 值和 h（2）值

时间/年	参数	原始数据				高频数据			
		大京风景区	火车站	天台山庄	株冶医院	大京风景区	火车站	天台山庄	株冶医院
2016～2019	Δh	0.49	0.63	0.38	0.60	0.72	0.98	0.70	0.98
	$h(2)$	0.77	0.82	0.86	0.82	1.19	0.91	1.10	0.94
2016	Δh	0.48	0.63	0.45	0.58	0.73	0.80	0.72	0.81
	$h(2)$	0.74	0.83	0.80	0.82	0.97	1.22	1.04	0.92
2017	Δh	0.40	0.59	0.47	0.56	0.75	0.98	0.64	0.85
	$h(2)$	0.72	0.79	0.83	0.81	1.01	1.15	1.14	1.18
2018	Δh	0.38	0.49	0.44	0.49	0.72	0.87	0.78	0.87
	$h(2)$	0.79	0.84	0.78	0.76	0.79	1.17	0.98	1.01
2019	Δh	0.43	0.50	0.45	0.64	0.77	0.86	0.71	0.85
	$h(2)$	0.70	0.83	0.84	0.83	0.94	1.06	1.10	1.00

4. O_3 与 $PM_{2.5}/PM_{10}$ 互相关性的多重分形来源解析

根据多重分形理论可知，时间序列中的多重分形特征主要源自两个方面：一是长期相关性，即大变化和小变化之间的相关关系；二是序列中尖峰和肥尾的正态分布。为了测试长期持续性对多重分形特征的影响程度，本书采用随机打乱的方法，将原始序列数据顺序打乱，这样可以有效去除序列本身与时间的相关性。同时，本书拟采用无规相处理的方法，在保持线性分布的前提下，提出了一种基于随机变量和相变变量的新算法，实现对脉冲肥尾正态分布的有效估计。

图 4.19 是使用 MFDCCA 法计算得到随机序列与代表序列的 q - $h(q)$ 关系。结果显示，原始数据和高频数据的随机结果差异最大，这暗示了污染物之间长期持续的相互作用机制是多重分形特征产生的主要根源。此外，本研究团队运用自组织临界性方法，并将其

与大气污染排放、转变和输送规律相结合，以量化来解释复杂大气系统内非线性效应，这些效应可能是长期持续性的主要驱动因素。

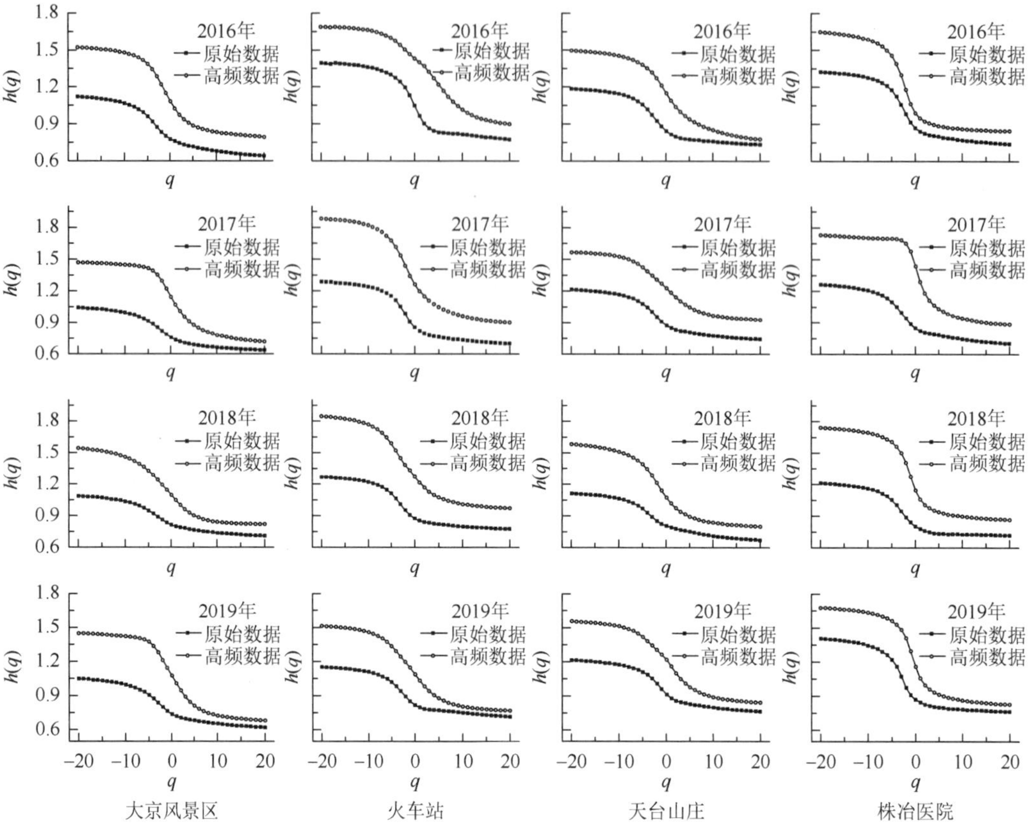

图 4.19　2016～2019 年四个站点的原始数据和高频数据 q-$h(q)$图

5. O_3 与 $PM_{2.5}/PM_{10}$ 之间互相关多重分形特征的变化特征

针对 2016～2019 年 O_3 和 $PM_{2.5}/PM_{10}$ 互相关多重分形特征的逐年演变模式进行了分析，其分析结果如图 4.19 所示。Δh 值计算结果如表 4.5 所示。

每年的高频数据的 Δh 值在每个站点都高于原始数据的 Δh 值，这主要是因为高频数据中非线性特征更加显著，导致 O_3 与 $PM_{2.5}/PM_{10}$ 的比例在时间和空间上有更大的变化。此外，从表 4.5 还可以看出，2016～2019 年株冶医院和火车站站点的原始数据和高频数据 Δh 值明显高于另外两个站点（大京风景区和天台山庄）。这是因为株冶医院和火车站站点位于人口密集、商贸繁忙的城市地区，而另外两个站点（大京风景区和天台山庄）位于人口较少、较清幽的地区，人口聚集程度和大气环境的不同造成了污染水平的差异。这种城市环境的复杂多样性增加了株冶医院和火车站站点空气污染水平的变化性。因此，这两个站点的多重分形特征（Δh 值）较高。

图 4.20 展示了各站点 O_3 与 $PM_{2.5}/PM_{10}$ 相关的多重分形强度（Δh 值）的月度变化规律。不同站点的原始数据和高频数据显示出相似的趋势，各年 Δh 值的变化规律呈现出冬

季高、夏季低的 U 形趋势。这说明季节变化对 O_3 与 $PM_{2.5}/PM_{10}$ 之间的相关性产生了影响，且它们之间互相关性的时间变化在冬季更为显著。

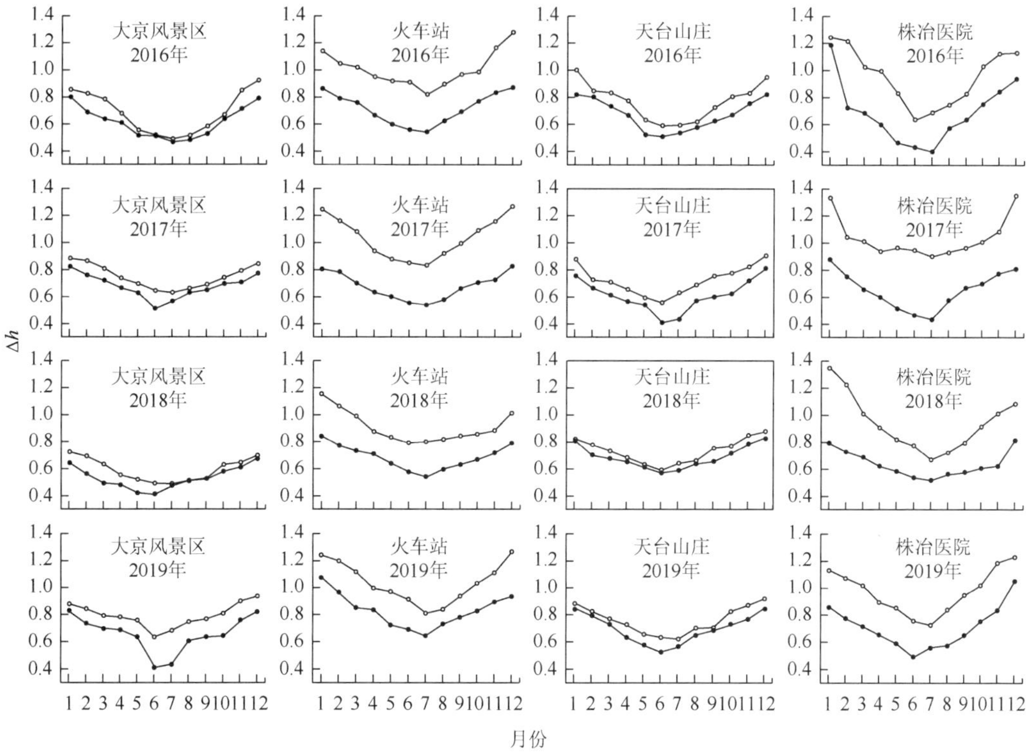

图 4.20　四个监测站点原始数据（实心）和高频数据（空心）多重分形强度的月度变化规律

6. 讨论

长株潭城市群以化工行业和冶金业为主。株洲市的大气污染主要源自城市工业排放，包括工厂燃煤、车辆尾气以及石化工业，同时也受到区域输送的影响。该市属于亚热带季风气候，冬季寒冷，夏季酷热，降水主要集中在夏季。虽然气象条件和排放因素每年都可能有所不同，而且这种不同可能会导致不同功能区的原始数据和高频数据展现出的多重分形强度特征会有所不同，但 O_3 和 $PM_{2.5}/PM_{10}$ 相关性的 Δh 值的月度变化规律在整体上是一致的。其月度变化规律可做如下解释。

EEMD 分析指出，株洲市的 O_3 和 $PM_{2.5}/PM_{10}$ 时间序列在四年的长期尺度上持续上升，但在短期尺度上，它们之间互相关关系的变化比较复杂。夏季的气象条件通常较好，以静稳天气为主，这种条件下 O_3 会与其他氧化剂发生强烈的光化学反应，但难以积累，也难以持久地与 $PM_{2.5}/PM_{10}$ 发生相互作用。相反，在冬季，气象条件的不确定性较大，频繁的霜冻天气导致 O_3 生成的气象光化学条件在不同时间尺度上呈现显著变化。冬季往往容易出现辐射逆温，这会限制污染物扩散，导致污染物聚集，进而加强 O_3 等氧化物的积累。这使得冬季 O_3 和 $PM_{2.5}/PM_{10}$ 的变化过程更为复杂。因此 O_3 和 $PM_{2.5}/PM_{10}$ 之间的互相关关系的多重分形强度在冬季要高于夏季，两者之间的相互作用也更加强烈。气象条件的变化是影响 O_3 和 $PM_{2.5}/PM_{10}$ 非线性相互作用的关键因素。研究 O_3 和 $PM_{2.5}/PM_{10}$ 之间相关性的多重分形变化规律，有助于提高对大气复合污染的预测能力。

自从株洲市大气污染防治行动计划全面实施以来，市政府一直在进行一系列专项治理活动，主要针对工业企业排放、机动车污染控制和联合防控。然而，随着 $PM_{2.5}$ 减少，光化学通量和太阳辐射能增加，促进了 SO_2、VOC 和•OH 等的生成，最终增大了 $PM_{2.5}/PM_{10}$ 的比例。研究表明，在冬春季节的平静天气下，O_3 和 $PM_{2.5}/PM_{10}$ 之间的长期持续性动态机制可能是株洲市空气污染的主要原因。深入研究大气污染减排背景下 O_3 和 $PM_{2.5}/PM_{10}$ 相互作用的非线性特征，可以为加强大气污染防治提供新的科学支持。有研究指出，在 2020 年新冠疫情期间，尽管污染物排放量大幅下降，但城市空气质量并没有明显提高。这归因于 O_3 与颗粒物之间极为复杂的大气化学过程。因此，对 O_3 和 $PM_{2.5}/ PM_{10}$ 相互作用的多重分形变化规律进行研究，有助于我们更深入地理解疫情防控期间大气污染的发生机制。

第5章 大气颗粒物演化的自组织临界性模拟

5.1 大气污染演化与物理沙堆模型的相似性分析

在物理学中，定性的概念往往比定量的计算更为重要。分析城市大气污染的自组织临界性（SOC）行为，首先需要从定性的角度深入阐述其内在的概念。

从复杂的理论观点来看，城市大气污染是人类在开放的、耗散的大气环境条件下所产生的复杂的环境行为。城市空气污染的发生、发展既有宏观特征，又有整体特征。然而，基于复杂系统视角的空气污染过程研究，有助于深化对空气污染形成机制和过程的认识。

前期研究表明，城市大气污染的演变具有非线性机制，呈现出长期持续特征和时空幂律关系。尽管这些特征不能绝对证明，但从侧面反映出大气污染系统中可能存在自组织临界性。通过与沙堆模型的比较，可以从理论上证明，空气污染的演化过程与沙堆相似，是由同样的动力机理所决定的。

要严格判定一个复杂系统是否受自组织临界性动力机制控制，必须满足一定的条件限制，姚令侃等（2010）作出了严格的界定。整个系统应是一个高耗散性的系统，由许多相互影响的组件构成，而组件与组件之间又有邻近关系。这个体系中存在着巨大的自由度，这种自由度通常以一个平衡状态出现，在演化过程中，大气复合污染系统会呈现出长程相关性，最终趋向临界状态并在一定时段内保持这一状态。此外，系统还表现出动力学特征，包括敏感性和鲁棒性，其时空关联函数呈现分形幂律特征。在这样的系统中，内部力量主导控制整个系统是至关重要的条件。

大气复合污染中 $PM_{2.5}$ 的发生和演化动力学过程与沙堆模型中的自组织临界性机制特征高度相似。因此，我们可以对大气污染的演化进行类比分析，将其类比于沙堆模型。

1. 耗散结构体系

大气复合污染体系是一种开放的、复杂的、巨大的、不断从外界吸收能源和物质的系统。持续排放的一次污染物（如 $PM_{2.5}$、SO_2、NO_x、VOC、CO 等）在大气中发生氧化反应生成二次气溶胶和 O_3 等二次污染物。大气系统以特定的方式向外界耗散能量和物质。在这一过程中，大气复合污染物质与外部的能量或物质发生交互作用，并与其自身的耗散过程相互影响，构成一种稳定的耗散结构系统。沙堆体系也包含沙粒的投入、内部微观挤压作用的局域作用力以及沙堆崩塌等过程，同样是一个稳定的耗散结构体系。因此，二者同属于复杂系统的耗散结构体系。

2. 系统输入

$PM_{2.5}$由一次气溶胶和二次气溶胶组成。一次气溶胶是直接从生产和生活活动中排放出来的，而二次气溶胶则是在大气中经过光化学反应生成的。随着我国空气质量提升，空气中 O_3 含量不断升高，其氧化性也将进一步提高，进而影响二次气溶胶生成，导致VOC、•OH 和 NO_3•等通过光化学反应生成二次气溶胶。一次、二次气溶胶在城市大气环境中的释放与产生，与持续的沙尘输送过程相似。这些诸如 $PM_{2.5}$之类的空气污染物质，由于诸如空气对流之类的原因，被留在了空气中。

3. 系统作用力

大气复合污染体系包含了多个交互作用的成分，如 O_3、$PM_{2.5}$、气象因子等。这些组分之间存在着短程近邻的相互作用。首先，O_3 通过影响•OH、H_2O_2、RCHO•等氧化剂的浓度以增强大气的氧化能力，从而加速二次 $PM_{2.5}$ 的形成。同时，$PM_{2.5}$ 可通过改变云层的光学厚度及对太阳光的直接散射，抑制大气中 O_3 的形成。与此同时，$PM_{2.5}$ 浓度的降低能降低气溶胶粒子对自由基的清除能力，进而促进 O_3 的生成。

在不同的时间尺度上，$PM_{2.5}$与其他大气污染物之间的大气光化学相互作用机制也存在差异。例如，非均相光化学反应相对快速，可以在秒到小时的时间尺度上发挥作用。其他物理过程的速度相对较慢，比如大气中的远距离传输和气溶胶对太阳辐射的散射，这些物理过程的时间尺度可以从天到年，甚至更长。

在多时间尺度下，$PM_{2.5}$ 在大气光化学体系内与其他组分之间存在复杂的互相关关系，使得大气环境中局域近邻的大气组分之间的物理化学作用变得复杂多变。这与沙堆系统中大量沙粒组分之间复杂的局域近邻和挤压作用有相似之处。

4. 阈值

在大气中，$PM_{2.5}$的浓度并不会无限增大，就像沙堆的高度不可能无限增加一样。当局域空间中的$PM_{2.5}$浓度超过一定阈值时，存在较大的概率通过碰并、凝结等过程形成更大粒径的颗粒物。当粒径超过 2.5 μm 时，就不能称之为 $PM_{2.5}$了。这类似于沙堆系统中具有最大倾斜角的阈值。

5. 事件定义与宏观特征

在 SOC 沙堆系统中，周期性地持续输入沙粒，会产生具有幂律分布的沙堆崩塌事件。类似地，我们可以将大大小小的 $PM_{2.5}$浓度波动视为类似于沙堆崩塌的事件。在 $PM_{2.5}$演化过程中，存在多尺度的演化特征以及长期持续性，这与 SOC 沙堆系统的崩塌事件具有相似之处。

6. 差异性

现有沙堆模型确实无法很好地解释大气污染过程，其中一个重要原因是大气环境系统具有一定的环境自净能力，导致大气污染物浓度随时间逐渐减小。这个特征无法由现有的沙堆模型模拟。在 SOC 沙堆系统中，投入的沙粒质量不会随时间衰减。

$PM_{2.5}$在大气复合污染中的生成和演化过程可以与物理沙堆模型进行比较，具体内容参见表 5.1。

表 5.1　$PM_{2.5}$发生及演化过程与物理沙堆模型的比较

现象	相似点						差异性
	系统输入	系统作用力	阈值	系统输出	事件	整体宏观特征	
$PM_{2.5}$污染	一次和二次气溶胶排放和生成	局域近邻大气组分的物理化学作用	局域大气环境的最大容量	$PM_{2.5}$沉降与清除	$PM_{2.5}$浓度的连续波动	长期持续性、幂律分布	大气自净作用致使污染物浓度衰减
沙堆模型	沙粒的持续投入	局域近邻沙粒的挤压作用	沙堆最大倾斜角	沙粒的崩塌滑落	沙堆的持续崩塌	长期持续性、幂律分布	沙粒质量保持不变

5.2　衰减性质沙堆系统 SOC 行为的实验验证

已有的关于 SOC 有效性的试验，都是以“沙粒”的质量为前提进行的。当“沙粒”的质量随着时间的推移而变化时，它还会表现出 SOC 的特性吗？在构建 $PM_{2.5}$污染演变的自组织关键理论前，有必要对此进行明确。

5.2.1　思路借鉴

Plourde 等（1993）等进行了水崩塌实验，使用蒸馏水作为实验材料。为了开展水的崩解实验，研究者们设计了一套实验设备（图 5.1）。实验步骤如下：首先用高压水枪喷射出一股可调流速的蒸馏水，生成的水蒸气在一个洁净的、透明的塑料圆顶上凝结成雾，并在内壁凝结成串流，沿内壁向下流淌，沿穹窿壁流下，流至穹窿底端或直接滴下。然后，液滴相互撞击，立刻落入底部略微倾斜、悬停在空气中的环状圆盘上，实验数据由一个压电薄膜探测器自动记录。在实验中，研究者发现，液滴崩溃的尺寸 S 和其概率密度函数 $D(S)$、水滴崩塌时间 τ 和其概率密度分布 $D(\tau)$呈负幂律关系（图 5.2）。

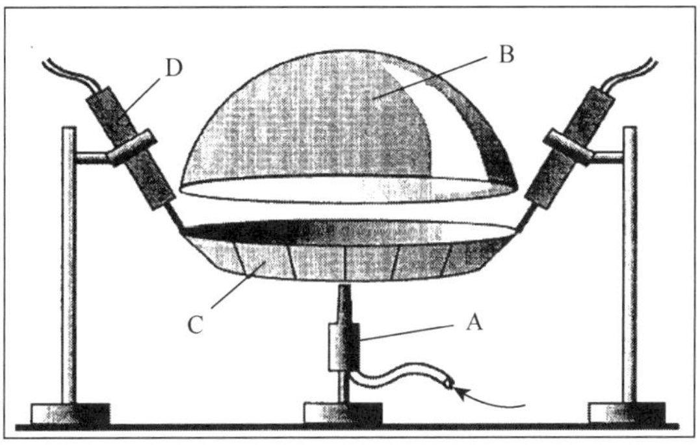

图 5.1　Plourde 等（1993）水崩塌实验装置示意图

A 为高压水枪；B 为透明塑料圆顶；C 为倾斜环形圆盘；D 为压电薄膜探测器

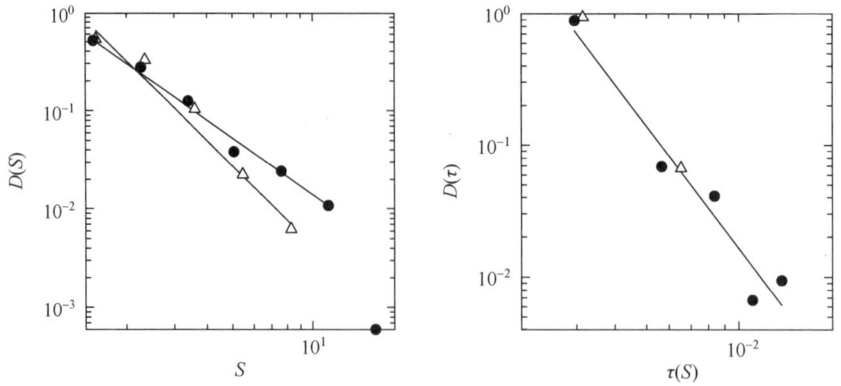

(a) 水滴崩塌量的幂律分布　　(b) 水滴崩塌时间的幂律分布

图 5.2　Plourde 等（1993）水崩塌实验中水滴崩塌规模的幂律分布

相对于米堆实验使用的米粒材料，水滴容易挥发。因此可以在此基础上进一步设计实验，研究“沙粒”质量随时间衰减时，物理系统是否依然会表现出自组织临界性行为。为了探讨这一点，本章设计并进行了温控水崩塌实验，以蒸馏水作为实验材料。

5.2.2　$PM_{2.5}$演化与温控水崩塌实验的类比关系

相对于物理沙堆模型，温控水崩塌实验模型具有更好的类比性，可以更好地模拟 $PM_{2.5}$的发生和演化过程。

（1）城市大气中 $PM_{2.5}$的一次、二次释放与形成可以想象成气溶胶喷射到凝结板上的连续喷射，它是 $PM_{2.5}$污染体系演变的直接驱动。

（2）当 $PM_{2.5}$在大气中积累到一定程度时，其局部浓度可能会超过一定的临界值，这将导致碰并、凝结，产生更大的粒子。当这些颗粒物粒径最终大到超过 2.5 μm 时，它们就不再属于 $PM_{2.5}$的范畴，可以通过重力沉降离开大气环境系统，导致 $PM_{2.5}$浓度减小。在温度控制下的水崩塌实验中，液膜的最大表面张力是决定液滴在液膜上稳定性的重要因素。一旦凝结在凝结盘上的水珠数量达到一定程度，就会发生“雪崩”般的坍塌，释放出过多的水珠，以此来维持凝结体系的稳定。二者的临界崩塌现象具有相似之处。

（3）O_3、$PM_{2.5}$等多组分在大气复合污染中起着关键作用。这一过程是 $PM_{2.5}$与其他污染物光化学交互作用的重要基础。类似地，在温控水崩塌实验中，大量水分子在倾斜凝结盘上相互碰撞、冷凝，并通过最大表面张力吸引形成不同大小的水滴，这构成了组元间的短程近邻相互作用。因此，二者在近邻相互作用方面具有相似性。

（4）大气环境系统具有环境自净能力，即可以使得其中污染物的浓度随着时间推移而减小。与此类似，在温控水崩塌实验中，增高倾斜凝结盘的温度可以促使水滴蒸发，进而实现投入的水滴“沙粒”质量随时间衰减。

在此基础上，将所建立的控制温度的水崩塌物理模式与模拟结果进行对比，结果显示在表 5.2 中。

表 5.2　$PM_{2.5}$ 发生及演化过程与温控水崩塌物理模型的比较

现象	系统输入	系统作用力	阈值	系统输出	事件	整体宏观特征	沙粒质量随时间变化
$PM_{2.5}$ 污染	一次和二次气溶胶排放和生成	局域近邻大气组分的物理化学作用	局域大气环境的最大容量	$PM_{2.5}$ 沉降与清除	$PM_{2.5}$ 浓度的连续波动	长期持续性、幂律分布	大气自净作用致使污染物浓度随时间衰减
温控水崩塌	向凝结盘持续喷出水雾	局域凝聚水滴之间的碰并、凝结相互作用	倾斜凝结盘上能维持水滴凝聚的最大表面张力	水滴的滑落	水的持续崩塌	长期持续性、幂律分布	高温导致水滴随时间蒸发

5.2.3　温控水崩塌实验

1. 实验装置设计

实验材料和设备分别有蒸馏水、铁架台、台式电脑、喷雾器、烧杯、温控凝聚板、数据线、电子天平、塑料漏斗、电线、温控器等。

本章的实验装置如图 5.3 所示。

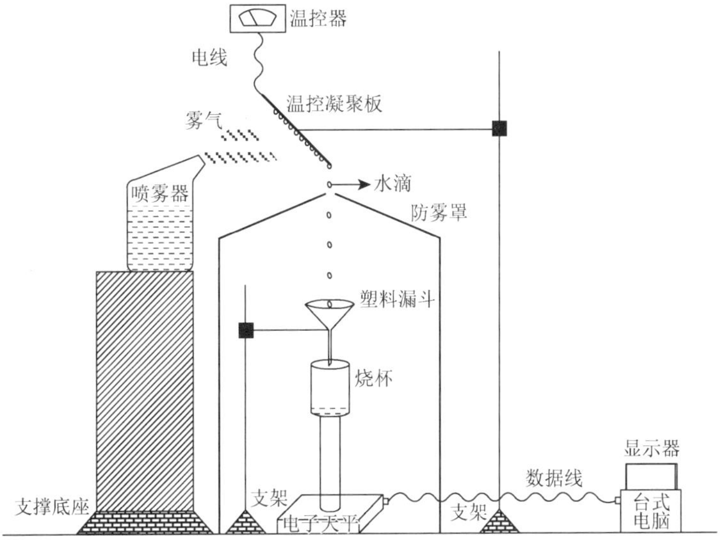

图 5.3　温控水崩塌实验装置示意图

2. 实验步骤

详细实验步骤如下。

首先，将实验仪器安装好，并将其调整到与漏斗垂直的位置，这样就可以采集到完整的数据了。

其次，对电子天平和台式计算机进行相关参数的设置，并利用数据线建立测试平台，方便实验数据的自动传输。同时，该平台可自动录入 Excel 表单。在电子天平上，质量信息的输出间隔为 1 s，即每秒会将一个数据点记录到 Excel 中，确保资料的准确性和有效性。

再次，设定温控器的温度到期望的常数。当温度达到预定值时，就可以开始下一个步骤了。

此后，将喷雾器开启，将水雾以 250 mL/h 的速度喷洒到温控凝聚板上。在喷水的作用下，水雾会在可控的气盘上逐步凝结成细小的水滴。当水雾继续流入时，温控凝聚板上的液滴就会增多。在这段时间内，一些较大的水滴会滑落下来，带走表面上积聚的其他水滴。一些液滴会停留在温控凝聚板的较低部位。整个实验会持续进行，直到达到所需的“雪崩”次数。

最后，通过对实验数据的处理，得到各液滴崩塌的次数及等待时间。在此基础上，设计了 6 个不同温度（12℃、14℃、16℃、18℃、22℃、30℃）的水崩塌实验。

3. 实验结果与分析

1）水滴滴落量的统计分布

在各温度（12℃、14℃、16℃、18℃、22℃、30℃）下进行水滴滴落实验，使用电子天平对每个实验的水滴质量进行称重，最后获得一系列水滴质量数据。基于水滴积累滴落的原理，将每一次水滴滴落的数据进行记录。根据原始实验数据，可以通过水滴滴落前后质量的差值来计算每次水滴滴落的规模。

图 5.4 是在 16℃下进行的水滴滴落实验，记录了水滴滴落尺度随时间的累积变化。在此基础上，利用最小二乘法，对图像中液滴质量变化的时间序列进行线性回归分析，得到液滴质量变化的统计频率分布，包括如下关系：

$$N(\Delta X \geqslant \Delta X_0) \propto \Delta X^{-2.830}, \quad R^2 = 0.980 \tag{5.1}$$

式中，X 为滴落质量，g；ΔX 为滴落质量变化值，g；N 为大于某一滴落质量变化值 ΔX 所出现的滴落次数；ΔX_0 表示某一滴落水滴的质量，g。

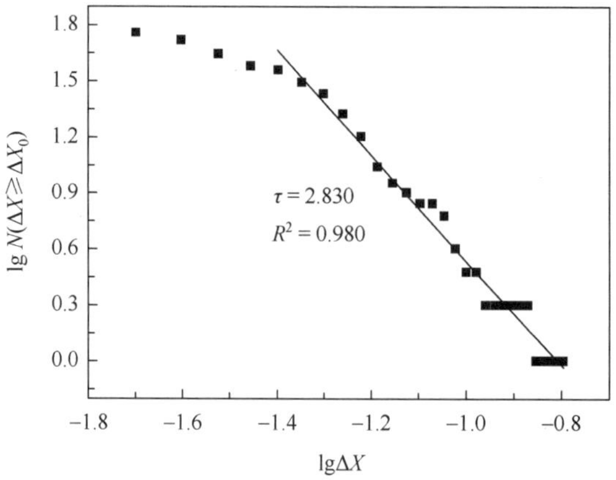

图 5.4　16℃下水滴滴落质量变化值-频数分布

从实验结果可以看出，水滴滴落质量的变化值和大于该变化值的发生次数呈负幂律函数关系。作为判断其临界点的一个重要依据，这使得该系统呈现出自组织临界的特征。

不同温度下水滴滴落质量变化值频数分布关系如表 5.3 所示。

表 5.3　各温度下水滴滴落质量的频数统计结果

序号	温度/℃	拟合关系式	R^2
1	12	$N(\Delta X \geqslant \Delta X_0) \propto \Delta X^{-2.689}$	0.927
2	14	$N(\Delta X \geqslant \Delta X_0) \propto \Delta X^{-2.715}$	0.926
3	16	$N(\Delta X \geqslant \Delta X_0) \propto \Delta X^{-2.830}$	0.980
4	18	$N(\Delta X \geqslant \Delta X_0) \propto \Delta X^{-2.893}$	0.938
5	22	$N(\Delta X \geqslant \Delta X_0) \propto \Delta X^{-3.165}$	0.944
6	30	$N(\Delta X \geqslant \Delta X_0) \propto \Delta X^{-4.112}$	0.961

由表 5.3 可知，每个实验组中水滴滴落质量变化的大小和频数之间的关系都遵循负幂律分布。不同温度下（12℃、14℃、16℃、18℃、22℃、30℃）拟合的尺度指数 τ 分别为：2.689、2.715、2.830、2.893、3.165、4.112。不同温度下滴落质量尺度指数有所不同，这说明在水滴滴落实验中，不同温度下水滴滴落质量变化趋势是不同的。进一步使用 Lilliefors 检验（正态性检验）对不同温度下的尺度指数 τ 进行测试，以判断其在不同温度下是否也存在不同。分析表明，水滴滴落质量变化的尺度指数 τ 在 95%的置信区间内符合正态分布，$p = 0.1102$。这可以从侧面得出结论，该水滴滴落实验中，不同温度下水滴滴落质量变化的尺度指数 τ 都来自标准样本空间，且没有明显不同，具有一定的相似性。

在本次水滴滴落实验中，温度差异对水滴滴落质量变化的尺度指数 τ 有着决定性作用。图 5.5 为温度（T）与尺度指数（τ）之间的波动关系，从图中可以看出，随着温度的升高，尺度指数随之升高，因此两者的关系为指数关系，具体为

$$\tau = 2.404 + 0.080\mathrm{e}^{0.102T} \tag{5.2}$$

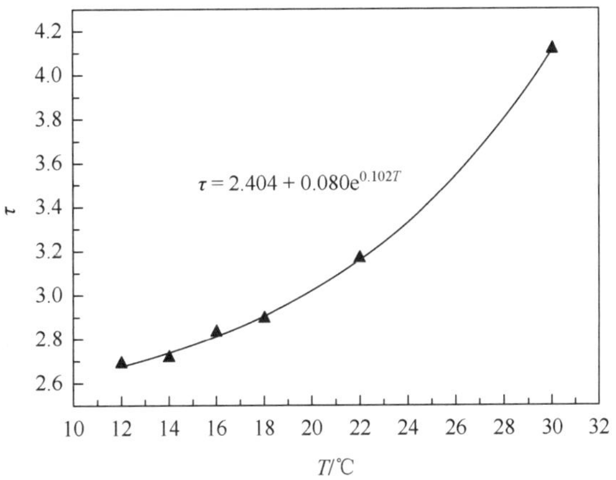

图 5.5　温度与尺度指数的关系

2）水滴滴落停留时间的分布分析

用计算机对 6 组水滴在不同温度下的滴落停留时间进行仿真和分析，得出了液滴在不同温度下的停留时间很好地符合张力指标的变化规律。

$$y = A \cdot \exp(-Bx^c) \tag{5.3}$$

式中，x为停留时间（s），记为r；y为水滴滴落发生的概率，记为$P(r)$；A、B、c为量纲为一的参数。

为了更直观地反映水滴在水中的停留时间随时间的变化规律，将式（5.3）等效转换为在方程的两侧分别求出多对数，得出如下公式：

$$\lg[\lg P(r)] = M + \sigma \cdot \lg r \tag{5.4}$$

接着，将式（5.4）简化成简单的线性关系：

$$\lg[\lg P(r)] \propto \sigma \cdot \lg r \tag{5.5}$$

在此基础上，采用最小二乘法进行线性回归拟合所得的斜率σ即为拉伸指数。

图 5.6 是在 16℃下进行的滴落实验，其中，水滴滴落停留时间的拉伸指数分布函数如图所示，而在不同温度下 6 组水滴滴落停留时间的拉伸指数则如表 5.4 所示。

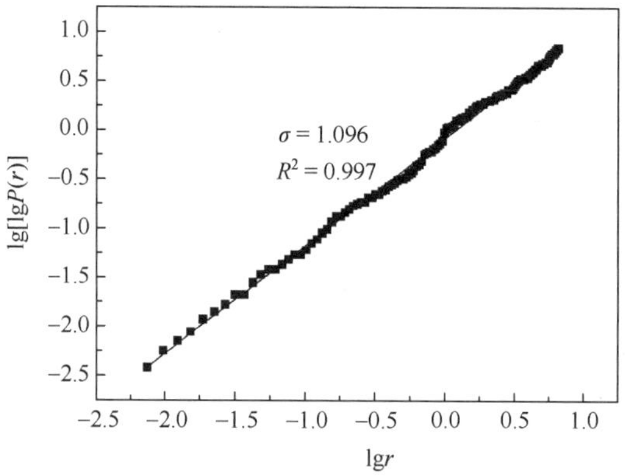

图 5.6　16℃下水滴滴落停留时间的拉伸指数分布图

表 5.4　不同温度下水滴滴落停留时间的拉伸指数

序号	温度/℃	拟合关系式	R^2
1	12	$\lg[\lg P(r)] \propto 0.979 \times \lg r$	0.996
2	14	$\lg[\lg P(r)] \propto 1.030 \times \lg r$	0.991
3	16	$\lg[\lg P(r)] \propto 1.096 \times \lg r$	0.997
4	18	$\lg[\lg P(r)] \propto 1.062 \times \lg r$	0.983
5	22	$\lg[\lg P(r)] \propto 1.092 \times \lg r$	0.994
6	30	$\lg[\lg P(r)] \propto 1.122 \times \lg r$	0.989

从表 5.4 中可以明显看出，虽然不同温度下水滴滴落质量数据不相同，水滴滴落停留时间数据也具有一定的差异性，然而水滴滴落停留时间却与拉伸指数的分布具有一致性。

同时，前期研究还表明，$PM_{2.5}$在大气中的停留时间也符合拉伸指数分布，这为对比分析细颗粒物的演化过程和水汽浓度变化规律提供了有利条件。不同温度（12℃、14℃、16℃、18℃、22℃、30℃）下的水滴滴落实验计算出的拉伸指数（σ）分别为：0.979、1.030、1.096、1.062、1.092、1.122.

图 5.7 为温度（T）与拉伸指数(σ)之间的波动关系，从图中可以看出，随着温度的升高，拉伸指数随之增大，因此两者的关系为指数关系，其数学表达式为

$$\sigma = 1.111 - 3.385\mathrm{e}^{-0.271T} \tag{5.6}$$

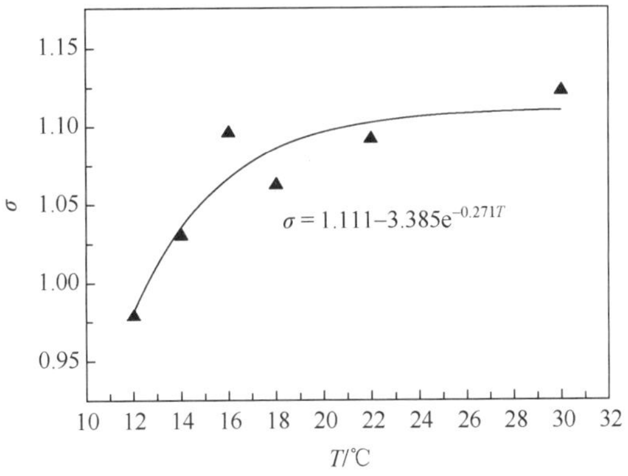

图 5.7　温度与拉伸指数的关系

两者之间呈现指数关系的主要原因在于，在温度不断上升的过程中，温控凝聚板上水蒸气的蒸发速率会随温度的升高而升高，以至于水蒸气消耗更快，所以两次水滴滴落的时间距离较长。拉伸指数σ的高低与水滴滴落停留时间的分散集中分布之间具有直接关系，σ越大，水滴滴落的停留时间就越分散，而σ越小，水滴滴落的停留时间就越集中。综上所述，随着温度升高，水滴滴落停留时间就会显示出分散分布形式，其拉伸指数σ值就会增大。

在温度控制下的水滴滴落实验中，其滴落质量的频数分布具有幂律分布的规律，这也从侧面验证了：当“沙粒”质量随时间减小，在物理学上还是会发生自组织临界性行为。但是“沙粒”质量随时间具有不同衰减系数，对自组织临界性特征具有重要影响。

5.3　城市大气污染的数值沙堆模型

我们对城市空气污染物的自组织临界性进行了定性和表面表述。为了更深入了解其自组织临界性特征是怎样形成的，我们进一步建立了经典的沙堆与空气污染物相结合的模型来进行定量化分析。

已有研究表明，在沙堆生长、坍塌等过程中，不仅存在着系统的关键自组织特性，还存在着许多在自然界中具有自组织特性的临界特性。考虑到沙堆模型的普遍适用性，可以将沙堆模型扩展到多种复杂自组织临界系统中。例如，泥石流、地震、林火等自然灾害，交通、电力系统、经济等人类活动，还包括神经系统等方面的问题，都可以用沙堆模型来解释。

构建适用于城市空气污染的数值沙堆模型，其本质是利用非线性相关迭代法对空气污染演变进行刻画，并引入沙堆坍塌的概念刻画其自组织临界性。同时，空气污染本身所具有的环境自我清洁能力、污染物分散等特性，也为通过沙堆模型研究空气污染提供了重要的理论依据，即将沙堆模型与空气污染研究进行了结合。

但需要注意的是，目前的沙堆模型并不能对空气污染过程进行很好的说明。空气污染具有 SOC 特性，即空气污染力度与频数之间存在幂律关系。但因为空气系统自身具有自我清洁能力，这就导致污染物浓度并不一定随时间的增长而增加。因此，目前的沙堆模型还不能模拟这一现象，也就不能很好地解释空气污染过程。

因此，本节对具有衰减系数的数值沙堆模型进行分析，以衰减系数为控制参数，研究了此模型在衰减系数变化时所产生的相变行为，进一步说明空气污染物（PM_{10}、NO_2、SO_2）的自组织临界性行为。

为此，本节重点研究了具有自身衰减因素的数值沙堆模型，同时仅以衰减系数为控制参数，分析了这个模型在随时间变化时所产生的相变规律，进而说明三种污染物（SO_2、NO_2、PM_{10}）的自组织临界性。

5.3.1　城市大气污染的强度与频度关系

在对地震序列的研究中，我们发现了 Gutenberg-Richter 幂函数，并将其视为 SOC 的一个重要特征。一般形容为随着时间的推移，出现的次数会以指数形式减少。

对于具有相似特性的城市空气污染，下列关系应该得到满足：

$$N = cr^{-\lambda}，\text{即}\lg N = \lg c - \lambda \lg r \tag{5.7}$$

式中，c 是一个常数；r 是一个污染量值；λ 是一个标度指数；N 是一年内平均超出某个污染量值 r 的污染指标的数量，也就是在这个范围内污染指标出现的频率。

本章选取上海市环境监测中心 2000 年 7 月 1 日～2006 年 6 月 30 日的空气污染指数（air pollution index，API）和污染物（SO_2、NO_2 和 PM_{10}）污染指数作为研究对象，其数据长度为 2191。图 5.8～图 5.11 显示了 API 与 SO_2、NO_2 和 PM_{10} 污染指数的强度-频率关系。

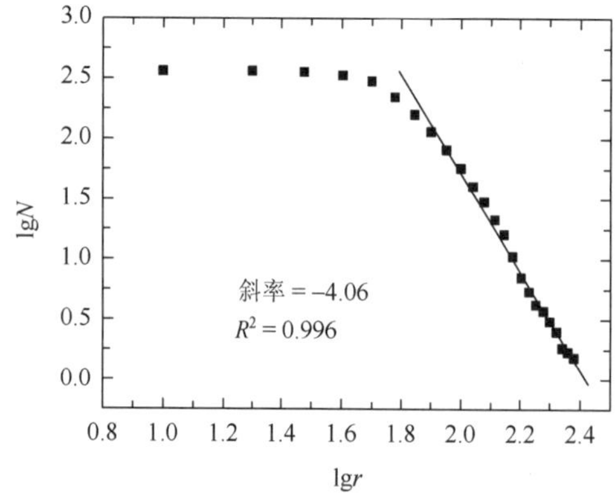

图 5.8　API 的强度-频率关系

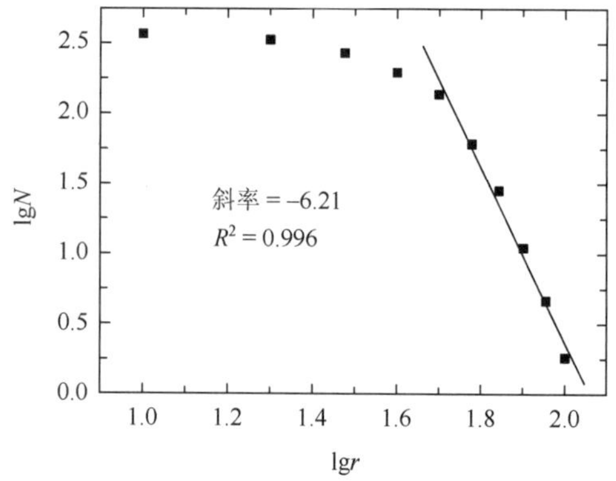

图 5.9　SO_2 污染指数的强度-频率关系

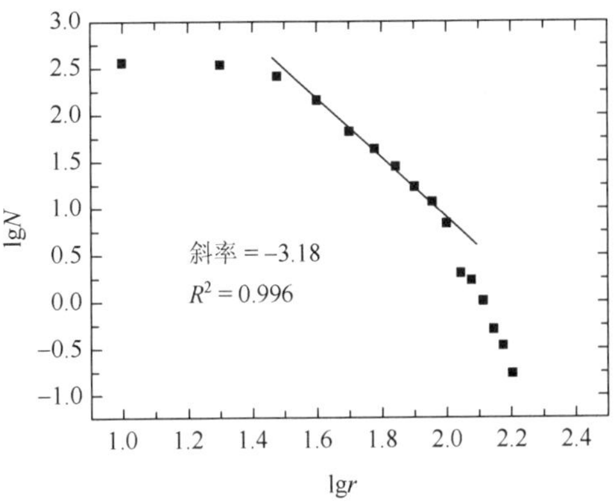

图 5.10　NO_2 污染指数的强度-频率关系

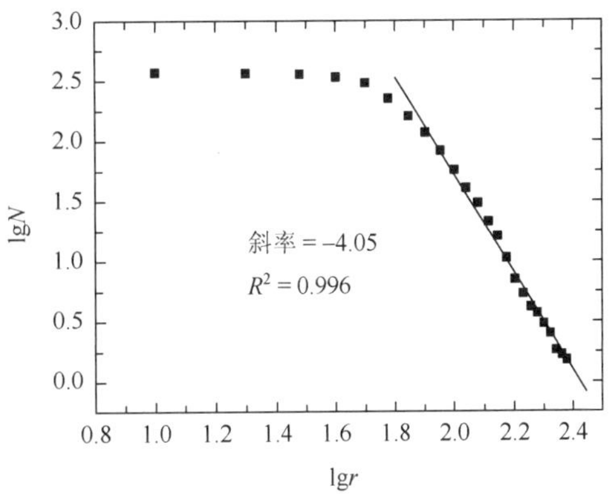

图 5.11　PM_{10} 污染指数的强度-频率关系

采用最小二乘法，对每一组数据作线性回归，求出相应的标度指标。由图可以看出，API 和 SO_2、NO_2、PM_{10} 污染指数强度-频率关系的标度指数分别为 4.06、6.21、3.18、4.05。标准不变区间有所不同，API、NO_2 和 PM_{10} 污染指数的对数密度（$\lg r$）具有 0.6 左右的不变范围，而 SO_2 污染指数只有 0.3。

由于传统的日平均污染指标没有考虑长时期的空气质量，且大部分小污染事件的损失造成了与之相背离的线性关系，因此正如图中所看到的，其顶部均出现了不同程度的偏离。Peters 和 Christensen（2006）对降雨的研究也发现了这一现象。

在尺度不变的区域上，各个污染程度尺度上的污染事件表现出类似的特性，因此，没有理由假设两者有着完全不同的生成机理和相互独立的机制。这样就有可能出现大、小污染的共同动力机理。

在此基础上，对城市空气污染的自组织临界度进行定性与定量研究。为深入认识空气污染的自组织临界态的形成机制，还需通过构建污染沙堆模型对其进行量化研究。

5.3.2　数值沙堆模型的构建

经过深入的研究和简化空气污染处理，下面的算法模型被确立。

（1）该模型以 $L\times L$ 的 2D 网格形式表达，并将其投影到地表，生成 2D 平面。每一正方形具有一个坐标 (i,j)，其上的空气污染物浓度由变量 $h(i,j)$ 表示。在这个正方形里，i、j 的数值都在 1～L。

（2）在此网格上，假定每一次都将空气污染物按 1%的比例投放到一个网格上，代表人为源的日排放量。在此基础上，将各网格中的空气污染物假设为一个理想的立方体，并将其内部污染浓度换算成污染指数为 50。因而，在各网格中投加污染物 (i,j) 可表达为

$$h(i,j)=h(i,j)+50 \tag{5.8}$$

（3）提出“坍塌规则”，使污染物质从一个网格移动到相邻的网格中，以反映污染物

在空间中的运移和转化。设置环境阈值 h_c 为 200。当某一网格内的污染物 $h(i,j)$ 超出阈值 h_c 时，其坍塌准则为

$$h(i,j) \to 10 \tag{5.9}$$

$$h(i\pm1,j) \to h(i\pm1,j)+[h(i,j)+50-10]\times0.24 \tag{5.10}$$

$$h(i,j\pm1) \to h(i,j\pm1)+[h(i,j)+50-10]\times0.24 \tag{5.11}$$

如果最近的邻点满足 $h(i\pm1,j)\geqslant h_c$ 或者 $h(i,j\pm1)\geqslant h_c$，则 $h(i\pm1,j)$ 或者 $h(i,j\pm1)$ 会遵循相同规则坍塌，它会导致邻近网格点的坍塌。逐步蔓延开来，最终导致连锁爆炸性倒塌。直到所有的网格点都满足 $h(i,j) < h_c$，坍塌过程停止。

这种方法有一种开放的边界，当网格上的某个点发生坍塌，相应的污染物质就会从网格中分离出来，就像桌上的沙粒掉落到地上一样。这意味着我们不需要过多关注这些离开网格的污染物。

（4）为了表达大气环境的自净能力，网格中的污染物量会随时间衰减。以一阶指数衰减为例，每日所有格子中的污染物将减少到原来的 e^{-k}。因此，每次添加的污染物都受到这个衰减的影响，即每次添加后，

$$h(i,j)=h(i,j)\times \mathrm{e}^{-k} \tag{5.12}$$

（5）一个坍塌结束后，按照步骤（2）、（3）、（4）的顺序进行，系统继续演化。随着时间的推移，会产生一系列不同尺寸的坍塌。模型中主要研究的物理量是坍塌大小 s，其定义为每次投放污染物时发生坍塌所影响的格子总数。通常情况下，坍塌大小 s 与其统计频率 $P(s)$ 之间呈现幂次关系，即 $P(s)\propto s^{-\alpha}$。

这就是污染物数值沙堆模型的概要。关于该模型，以下是几个要点。

（1）近些年来，各地都在优化能源结构，加大对电厂及相关行业的污染控制，加大对机动车排放的控制力度。通过以上措施，我国主要污染源得到了有效的治理。所以，我们主要考虑的是污染源仅对少数污染物达标排放的情形。本研究假定每一网格 (i,j) 所投下的污染物为一个理想的立方体，其内部污染浓度换算成污染指数为 50。考虑到污染来源较多，为了便于研究，本章采用随机抽样法，将空气中的污染物浓度按 1%的比例进行排放。

（2）环境阈值 h_c 的选取对关键行为没有明显的影响，但是对计算的速率有一定的影响。经过大量的实验，我们决定把它设置为 200。

（3）坍塌规律是指污染物在空气中的运移和扩散过程。根据统计与质量平衡理论，空气污染物最终不会从栅格中全部移出，甚至在污染源点的栅格中也不会归零。此外，一些污染物在空气中通过沉降、物理吸附和化学转化等途径逃逸到大气环境中。因此，本书拟将上述两个影响因素结合起来，将污染物投放到含污染源栅格后，一部分污染物滞留于栅格（其内在浓度换算污染指数为 10），而剩余污染物则分别在向四周四个方向迁移，扩散时各自损失 1%。这样，在各个方向上移动和扩散的污染量就是 $[h(i,j)+(50-10)]\times(25\%-1\%)$。

（4）在实际生活中，受到空气中各种物理、化学因素的影响，污染物浓度随时间的变化而不断下降，其衰减过程十分复杂。在此模型中，假定污染物以一次指数形式衰减，以便于计算。

由此我们可以观察到，数值沙堆模型与空气污染的实际情况是非常接近的。该模型的参数选取也比较合理。

5.3.3　分析结果

为保证计算结果的严密统计含义，并能真实地反映数值沙堆模型的演化规律，本书将选择 1 张尺寸为 50×50 的二维网格，在初始值为 0 的条件下，保证模拟的精度。本书拟以 10 万次以上的演化时间步长为起点，开展 100 万个演化步长的统计分析。前 10 万倍的发展目标是使体系进入一个关键的稳定态。

根据格点中平均颗粒数（$\bar{h}$），可以判定体系是否处于临界稳态。粒子的平均颗粒数是这样定义的：

$$\bar{h} = \left(\sum_{i=1, j=1}^{i=L, j=L} h_{i,j} \right) / (L \times L) \tag{5.13}$$

以污染物的沙堆模型为例，选取不同的衰减系数 k 值（在 0.012 左右）来模拟大气中 SO_2、NO_2、PM_{10} 的强度-频率关系。经过反复的参数调整和计算，取得了较好的效果，具体如下。

1. $k = 0.010$

图 5.12 显示了在投加次数为 10 万次时，格子内平均颗粒数 $\bar{h}$ 的变化趋势。结果表明，$\bar{h}$ 可以很好地描述一个系统进入自组织临界状态的过程，可以用它来描述一个临界点的状态。$\bar{h}$ 在投加过程中逐渐演化，在投加 400 次左右，沙堆达到其吸引子（即临界值 50.1），当系统处于一个对外界干扰具有较强的鲁棒性的临界状态时，系统就会发生振荡。

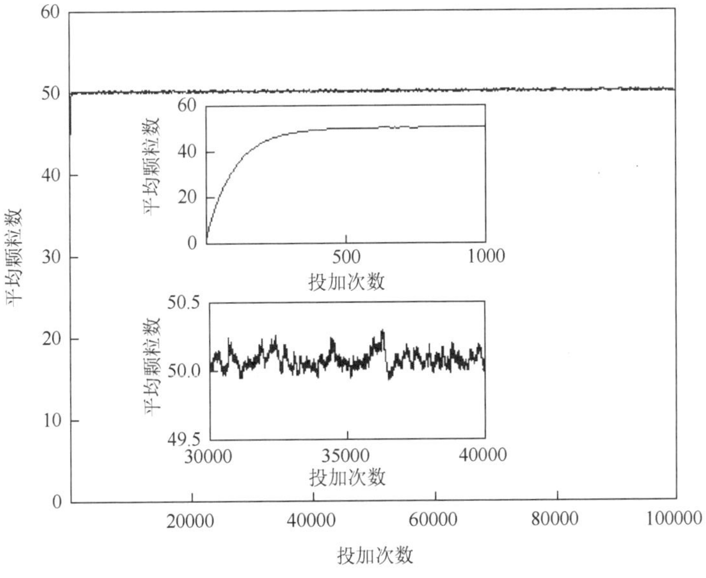

图 5.12　$k = 0.010$、投加次数为 10 万次时 $\bar{h}$ 的变化趋势

图 5.13 显示了用两对数坐标表示坍塌尺寸 s 和统计频率 $P(s)$ 的关系。观察显示，二者之间有明显的指数关系。利用最小二乘法拟合该模型，得到了 4.01 级的标度指数。在对数坍塌尺寸（也就是 lg$s$）的规模下，其不变量范围大约是 0.6。通过对比图 5.8～图 5.11，发现模型与 API、PM_{10} 的浓度-频率分布具有良好的一致性，能够很好地反映 PM_{10} 的自组织临界特性。

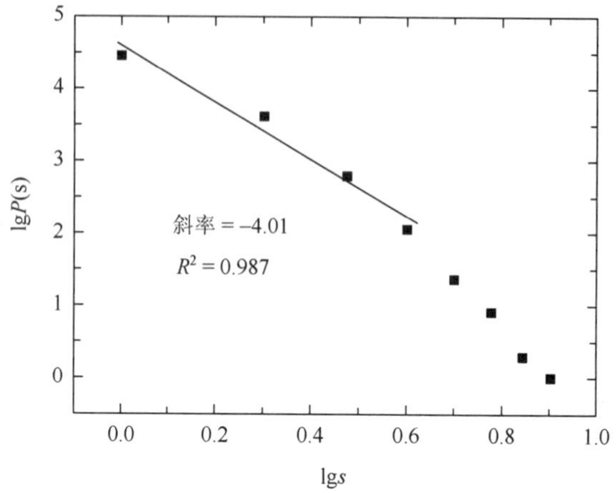

图 5.13　$k = 0.010$ 时污染物数值沙堆模型坍塌尺寸分布

2. $k = 0.009$

图 5.14 显示了在投加次数为 10 万次时，网格中平均颗粒数 $\bar{h}$ 的变化规律。观测结果显示，$\bar{h}$ 值可以很好地描述一个体系在自组织过程中的转变过程，可以用它来描述系统

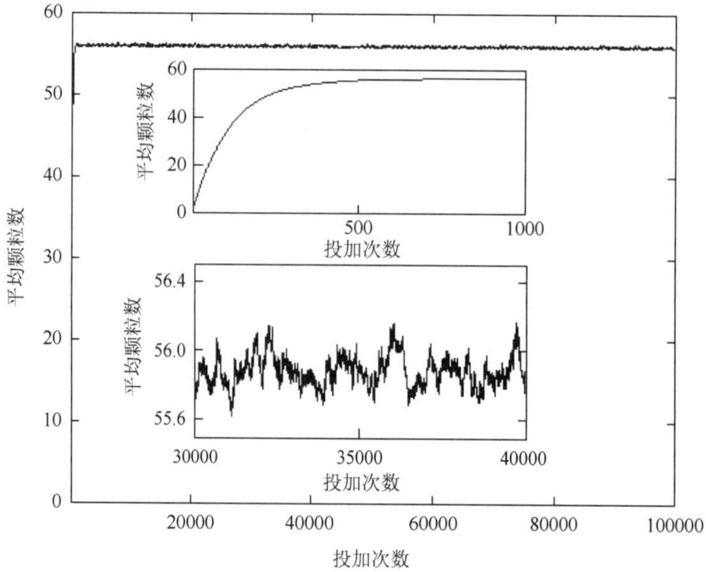

图 5.14　$k = 0.009$、投加次数为 10 万次时 $\bar{h}$ 的变化趋势

的临界点行为。$\bar{h}$ 随着投加次数的增加而不断进化，当投加次数约 450 次时，沙堆就达到其吸引子（即临界值 55.9）。当系统在吸引子处发生振荡时，该系统具有较强的抗外部干扰能力，表明该系统已进入关键状态。

图 5.15 所示为用两对数坐标表示坍塌尺寸 s 对统计频率 $P(s)$ 的曲线。观察数据显示，二者具有良好的指数相关性，可以用 $P(s) \propto s^{-\alpha}$ 来描述。由最小二乘法得到的临界标度指数为 3.17，而临界标度常数在对数坍塌比例（$\lg s$）下大约为 0.6。将其与图 5.10 进行比较，发现其与 NO_2 污染水平的频散关系相吻合，并能较好地体现 NO_2 的自组织临界性特征。

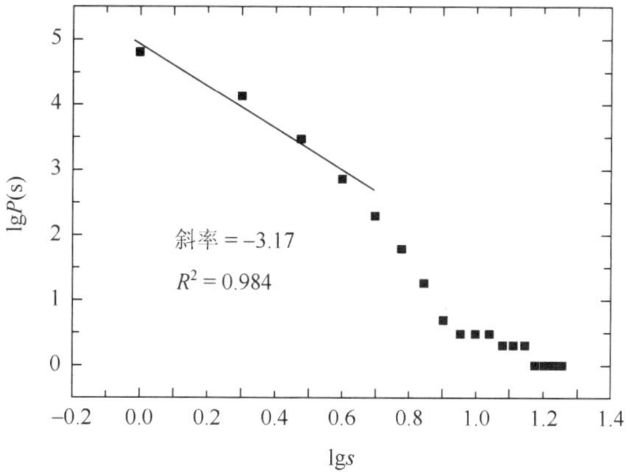

图 5.15　$k = 0.009$ 时污染物数值沙堆模型坍塌尺寸分布

3. $k = 0.016$

图 5.16 显示了在投加次数为 10 万次时网格内部的变化趋势，能够较好地反映出一

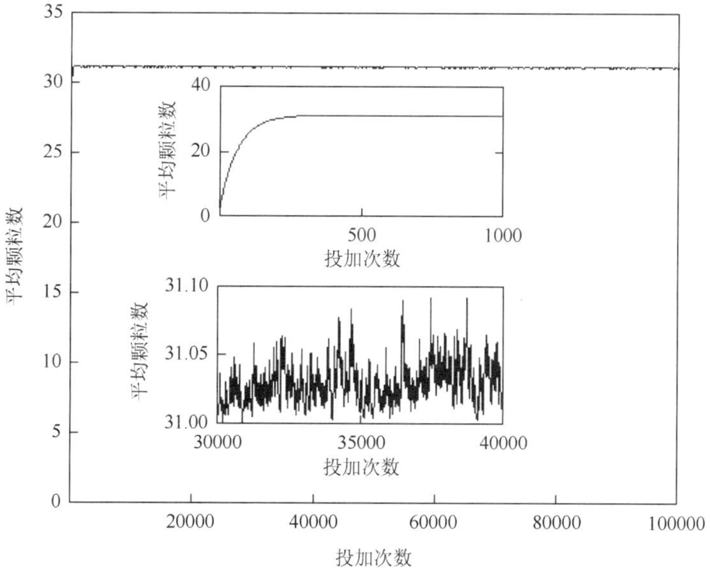

图 5.16　$k = 0.016$、投加次数为 10 万次时 $\bar{h}$ 的变化趋势

个系统的关键阶段，并以此来描述一个系统的关键点。$\bar{h}$ 随投加次数变化而变化，当投加次数约 250 个周期，系统处在一个不受外部扰动影响的临界状态时，吸引子（31.0）会逐渐增大或减小。

图 5.17 是坍塌尺寸 s 和统计频率 $P(s)$ 的双对数坐标图，发现两者之间有明显的幂函数关系，可以用 $P(s) \propto s^{-\alpha}$ 来表示。采用最小二乘法拟合标度指数，得出标度指数为 6.29。在对数坍塌尺寸（即 $\lg s$）规模上，尺度不变的范围是 0.3 左右。通过与图 5.9 的比较，可以看出，该模型与 SO_2 污染指数的强度-频率关系十分吻合，也就是 SO_2 具有自组织临界性特性。

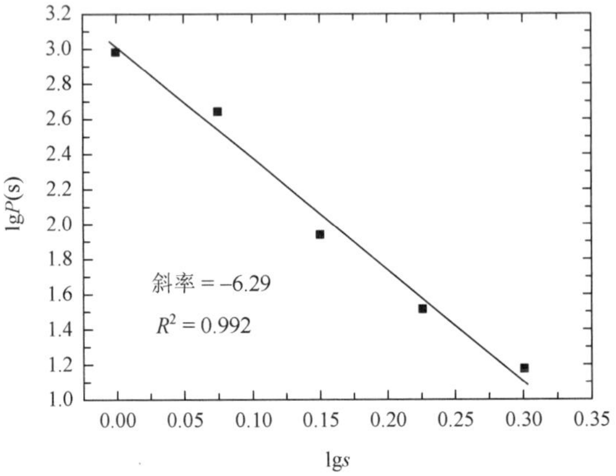

图 5.17　$k = 0.016$ 时污染物数值沙堆模型坍塌尺寸分布

在此基础上，以上海市为例，采用同一污染物数值沙堆模型，只采用不同的衰减系数，分别模拟 SO_2、NO_2、PM_{10} 三种污染物的演化过程，其分形尺度指标及尺度不变区间都能很好地符合现实。这表明，大气污染物本身的 SOC 决定了大气污染指标随时间的演化，而不同污染物本身特性的不同则是造成其分形结构不同的主要原因。

当衰减系数这个参量的扰动改变到 0.01 左右时，这个参量的扰动就会使整个系统的坍塌程度统计分布发生翻天覆地的变化。这种现象说明，数值沙堆模型表现出很强的非线性特征，而混沌运动是影响其演变的关键因素。这个发现证实了 Vieira 和 Letelier（1996）的理论物理学成果。

对大气中 SO_2、NO_2、PM_{10} 三种污染物的浓度进行了数值模拟，发现：随时间延长，标度指数增大，坍塌难度加大。由这一现象可推出如下结论：三种污染物在空气中的衰减系数若能适当提高，将有效减少空气污染。大气中污染物的衰减系数既受人为影响，又受外界环境的影响。应当注意到，植物具有更强的吸附和净化大气中污染物的能力。当一个城市的植被覆盖度较高时，空气污染物会更容易被植物吸收和净化，即空气污染物的衰减系数会增大，对大面积坍塌（重度空气污染）的发生也会有积极的影响。因此，在空气污染的关键自组织临界性理论框架下，我们对城市绿化的重要意义有了更深层次的理解。

5.4　重度灰霾期间大气 $PM_{2.5}$ 的自组织临界性特征

在 SOC 理论的基础上，构建大气污染数学模型，实现对典型城市大气 PM_{10}、SO_2、NO_2 三类污染物演变过程中幂律分布规律的量化描述。

尽管上一节的相关工作还存在许多不足之处，如监测数据分辨率比较低（利用的是污染浓度日均值）、没有考虑气象要素的影响等，但这些工作已经表明 SOC 理论研究将有助于加深对大气污染复杂动态演变过程的理解。

本节以 SOC 理论为基础，构建特定时间尺度上的 $PM_{2.5}$ 污染数值模拟模型，阐明 $PM_{2.5}$ 在不同天气条件下的时空变化特征，并揭示其发生机理。

5.4.1　研究数据

2013 年 1～2 月期间，四川省成都市陆续出现大范围、长持续时间和高浓度灰霾天气。在成都市市区共设置 8 个空气质量监测站可以从中国环境监测总站网站获取数据。本书以成都市的 8 个站点为研究对象，以 2013 年 2 月 7 日的典型灰霾事件为例，系统地研究其大气细颗粒物的时空分布特征。在这次灰霾天气中，成都市的日平均气温是 6.4℃，空气湿度是 70.8%。背景风场为静止风，平均风速只有 1.2m/s。本研究期间的降水量取 0。

5.4.2　$PM_{2.5}$ 污染浓度波动的频度统计分布

对 $PM_{2.5}$ 浓度波动数据来说，如果研究时段以 SOC 为特征，则应满足关系：

$$N(\Delta c \geqslant \Delta c_0) \propto \Delta c^{-\tau}, \quad \Delta c = c_{n+1} - c_n \tag{5.14}$$

其中，Δc 表示 $PM_{2.5}$ 浓度变化的数值，表示 $PM_{2.5}$ 在时间尺度上的变化，指单位时间内 $PM_{2.5}$ 浓度的平均值；τ 为标度指数，N 为大于某一污染浓度波动值 Δc_0 的监测数据出现的次数；Δc_0 表示某一参考的 $PM_{2.5}$ 浓度变化值，用作公式的比例常数。

图 5.18 中的小图给出了沙河铺站点 $PM_{2.5}$ 小时平均浓度变化的累计频率统计分布。通过最小二乘法，将其在大范围内的分析结果进行线性回归，得出了 $PM_{2.5}$ 小时平均浓度变化的频率分布关系如下：

$$N(\Delta c \geqslant \Delta c_0) \propto \Delta c^{-1.876}, \quad R^2 = 0.977 \tag{5.15}$$

可以看出，在成都灰霾事件中，沙河铺站点 $PM_{2.5}$ 小时平均浓度随时间的变化规律与其发生的频次呈负幂函数关系。造成这一现象的根本原因在于，每小时的 $PM_{2.5}$ 浓度统计数据没有考虑大气污染物浓度的微小起伏，而这些起伏的数值往往会在两对数轴上发生偏差，这一现象同样存在于降水过程中。

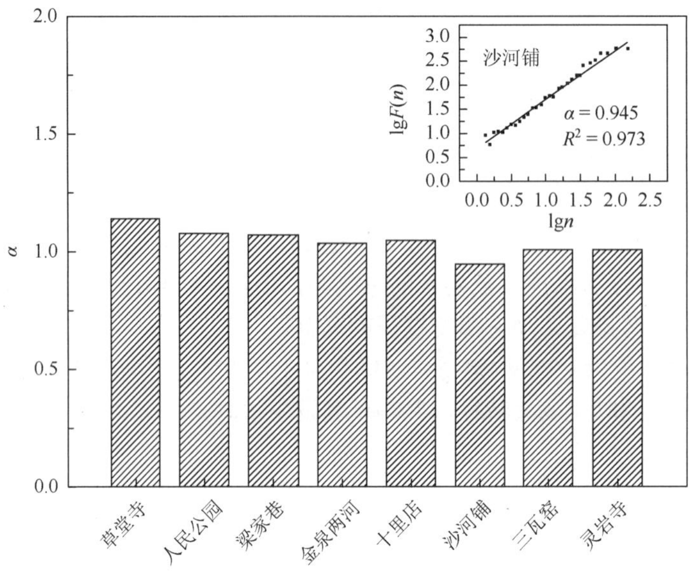

图 5.18　成都市 8 个站点 $PM_{2.5}$ 浓度随时间变化的 DFA 分析结果

草堂寺、人民公园、梁家巷、金泉两河、十里店、沙河铺、三瓦窑、灵岩寺各监测点的 τ 分别为：3.154、1.525、2.610、1.436、2.149、1.876、2.367 和 1.798。尽管各个站点的观测数据存在一定的差异，但是总体来说，各个站点 $PM_{2.5}$ 小时平均浓度的累积频率都服从负幂律分布。不同站点 $PM_{2.5}$ 标度指数的巨大差别，说明灰霾发生时成都市 $PM_{2.5}$ 时空分布特征存在明显的变异。在此基础上，利用 Lilliefors 检验对各个站点的 $PM_{2.5}$ 指标进行统计分析，结果显示 $PM_{2.5}$ 指数在 95%置信范围内服从正态分布。因此，虽然各监测站数据的时空分布特征存在差异，但可以从统计学的角度认为其幂律分布指数来自数据空间采样的正态性。

5.4.3　$PM_{2.5}$ 的 DFA 分析结果

在图 5.18 中，利用 DFA 法对沙河铺站点的 $PM_{2.5}$ 浓度进行了时序分析。研究发现，$\lg F(n)$ 与 $\lg n$ 呈线性相关，$\alpha = 0.945$ 表明沙河铺监测点的 $PM_{2.5}$ 浓度序列呈现明显的 Hurst 效应。灰霾天气下，$PM_{2.5}$ 的变化具有较强的持续性，具体表现为：在某一时间尺度上，$PM_{2.5}$ 的关联并非遵循经典马尔可夫过程，也就是相关系数不会随着时间的推移呈指数下降，而是服从慢的幂函数下降。此外，本研究还发现，在某一时间段，当前时段的 $PM_{2.5}$ 浓度会影响未来一段时间的演变趋势。

对各监测点 $PM_{2.5}$ 进行 DFA 测定，得出草堂寺、人民公园、梁家巷、金泉两河、十里店、沙河铺、三瓦窑、灵岩寺的 α 分别为 1.133、1.074、1.068、1.032、1.046、0.945、1.112、1.011。所有站点 $PM_{2.5}$ 的 DFA 指数都明显超过 0.5，显示了较强的长时间持续性。用 Lilliefors 检验法对每个监测点 $PM_{2.5}$ 的 DFA 指数进行检验，其 95%为常态。从统计学上讲，$PM_{2.5}$ 在各区域的波动性可以看作是正态分布。

5.4.4 基于 SOC 理论的大气 $PM_{2.5}$ 数值沙堆模型

1. 科学假设

总体而言，$PM_{2.5}$ 在时间和空间上的变化与外界物质/能耗的相关性具有幂指数的特点，与典型的大气污染物 SOC 系统的特点相吻合。从复杂科学视角上来说，大气污染 SOC 行为对 $PM_{2.5}$ 的长期非线性演变具有重要作用。基于这一观察，我们提出下列科学假说。

细颗粒物 $PM_{2.5}$ 的时空演变除了受微物理、化学等因素的影响外，还与其内在的长期动力学过程密切相关。在短时间内，$PM_{2.5}$ 的产生、释放等过程促使其向临界状态演化。在一定的天气条件下，系统会在一定时间内到达一个临界态，并通过物质的转换使其在很长一段时间内处于一个吸引子状态。这一宏观的动力学过程，使得我国 $PM_{2.5}$ 呈现出长时间持续性、无尺度、多重分形结构的多尺度演变过程。由此，我们提出了一种新的思路：即便是最微小的污染源释放，也会通过非线性关联效应对大气环境造成干扰，进而产生和维持一段时间内的重污染。

2. 模型构建

本书以成都市典型雾霾天气为研究对象，基于已有的空气污染数学模型开展研究，研究结果将为成都市 $PM_{2.5}$ 污染防治提供理论基础和技术支撑。这是一种连续、不守恒、衰减、等向同性元胞自动机模型。该模型是按照以下步骤建立的。

首先，我们将被测城市的近地面大气绘制成一个尺寸为 $L\times L$ 的 2D 方点阵模型，并在此基础上建立相应的数学模型。将每一网格内的数字 $h(i,j)$ 对应为地表 (i,j) 上的 $PM_{2.5}$ 浓度 $h(i,j)$ 。一次和二次气溶胶不断地向二维方格内输入。$PM_{2.5}$ 在特定区域 (i,j) 的浓度 $h(i,j)$ 累计达到环境阈值 h_c 附近时，即进入一个临界失稳状态，并向周围扩散。这一过程会引起邻近区域 $PM_{2.5}$ 污染浓度升高而达到阈值，从而引发一系列连锁反应，呈现出 $PM_{2.5}$ 传输与扩散的浓度涨落。$PM_{2.5}$ 在传输和扩散过程中，会受到物理沉降、碰撞、凝聚和化学反应等多种因素的影响，浓度会有所下降。同时，由于大气自净作用，大气中的一次和二次气溶胶将在各种物理、化学作用机制下逐渐减少，所以这一模型具有时空不守恒特性。该模型的具体算法表述如下。

1）一次和二次气溶胶生成规则

将“污染物”沙粒 Δh 随机加入 $L\times L$ 栅格，其中，Δh 包括一次和二次气溶胶。

$$h(i,j)\rightarrow h(i,j)+\Delta h \tag{5.16}$$

2）灰霾天气中 $PM_{2.5}$ 的传播迁移规律

当 $PM_{2.5}$ 在特定区域 (i,j) 的浓度 $h(i,j)$ 超过环境阈值 h_c 后，污染物就会处于一个临界失稳态，并向周边扩散和迁移。当 $PM_{2.5}$ 在局部区域 (i,j) 内传输和扩散时，仍然会有一定的 $PM_{2.5}$ 残留。因此，

$$h(i,j) \to \frac{\Delta h}{\varepsilon} \tag{5.17}$$

此次灰霾事件中，成都市背景风场以静止风为主，本研究提出“局地不稳定 $PM_{2.5}$ 向周边均匀弥散”的假说。由式（5.18）～式（5.21）可知，$PM_{2.5}$ 污染物在其附近的空间中分布。由于本研究期间降水量为 0，所以此处没有考虑降水对模型的影响。

$$h(i+1,j) \to h(i+1,j) + \left[h(i,j) + \Delta h - \frac{1}{\varepsilon}\Delta h\right] \times \left(\frac{1}{4} - \theta\right) \tag{5.18}$$

$$h(i-1,j) \to h(i-1,j) + \left[h(i,j) + \Delta h - \frac{1}{\varepsilon}\Delta h\right] \times \left(\frac{1}{4} - \theta\right) \tag{5.19}$$

$$h(i,j+1) \to h(i,j+1) + \left[h(i,j) + \Delta h - \frac{1}{\varepsilon}\Delta h\right] \times \left(\frac{1}{4} - \theta\right) \tag{5.20}$$

$$h(i,j-1) \to h(i,j-1) + \left[h(i,j) + \Delta h - \frac{1}{\varepsilon}\Delta h\right] \times \left(\frac{1}{4} - \theta\right) \tag{5.21}$$

若位置（i，j）的近邻由于公式（5.17）～公式（5.21）变得不稳定，那么它也将进一步按公式（5.17）～公式（5.21）迁移扩散，直到所有位置 $h(i,j) < h_c$。由于空气是开放的，污染物颗粒的运移-扩散规律使得污染物颗粒沿边界排出体系。

3）大气自我净化定则

在大气的自净过程中，$PM_{2.5}$ 污染物受到各种物理和化学机制的影响，将随着时间推移逐渐减少。我们可以假设其遵循一阶指数衰减模式，即每次投加污染物后，其浓度会按照特定的指数规律减小。

$$h(i,j) \to h(i,j) \times \mathrm{e}^{-k} \tag{5.22}$$

式中，k 是 $PM_{2.5}$ 污染物在时间尺度上的总体衰减系数。这一特征值与空气中 $PM_{2.5}$ 的自净化能力有很大关系，且在不同地区有较大的差别。

当所有格子都稳定下来后，下一个污染物颗粒又被扔了进去，如此反复，依次进行以上三种不同的动力学过程，最终导致系统进化。在这一演化进程中，会产生一系列不同尺寸的坍塌。在该模型中，最重要的物理参数是坍塌尺寸 s，它是在每一次投加污染物时，引起坍塌的规模。当 $PM_{2.5}$ 污染物传输进入一个自组织的临界状态时，坍塌尺寸 s 和它的累计概率分布函数 $P(s)$ 之间往往具有幂指数的统计关系，即

$$P(s) \propto s^{-\sigma} \tag{5.23}$$

最后，给出模型中设置的参数。我们将每一次投加的一次和二次气溶胶归一化，也就是用 $\Delta h = 1$ 来计算。在式（5.17）中，假定特定空间 (i,j) 内的 $PM_{2.5}$ 污染物会均匀地向周围扩散，使得原始空间 (i,j) 中残留的 $PM_{2.5}$ 污染物只有最初的 1/5，设 $\varepsilon = 5$。考虑到物理沉降、碰撞、凝结、化学反应等因素造成的颗粒物损失约为 1%，设 $\theta = 0.01$。最后，

鉴于自组织临界理论中典型的 BTW 沙堆模型（Bak et al.，1987；Turcotte and Malamud，2004），设定 $\Delta h = 1$ 和 $h_c = 4$ 。

3. 模拟结果

首先，选取 50×50 的 2D 网格，在初始阶段取 0 的网格点，由网格中的平均粒子数目 $\bar{h}$ 判定该体系是否到达临界稳态。定义平均粒子数目为

$$\bar{h} = \left(\sum_{i=1, j=1}^{i=L, j=L} h_{i,j} \right) / (L \times L) \tag{5.24}$$

为确保模拟结果具有统计学上的显著性和真实地反映数值沙堆模型的演化规律，本书将前 10^6 个坍塌事件剔除，只对后续 10^7 个坍塌事件进行统计分析。其基本目标是使体系处于不平衡的稳态。

图 5.19 为当 $k = 1.704 \times 10^{-4}$ 时，在 50000 次的坍塌过程中，格点 $\bar{h}$ 随时间的变化规律。研究发现，$\bar{h}$ 能很好地描述体系向自组织临界状态转变的过程，可以作为一个参量来描述相变点的特性。$\bar{h}$ 随着投加次数的增加，当投加次数增加至 10000 次后，沙箱的吸引子呈现出一种非线性的振荡，此时系统处于关键状态，对外部干扰有鲁棒性。

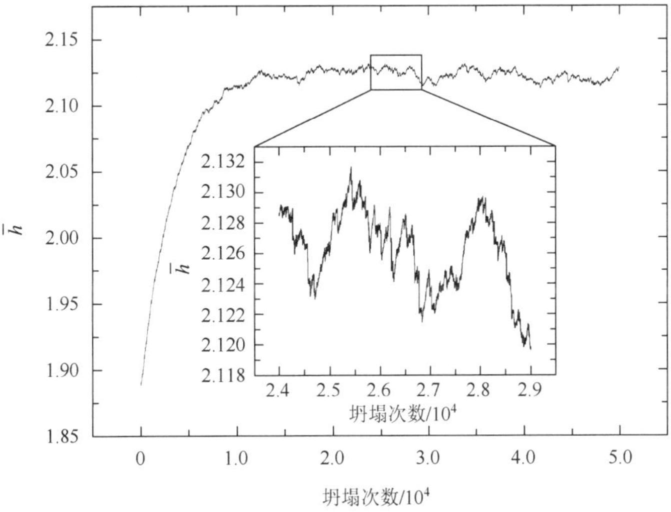

图 5.19　$k = 1.704 \times 10^{-4}$ 时格子内 $\bar{h}$ 的变化规律

图 5.20 给出当 $k = 1.704 \times 10^{-4}$ 时系统坍塌尺寸 s 的仿真结果。研究发现，坍塌尺寸 s 与其统计频率 P 呈显著的幂函数关系，可以用 $P \propto s^{-\sigma}$ 表示。用最小二乘法拟合标度指数 σ，求得 σ 为 1.877。图 5.20 所示的数值模拟与沙河铺 $PM_{2.5}$ 频率统计分布曲线在图 5.18 中具有很好的一致性。

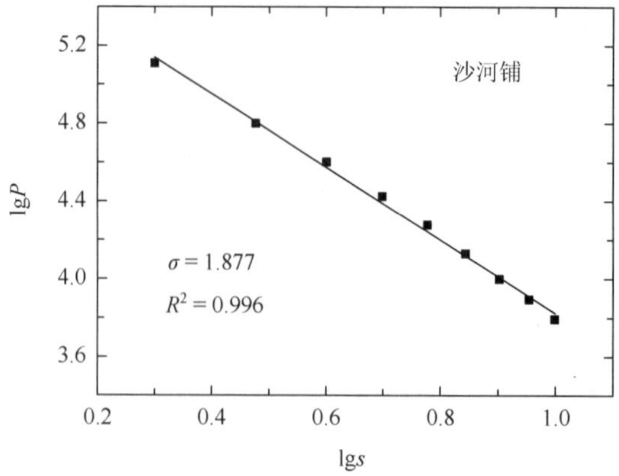

图 5.20　$k = 1.704 \times 10^{-4}$ 时大气 $PM_{2.5}$ 数值沙堆模型模拟计算获得的坍塌尺寸统计分布

更深入的模拟表明，$PM_{2.5}$ 的宏观时间衰减系数 k 直接决定了坍塌尺寸统计分布规律的标度指数 σ。图 5.21 明确了 k 和 σ 之间的定量关系，揭示出它们之间呈指数关系，即 $\sigma = -0.459 + 0.209\mathrm{e}^{14213.0k}$ 。虽然不同站点 $PM_{2.5}$ 的频率统计分布特点存在一定的差别，但是用此模型对频率统计分布的比例指标（τ）进行量化仿真，得出了相应的结论，如图 5.21 所示。其中，模式中的 k 是 $PM_{2.5}$ 的宏观衰减系数，它只反映 $PM_{2.5}$ 的自净化能力，是一个本质参数。各站点的 k 值有一定的差别。由图 5.21 可知，根据 SOC 原理构建的 $PM_{2.5}$ 数值沙堆模型，在设置不同 k 值后，可以高效地模拟成都市各个监测站 $PM_{2.5}$ 演变的宏观统计特征。

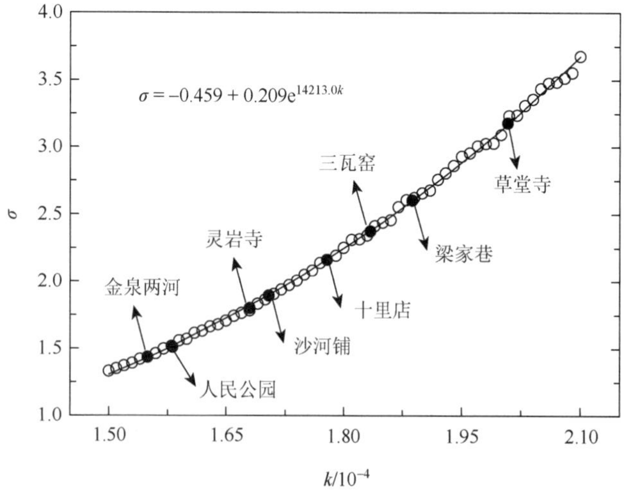

图 5.21　基于标度指数的 $PM_{2.5}$ 频率统计分布仿真值及其与各个监测点间的数量关系

4. 讨论

2013 年 1 月到 2 月，包括成都市在内的多个地方，持续出现灰霾，$PM_{2.5}$ 超标频发，大气污染形势十分严峻。四川盆地因独特的地理和气象条件，使得灰霾天气呈现独特特性，具体表现为：由于近地层静风频率高且大气输送条件弱，大气污染物难以有效扩散；大气颗粒物的来源以当地来源为主，灰霾多发生在空气流动滞流区。成都市平均静态风速高达 42%，且边界层较为稳定，使得其常年灰霾天气持续时间较长，大气环境面临严峻挑战，主要体现在，灰霾天数高达 150 天以上，居全国前列。

我们进一步分析发现，此次灰霾事件中，成都市各个监测站 $PM_{2.5}$ 小时平均浓度的起伏累计频率分布具有负幂律特征。对此，有必要做更多的定量解释。我们推测，$PM_{2.5}$ 可能存在一个同时含有一次污染物和二次污染物的固有动态演变过程。在不利的气象环境（如不利于大气扩散、强稳定的分层结构、常伴有静风）中，大气细颗粒物 $PM_{2.5}$ 的演化受 SOC 机制的内在驱动。大气是由许多要素在短程内相互作用而形成的巨大开放体系。大气细颗粒物是 $PM_{2.5}$ 的重要组分，其演化过程可通过与外界物质、能量的相互作用，持续一段时间处于关键动力学态。此时，一个很小的扰动就会引发多组分的级联效应，造成较大的影响，造成 $PM_{2.5}$ 较大的波动。从宏观上来看，其波动符合负幂函数规律。

实际上，沙堆系统是 SOC 的典型代表。通过对比 $PM_{2.5}$ 演化与沙堆模型研究，揭示 $PM_{2.5}$ 随时间的演变规律，并更深入阐释 $PM_{2.5}$ 演变的内在 SOC 机制。灰霾天气下，成都市各种污染源不断地向大气中释放污染物，其过程就像是在某一区域内不断注入沙尘，直接促进了空气污染体系的演变。局部区域的大气环境承载力可以用沙堆的临界倾角来表示。当局部区域 $PM_{2.5}$ 累积到一定程度后，会发生碰撞、凝聚等过程，生成较大粒径的粒子。当粒径大于 2.5 μm 时，就不能将颗粒物作为 $PM_{2.5}$ 来对待，较大的颗粒物会沉降；粒径越大，粒子越多，$PM_{2.5}$ 的浓度就越低。这就好比一个沙堆达到一定的倾斜角度后，为了保持倾斜角度的稳定，通过“塌方”排出过剩的沙子。沙堆塌陷发展到一定程度后，沙体间的短程压缩作用会逐步发展成为一种持久的效应，即每一次“塌方”的规模都与其先前持续较长时间“塌方”的规模有关。此外，关键时段 $PM_{2.5}$ 的波动性表现为长期变化，导致其相关性在一定时间尺度上表现为慢幂指数衰减。因此，$PM_{2.5}$ 在某一时期仍然会对今后一段时期内的演变趋势有较大的影响。宏观上，不断投加沙粒并不会引起持续的、稳定的沙堆坍塌，而会触发幂指数分布的崩落事件。同样，在大气中，不断累积的 $PM_{2.5}$ 组分不会造成长期、稳定的浓度涨落，而是会产生一种呈幂函数分布的非线性浓度涨落事件。在成都灰霾天气下，$PM_{2.5}$ 的波动和演变规律与沙堆坍塌事件具有相似之处。

从复杂性理论的角度来看，成都发生灰霾时，大气环境受到不利于扩散的天气条件和较为稳定的大气分层结构的双重影响。此时，$PM_{2.5}$ 浓度的波动演变反映了多因子交互作用和相互影响下所引发的宏观效应。首先，$PM_{2.5}$ 浓度在大气中的波动受区域特定的污染排放（包括排放方式、排放量、污染物种类等）和自然环境特征（包括气象、地形、太阳辐射、下垫面等）的综合影响，在一定程度上表现出确定性。其次，大气作为一种开放的耗散体系，导致 $PM_{2.5}$ 的演变过程中多种因子的交互作用十分复杂，它表现出不规则的、非线性的演化过程，并具有复杂系统的基本特征。在此基础上，多个因子交互作用，共同作用于 $PM_{2.5}$ 的浓度变化，并以“有序”的形式呈现，基于此再通过标度指数和 DFA 指数 α 来刻画 $PM_{2.5}$ 的宏观演变特性。所以，从复杂的视角出发，成都灰霾事件中 $PM_{2.5}$ 的变化与其 SOC 的内在机理有关。$PM_{2.5}$ 的动态变化具有幂指数的统计特性和长时间的持续性，是 SOC 行为的重要表征。而各个监测点 $PM_{2.5}$ 波动标度指数的变化，可以更好地体现出特定的区域环境特性对 $PM_{2.5}$ 的自组织作用。对成都灰霾产生和演化过程中 $PM_{2.5}$ 浓度波动的 SOC 机制进行研究发现，$PM_{2.5}$ 大幅波动事件的发生机理与 $PM_{2.5}$ 微小浓度变化具有相似的动力学机理。

自旋轨道耦合理论认为，自旋轨道耦合的内在机理是一种弱混沌系统，即初始态的微小差异随时间呈指数增长而非线性增长。在混沌边缘上，系统演化没有固定的时间标度，因此可预报该系统，其可预报性比传统的混沌系统更好。基于上述研究，本书拟从土壤有机碳的特征入手，基于土壤有机碳的普遍物理规律，确定土壤有机碳的幂指数分布及其与土壤有机碳的时空演化关系，构建土壤有机碳风险预测模型。在实践中，该方法已经成功地应用于电网大停电、火灾和斜坡灾害等方面（何越磊等，2005；于群和郭剑波，2007；王静虹等，2010）。虽然从理论上讲，$PM_{2.5}$ 在大气环境中的生成与演变过程可以被观测到，但在实际应用中，因为观测数据太多，很难实现精确观测。这也使得 $PM_{2.5}$ 的生成与演变过程中的诸多参数具有很大的不确定性，从而对当前 $PM_{2.5}$ 模式的预报能力产生很大的影响。在此基础上，本书识别 $PM_{2.5}$ 的自组织演变关键态，采用统计学方法，预测不同时期 $PM_{2.5}$ 的出现频次，对我国未来高浓度 $PM_{2.5}$ 污染的发生概率和危害进行研究。这些研究将为构建和改善恶劣气象条件下高浓度 $PM_{2.5}$ 污染模式提供理论依据。揭示 $PM_{2.5}$ 浓度时空波动的幂律规律以及其 SOC 动力机制，有望使人们能够从宏观动力学的角度准确评估高浓度 $PM_{2.5}$ 的发生风险，对 $PM_{2.5}$ 的预测，尤其是恶劣气候条件下的污染风险评估，具有重要意义。

5.5　大气 PM_{10} 跨界输送的自组织动力机制

5.4 节研究了成都市强雾霾事件的演变规律，但国内其他区域城市之间的交互传输过程也十分明显。5.4 节所提出的沙堆模型只适合于研究静态风场下的城市自污染问题，并不适合讨论跨域传输问题。本节以浙江省舟山市为研究对象，从宏观和动力学两个方面对城市空气中可吸入颗粒物的污染演变进行分析。其次，基于复杂科学中的自组织临界性（SOC）理论，建立大气 PM_{10} 跨域传输模式，以揭示城市大气 PM_{10} 污染演变中跨域传输的复杂非线性作用机制。本节将从机理上揭示舟山市 PM_{10} 污染演变的微观机理，为进一步揭示其非线性演变机理提供新的研究思路与方法。

5.5.1　研究数据

浙江省舟山市地处浙江省舟山群岛（29°32'～31°59'N,121°30'～123°25'E），该群岛有多个岛屿。舟山市占据着群岛中最大的岛屿，地理位置位于东海海域的长江口南侧、杭州湾外围，靠近上海及长江三角洲核心地带。其主要的经济来源是渔业和旅游业。受长三角产业结构的制约，当地大气污染源对环境污染影响不大，但其地处长三角，容易受区域内多个城市污染的互运。

1 月份，长江三角洲地区近地面 300 m 高的平均风场图表现出整体以西北气流为主，覆盖了舟山市的整个地区。输送气流的输移方向以西北内陆为主。海面上的风很大，风速可以达到 6 m/s，而舟山市的平均风速只有 4 m/s。在海拔 300 m 处，由于地形因素的作用，该地区的风场较为平坦、一致。长三角以偏北风为主，表现出由西到东的显著特征（王艳等，2008）。舟山市地处长三角的背风面，大气质量状况普遍不佳。因此，舟山市 1 月份的空气质量受区域性污染传输的影响较大，是受区域性大气污染传输影响最严重的地区之一。本研究以 2012 年 1 月舟山市 PM_{10} 小时平均浓度为研究数据。

5.5.2 PM_{10} 污染浓度频率统计分布

首先，计算舟山市 PM_{10} 小时平均浓度的累积频率分布，详见图 5.22。在高浓度范围内，利用最小二乘法对各数据点进行线性回归，发现 PM_{10} 小时浓度值在 0.065～0.324 mg/m^3 的频率分布关系如下：

$$\lg N(c > c_0) = -1.73 - 3.91\lg c, \quad R^2 = 0.992 \tag{5.25}$$

1 月份，舟山市可观测到的 PM_{10} 小时平均浓度值 c 和超过此标准的观测资料出现次数呈负幂函数关系。这个幂函数统计分布的标度指数 τ 为 3.91，两个对数坐标（也就是尺度不变的区间）的尺度范围为 0.7。

研究结果表明，在污染物浓度小于 0.065 mg/m^3 的情况下，式（5.25）与幂函数之间存在着较大的差距。其中一个很大的原因是，没有考虑大气中微小的污染物浓度。由于没有观测到大量的污染数据，这些数据往往会造成线性关系的偏差，这种现象在降水过程中也曾观察到（Peters and Christensen，2006）。

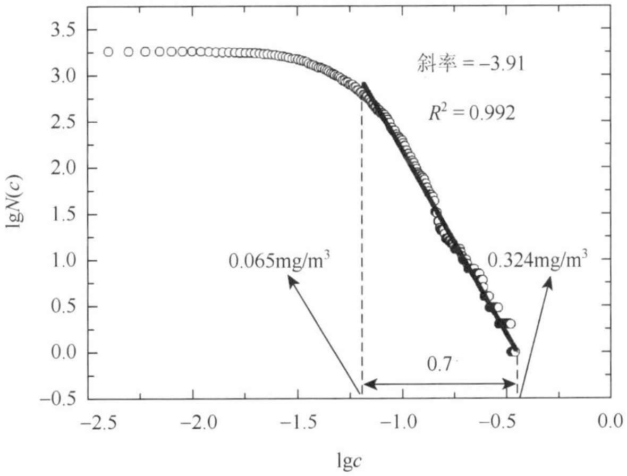

图 5.22　舟山市 PM_{10} 小时平均浓度频率分布图

5.5.3 基于 SOC 理论的大气 PM_{10} 跨境输送模型

在前一节中，我们观察到 SOC 机制能有效解释空气污染的长程相关性和标度不变特征。基于这一认识，本研究构建了宏观空气污染过程的沙堆模型，并成功模拟了城市空气污染宏观演化的准确分形结构。但现有研究多以城市内污染源为主，没有考虑跨境污染传输，因而仅适于以城市为主体的地区。当一个城市的空气污染是由外来污染源的远距离传输所致时，这个模式是不适用的。本书以 SOC 理论为基础，建立一种新的可用于描述 PM_{10} 跨境传输过程的数值沙堆模型。

在此基础上，将所研究的城市空气空间映射到地面上，并以正方形为单位，绘制出一张 $L\times L$ 的正方形网格图。每一格的数值 $h(i,j)$ 代表某一特定区域 (i,j) 上空 PM_{10} 的总量 $h(i,j)$。该模式包含如下主要的动力学机制。

1. 区域性污染转移机制

在 $L\times L$ 格子中，随机选择最左边一列的任意一个格子，并投加一个污染物沙粒，表示来自城市左侧外部区域的污染物通过长途输送（Δh_1）。

$$h(1,j)\to h(1,j)+\Delta h_1 \tag{5.26}$$

2. 扩散传输机制

扩散传输机制反映了 PM_{10} 跨界输送的迁移与扩散过程。

在一定区域 (i,j) 内 PM_{10} 的总量 $h(i,j)$ 达到一定阈值 h_c 后，污染物将进入一个临界失稳状态，并按照坍塌规律向外扩散。

$$h(i,j)\to\frac{\Delta h}{5} \tag{5.27}$$

$$h(i+1,j)\to h(i+1,j)+\left[h(i,j)+\Delta h-\frac{1}{5}\Delta h\right]\times\left(\frac{1}{3}-\sigma\right) \tag{5.28}$$

$$h(i+1,j+1)\to h(i+1,j+1)+\left[h(i,j)+\Delta h-\frac{1}{5}\Delta h\right]\times\left(\frac{1}{3}-\sigma\right) \tag{5.29}$$

$$h(i+1,j-1)\to h(i+1,j-1)+\left[h(i,j)+\Delta h-\frac{1}{5}\Delta h\right]\times\left(\frac{1}{3}-\sigma\right) \tag{5.30}$$

这个过程会一直进行下去，直到出现一个新的全局平衡点，也就是所有的数值 $h(i,j)<h_c$。因为网格的边缘是敞开的，所以这个坍塌法则可以让污染的沙粒从这个边界出来。

为简化模型，我们假定由于风的作用，污染物总是向右移动。在某一地点，PM_{10} 发生了移动和扩散，该区域仍会残留一部分 PM_{10}，其总量为进入大气中污染物的 1/5。根据公式，位置 (i,j) 处的 PM_{10} 污染物主要向右侧的三个相邻格点扩散，即 $(i+1,j)$、$(i+1,j+1)$ 和 $(i+1,j-1)$。同时，由于物理沉降、碰撞、凝结、化学反应等作用，PM_{10} 颗粒物在传输和扩散过程中会产生一定程度的损失，损耗量 σ 设定为 1%。所以这个模型是局域非守恒的。图 5.23 反映了特定的迁移-扩散机理。

3. 二次颗粒物生成机制

二氧化碳、甲烷、氧化亚氮、卤代烃和臭氧等大气活性气体，可以在复杂的大气环境中通过一系列烦琐且具有链式效应的或剧烈或缓慢的化学反应生成二次污染颗粒物，

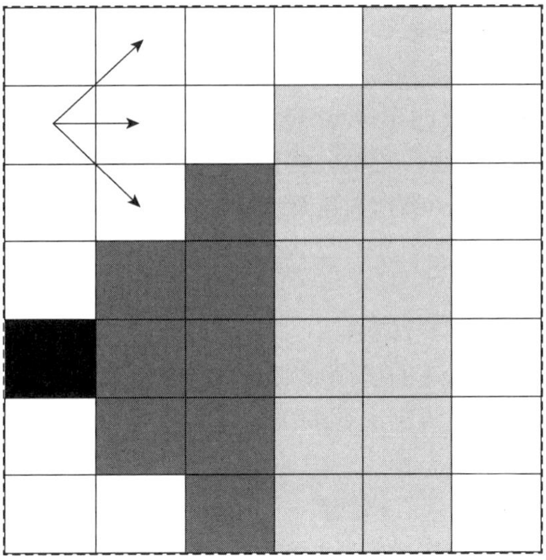

图 5.23　大气 PM_{10} 跨界输送模型的迁移-扩散机理示意图

因此在区域大气复合污染的数学模拟过程中应该将这些复杂的因素考虑在内，以降低不确定性带来的误差影响，并增大数学模拟结果的可信度（王丽涛等，2013）。研究（黄侃，2010；崔虎雄等，2013；王倩等，2013）发现，迄今为止，长江三角洲区域城市之间输送的空气动力学粒径极小的颗粒物中，硫酸盐、硝酸盐、二次有机气溶胶等构成的二次污染颗粒物的浓度占 30%～50%，这是一个相当大的比例。为了定性定量地刻画出这些高比例二次污染颗粒物的形成过程，我们设想一个方案就是将一个污染物沙粒向 $L\times L$ 方格中的任意一个小格子里随机分配，以此来描述这个大区域的各个城市之间通过烦琐且具有链式效应的复杂化学反应生成的对人体健康和公共大气环境有危害的二次颗粒污染物（ Δh_2 ）。

$$h(i,j)\to h(i,j)+\Delta h_2 \tag{5.31}$$

由此，结合公式（5.31），$L\times L$ 方格中每次随机投加的污染物细小沙粒包含了跨地区输送的颗粒物和本区域二次颗粒物。模拟中将每次投加的总量进行归一化，其目的在于使得预处理的数据被严格限制在一定的数值范围内（比如[0，1]或者[−1，1]），从而降低奇异样本数据所致使的不良影响，即令 $\Delta h_1+\Delta h_2=1$ 。考虑到在寒冷的 1 月份，光照强度和温度都不高所导致的光化学反应活性较低，在整个数学模拟过程中认为二次颗粒物占舟山市颗粒物总量的 30%，即令 $\Delta h_1=0.7$，$\Delta h_2=0.3$ 。

产生二次颗粒物之后，一旦某一随机位置 (i,j) 的空气动力学直径小于 10 μm 的颗粒物总含量 $h(i,j)$ 突破某一个临界峰值 h_c ，那么该位置处的污染物将会进入一个临界失稳的状态，并按照崩坍规则②中公式在一定的区域范围内并且在不同区域的差异性气象条件影响下进行无规则的转移扩散。坍塌规则持续演化直到形成一个新的整体性稳定态，即所有的 $h(i,j)<h_c$ 。

4. 大气自净机制

在大气自净作用下，我们考量到在复合的大气环境中的 PM_{10} 污染物将在各种物理变化（例如蒸发、渗透、凝聚、吸附等）和光化学反应、氧化还原和络合水解化学作用，以及干湿沉降的多种机制的共同耦合作用下，进行尚未定量化研究的衰减，这种衰减趋势能够使污染物的浓度达到一个大气中不会影响或者是稍微影响生物生理活动的水平高度。为了定量表征大气的自我净化能力，随机分配到特定规格方格中的污染物的量也会随着时间进行递减处理。那么假设按照一阶指数速率衰减模式进行。即每次投加污染物后：

$$h(i,j) \to h(i,j) \times e^{-k} \tag{5.32}$$

式中，k 是 PM_{10} 污染物的时间衰减系数。

当所有格点都达到上面阐述的崩塌规则所规定的稳定状态时，再随机新投加一粒污染物沙粒，按照上述四个动力机制进行多次迭代计算处理，从而使模拟系统能够稳定持续地计算演化下去。在系统没有特定规律的演化过程中会包括一些复杂的且是不同程度的坍塌。在该模型中要研究的核心物理量——坍塌大小 s 定义为，每投加一次污染物，在投放区域周围发生相对应一次崩塌所受到由于新投放污染物的转移扩散作用影响到的格子总数。如果 PM_{10} 污染物在长短距离的传输过程多数情况下是处于自组织临界态的话，s 与其概率分布函数 $P(s)$ 之间一般满足幂次关系，即 $P(s) \propto s^{-\alpha}$ 。

本研究中，参照自组织临界性理论中经典的 BTW 沙堆模型（Bak et al.，1987; Turcotte and Malamud，2004），设定 $\Delta h = 1$ 和 $h_c = 4$ 。

5.5.4 模拟结果

从图 5.23 的分析结果来看，舟山市大气中 PM_{10} 的小时平均浓度波动表现出了一定的规律性，而非完全的随机性。在这些浓度波动中，我们发现了一种在 0.065～0.324mg/m^3 范围内具有标度不变特征的现象，这种现象在统计上呈现出典型的分形幂律分布。换句话说，舟山市 PM_{10} 污染物浓度波动并不随机，而是在一定范围内具有规律性。然而，当我们从宏观角度去观察舟山市 PM_{10} 污染物在复合大气中长期且复杂的演化过程时，就会产生一个疑问，这种确定性的分形幂律分布具体是由什么动力机制所驱动的呢？

程真等（2011）充分运用三维非稳态拉格朗日扩散（CALPUFF）模型，对长三角地区在不同区域且气象条件也有差异的情况下，城市的人为与自然排放的且没有进行二次物理或化学反应的污染物的跨越界线输送的影响进行了初步的尝试测定。其测定结果表述为，1 月份极其寒冷，地面对于大气是冷源，尤其是夜间辐射降温明显，接近地表层的大气温度比上层大气温度低，这就形成了大气层结稳定的一种情况，空气无法进行上下对流运动，且存在着对流层气流不稳定的情况，在某些气象条件的驱动下，舟山市就会极大概率受到其他城市污染物远距离输送的影响，另外舟山市冬季不供暖，也就没有因为煤炭燃烧而带来的大量颗粒物污染。结合这两方面的原因，我们总结出舟山市受本地自身污染源影响较小，而受到其他区域城市在每日变化的气象条件的作用下的长距离污染物的传输运送的影响可能会变大，其中空气动力学直径小于 10μm 的外部输入污染源的贡献竟然高达 83%。鉴于已有研究证实了舟山市大气 PM_{10} 浓度的长期演化会受到区域 PM_{10} 长程输送的影响，结合自组织临界性理论，可以很容易地联系到，长程输

送的 PM_{10} 污染物自组织演化是 1 月份舟山市大气 PM_{10} 小时平均浓度在较长时间尺度下的峰值变化遵循幂律分布的最主要的一个原因。假设多种机制共同耦合作用的大气复合系统内部的 SOC 机制掌控着跨界输送的 PM_{10} 颗粒物的演化动力，那么这个具有复杂耦合机制的大气系统就可以被看作是一个无限庞大的系统，其中自然就会涵盖大量相互耦合的组成部分。这个丰富且神秘的大气整体系统将会自主地朝着某一临界状态进行积极的演变。当演变的结果接近这个临界状态的极限之后，就会与外界环境形成一种全新的通道，并通过这个通道与外界进行物质与能量的交换活动。在此过程中 PM_{10} 的演变趋势会在限定的时间尺度上被迫冻结在这个特定的极限临界动力状态下。组分丰度极高的大气系统中细微的扰动可能因为处在这个临界极限重压的状态之中而致使大量的组分之间发生复杂且剧烈的链式反应，并产生人类都无法预估的结果，从而导致对人体肺部造成损害的较高浓度 PM_{10} 的化学反应的快速发生。

为了去证明这个猜想，我们以已有的可吸入颗粒物跨境传输模式为基础，开展了对 PM_{10} 跨境传输模式数值模拟的研究。本书选择 50×50 的 2D 网格，对网格点初始赋值 0，在 10^6 个演化阶段（添加污染量）后，对其进行统计，得到 10^7 个演化时间步长崩落。让该模型重复迭代循环演化 10^6 次，主要目标就是让系统进入非平衡稳定态，其坍塌结果在统计分析中可以忽略，仅仅分析后面 10^7 次演化的坍塌结果。

当 $k = 2.55\times10^{-3}$ 时，系统坍塌大小 s 统计分布的模拟结果如图 5.24 所示。仿真结果显示，坍塌规模 s 与其统计频率呈明显的幂函数关系。用最小二乘法拟合出的标度指数为 3.91。在对数崩解幅度规模上的比例不变区间大约为 0.7。对比图 5.22 和图 5.24，不难发现，幂律指数和无标度区间这两个重要参数的模拟值与实际值重复度很高。我们强调，模型中 k 值是 PM_{10} 污染物的不同时间尺度下的衰减系数，其数值大小只和 PM_{10} 污染物在大气环境中的自净能力保持单向相关性，属于 PM_{10} 污染演化系统的内在参量，因此基于 SOC 理论建立的大气 PM_{10} 跨界输送模型能很好地模拟出 PM_{10} 演化的分形幂律分布规律。

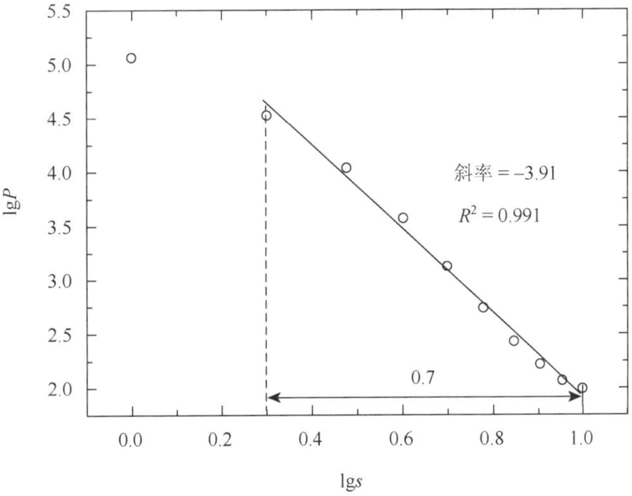

图 5.24　由大气 PM_{10} 跨界输送模型模拟计算获得的坍塌大小统计分布

5.5.5 讨论

Bak 等（1987）、Bak 和 Tang（1989）分析出分形幂律分布规律与大气系统的 SOC 机制息息相关，反之动力临界状态的指示器也可以是分形幂律分布规律。长/短距离跨界输送的 PM_{10} 在不同时间尺度上的演化过程是不受限制、不断消耗扩散的一个大气巨大复杂系统在客观的人类造成的部分可逆转的污染作用下所产生的烦琐过程，这个过程的整体构成与其独立的演化是多种复杂机制共同耦合作用的结果。多种机制包括微观的物理化学等内层反应机理的作用，同时亦存在宏观的、系统性动力学的影响。

为了更加详细地阐述跨界输送的 PM_{10} 污染演化出现分形幂律分布的 SOC 动力机制，可首先选择将其与真实的沙堆作类比、真实沙堆系统是一个接近 SOC 的大部分特征机理的一个投影系统。由 Frette 等（1996）进行的实验，采用在圆盘上逐粒加沙的方式构造沙堆。当堆积物倾斜角度接近临界角度时，随着抛入的沙粒数目和抛出的沙粒数目在整体上保持平衡，堆积物不再生长。此时，系统对新加入的沙粒具有一种临界状态，它可能会强烈地吸附在锥形沙丘上，也可能会引起小范围的轻微滑动，甚至会造成大范围的坍塌，但从宏观上来看，它往往会与发生次数表现出二次幂函数关系。对实际的沙堆系统来说，其输入为不断投加的沙粒，其典型特点是形状细小、不规则，每个细小沙粒之间的相互挤压力是驱动系统内绝大多数具有差异性的不同组分之间相互作用的力，系统的输出则是沙堆系统中因力的作用而滑落的沙粒，产生的宏观效应是沙堆坍塌，其特点就是坍塌的规模大小不均，无法控制，呈现出分形幂律分布。而对于跨界输送的 PM_{10} 污染演化过程来说，系统的输入是城市外界在气象条件和其他因素的共同作用下持续输入的 PM_{10} 污染物，具有持续性、微小性、难以观察性，以及生理毒害性。系统内众多差异性组分之间的作用力为 PM_{10} 污染浓度在局域空间的叠加作用，系统的输出是 PM_{10} 污染物的沉降、清除作用，产生的宏观效应是各种空气污染事件（PM_{10} 污染浓度有小有大，呈现分形幂律分布）。

根据王艳等（2008）的研究，由于区域大气环流的存在，冬季季风在长江三角洲地区污染物的中尺度传输中起着不可或缺的作用。1 月份，长江三角洲地区主要以冷空气流为主导，相比之下下沉气流更剧烈，大气层相对更稳定，对流相对偏弱。此时西北风在低层到高层都是主导风向，这导致大气污染物水平输送的特征明显，主要方向为西北—东南。舟山市位于长三角地区的下风向，因此在 1 月份，舟山市大气空气质量的好坏主要由区域大气污染输送的持续稳定程度决定。

1 月在特有区域和季节性气象条件的驱动之下，舟山市 PM_{10} 污染演化的 SOC 机制可按如下过程进行理解：在舟山市这个区域的复合大气耦合系统当中，外源性的污染物处在区域性的西北—东南方向的大气输送通道之中，并不间断地向舟山市输送不同组分且差异性很大的可吸入污染物，同时，城市空气中还会产生大量的二次污染物。舟山市一次和二次污染物（10μm 以下）在大气中的扩散与扩散，形成了一种连续的沙尘输送，是大气污染体系演变的直接驱动因素。在区域性风场等大气系统作用下，PM_{10} 污染物在城市空气中向某一影响作用最大的方向转移扩散。在某一时刻可能使得较多 PM_{10} 污染物浓缩于一个限制性的局部空间之内，这样就形成了微观上极难测量且浓度又很高的污染物的局域污染气凝团体。在大气微观空间中，受扩散、对流等因素的影响，污染物在大气中的传播速度也是不一样的。当大气中有大量的污染物存在时，污染云中的污染物会更加集中，从而使该地区的污染物浓度上升到一个新的量级。以此类推，如果系统达到了一个极限的临界点，从机理上讲，任何一个微小的波动都有可能触发一个剧烈且复杂的链式化学反应，在受限的空间中产生难以控制的多次污染事件，类似于沙堆中的坍塌事件。幂律定律明显适用于舟山市 PM_{10} 小时平均浓度的累计频度分布，同样也类似于沙堆 SOC 系统所具有的通性。因此，高浓度 PM_{10} 污染的形成有可能源于大气系统内部的非线性叠加作用，是区域非线性大气系统在宏观尺度上的一种涌现现象。

我们应该关注的是，在舟山市上述大气 PM_{10} 跨界输送的自组织演化过程中，在冬季这个时间尺度上盛行的西北风场起到了主导驱动作用，不仅仅只起到区域大气污染物输送的作用，还带来了阶段性的降雨过程，一部分 PM_{10} 由于降雨洗刷沉降而脱离了大气系统，或者在大风中通过碰并、凝结等物理过程形成空气动力学直径更大的粒子，当其空气动力学直径大于 10 μm 时，颗粒物就不再属于 PM_{10} 的范畴，最终可以通过干湿沉降等多种方式脱离大气系统，甚至由于化学反应会逐步转化成其他气态相物质。这些沉降的过程即大气的自净作用。尽管这些过程极其烦琐，且具有很大不确定性，人类也很难控制，但这些过程都有一个宏观的呈现结果，就是大气中高浓度的 PM_{10} 污染将会随时间逐渐地衰减。大气自净作用机制的存在，使得大气 PM_{10} 跨界输送的自组织机制与传统沙堆 SOC 物理系统完全不同。本研究提出的 SOC 物理模型和传统描述 SOC 系统的沙堆模型有何区别与联系，值得进一步研究确定。

5.6　沙粒衰减机制对 SOC 行为影响机理的理论分析

在前几节的研究中，通过实验与数值模拟相结合的方法，探讨了大气污染系统中 SOC 行为的普遍性及其与衰减沙堆模型的关联性。研究结果表明：城市大气污染演化、重度灰霾条件下的 $PM_{2.5}$ 污染系统，以及大气 PM_{10} 的跨区域输送过程均表现出典型的 SOC 特性，且这些特性与能量或颗粒耗散过程密切相关。这些发现进一步支持了衰减 SOC 模型在复杂自然系统中的适用性。然而，尽管实验和模拟结果验证了衰减 SOC 模型在模拟实际大气污染系统中的有效性，其理论基础尚需进一步分析和论证。为深入理解衰减机制在 SOC 行为中的作用，本节将从理论角度对衰减 SOC 模型进行分析，利用不平等分析和数学推导方法，揭示其临界行为的本质特征，并为该模型的广泛应用提供理论支撑。

5.6.1　衰减沙堆模型的构建

BTW 模型定义在一个 $L\times L$ 二维方形晶格上。晶格上的每个点都有一个高度变量 h_i，它可以取集合{1，2，3，4}中的任意值，通常被认为是每个点上的沙粒数。该模型的运作如下：

一粒沙子被添加到系统中的随机位置 i，即 $h_i\to h_i+1$。当 $h_i>4$（临界值），则该位置沙堆发生倾倒并失去 4 粒沙子，每粒沙子被转移到四个相邻的位置。那么，相邻的位置也可能变得不稳定而发生倾倒，并可能产生连锁反应发生一连串的倾倒，即雪崩。在系统的边界位置，倾倒会导致一到两粒沙粒离开系统（离开系统的沙粒不予考虑）。这个过程一直持续到系统达到一个稳定的配置，在这个配置中不存在不稳定的位点。

为了模拟非守恒系统中的 SOC 行为，本书在 BTW 模型的基础上引入了沙粒质量随时间衰减系数（φ），即假设沙粒质量的衰减遵循一级衰减动力学。当每次分配规则达到新的稳定配置时，所有位置的沙粒质量将衰减到原始水平的 $e^{-\varphi}$ 倍，具体如下：

$$h_i \to h_i \times e^{-\varphi} \tag{5.33}$$

在所有的方格位置都稳定之后，再添加一粒沙子，就会循环以上过程。沙堆中的平均颗粒数用 μ 表示，具体公式如下：

$$\mu = \left(\sum_{i=1, j=1}^{i=L, j=L} h_{i,j} \right) \Big/ (L \times L) \tag{5.34}$$

如果沙粒质量的演变符合自组织临界性理论特征，雪崩规模 s 的累积概率分布函数 $P(s)$ 遵循幂律关系。其中 τ 为标度指数。

$$P(s) \propto s^{-\tau} \tag{5.35}$$

新的模型定义为非守恒 BTW 模型。简称 NBTW 模型。

5.6.2　有限尺寸的衰减沙堆模型

1. NBTW 模型的不平等度量

在 NBTW 模型中，缓慢的驱动力（沙粒的添加速率和非守恒系数）将二维方格从完全空的格点推进到饱和格点，最终达到 SOC 状态。在达到 SOC 状态的过程中，系统会产生规模大小不等的雪崩。Manna 等（2022）提出了一种新的方法，用以判断系统是否达到 SOC 状态。他们提出，当系统进入临界状态时，基尼系数（g）和 Kolkata 指数（k）表现出几乎普遍的数值，即 $g = k \approx 0.860$。该方法的提出为判断具有 SOC 特征的系统是否进入临界态提供了新的见解。因此本书也使用该方法对 NBTW 模型中的临界态进行了系统的分析。

首先我们定义了 $L = 50$ 的二维晶格，研究了 NBTW 模型在亚临界状态下的情况。从一个完全空的晶格开始，依次向晶格中添加沙粒。一般来说，每次添加一个沙粒会导致一个可能是零或更大的雪崩。我们只收集非零雪崩大小 s 的数据，直到每个站点的平均沙堆密度达到预设值为止。非零雪崩的总数 N 取决于我们停止模拟的沙堆的平均密度 μ。然后，将雪崩大小按照递增序列 $\{s_i, i = 1, 2, \cdots, N\}$ 进行排序，其中 i 为雪崩大小 s 发生的顺序。同时，我们定义了一个量 p，它表示从最小到最大雪崩的比例。并定义了表示累积分数大小的 Lorenz 函数 $L(p)$。具体公式如下：

$$L(p) = \sum_{i=1}^{i} s_i \Big/ \sum_{i=1}^{N} s_i \tag{5.36}$$

$L(p)$ 与 $L(p) = 1 - p$ 直线交点的横坐标为 Kolkata 指数（k）的值。$L(p)$ 与 $L(p) = p$ 之

间面积的两倍为基尼系数 g。

图 5.25（a）～图 5.25（i）为不同衰减系数下 g 与 k 的分析结果。从图 5.25（a）～图 5.25（d）中可以清楚地看到，当衰减系数 φ 为 0、1.0×10^{-10}、1.0×10^{-8}、1.0×10^{-6} 时，g 曲线与 k 曲线存在交点，其值对应为 0.869、0.866、0.867、0.865。这与 Manna 等（2022）的研究结果一致。这说明此时系统进入 SOC 状态。

然而，从图 5.25（e）～图 5.25（i）可以发现，当 φ 增加到 1.0×10^{-4} 时，g 曲线与 k 曲线不再相交。且随着衰减系数的增大，g 与 k 之间的分离越大。这说明在 NBTW 沙堆模型中，衰减系数 φ 对 g 与 k 是否相交起着决定性作用。此时，尽管整体沙堆的平均密度 μ 逐渐增加到一定程度时，也会表现为在某一吸引子附近临界波动。但根据 Manna 等（2022）的评判方法，该系统并未达到稳健的 SOC 状态。

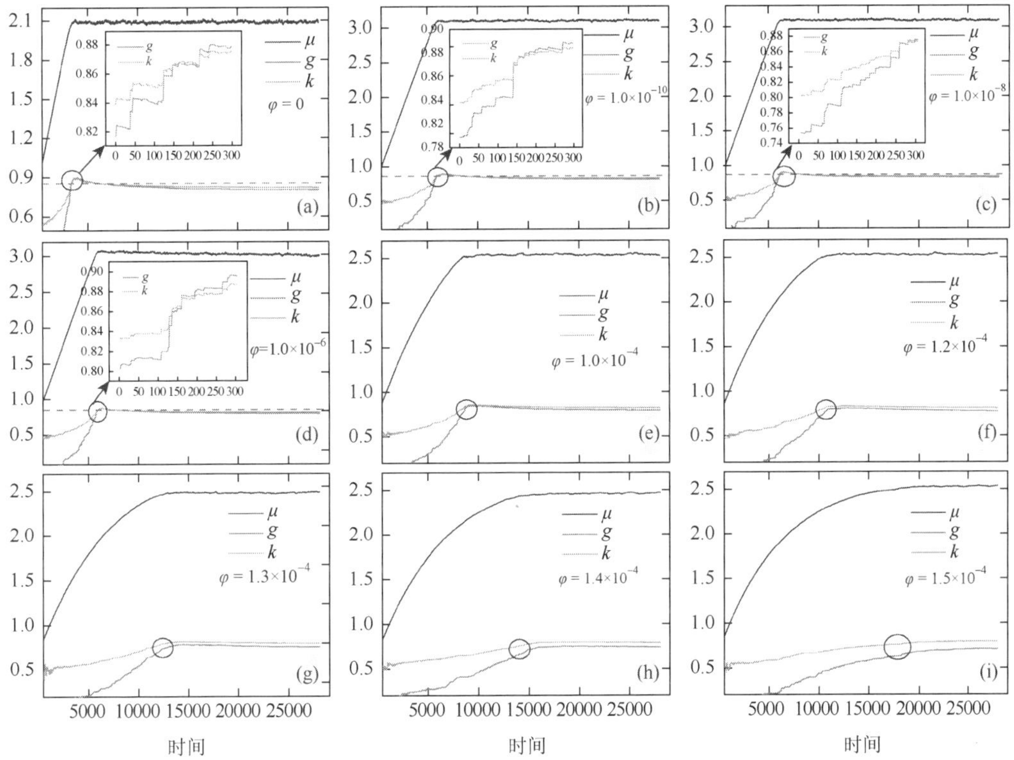

图 5.25　$L=50$ 时，不同衰减系数 φ 下 g 与 k 的分析结果（彩图见附图 1）

（a）$\varphi=0$，$g=k=0.869$；（b）$\varphi=1.0\times10^{-10}$，$g=k=0.866$；（c）$\varphi=1.0\times10^{-8}$，$g=k=0.867$；（d）$\varphi=1.0\times10^{-6}$，$g=k=0.865$；（e）～（i）分别对应 $\varphi=1.0\times10^{-4}$、$\varphi=1.2\times10^{-4}$、$\varphi=1.3\times10^{-4}$、$\varphi=1.4\times10^{-4}$、$\varphi=1.5\times10^{-4}$ 时，g 值与 k 值的分析结果。在（e）～（i）中，g 曲线与 k 曲线不再相交，并逐渐分离。

进一步，探究了 NBTW 模型中 L 增大时，g 与 k 数值的变化。我们在 L 分别为 50、100、250、500 系统尺寸上，选择了衰减系数较小的情况，即 $\varphi=1.0\times10^{-8}$，对终止沙堆平均密度 μ 进行了 30 个值的重复计算，间隔为 0.002，并绘制了 k 和 g 关于 μ 的曲线（图 5.26）。对于每个晶格尺寸，这两条曲线在一个点交会，该点的坐标为（μ，$k=g$，

图 5.26）。从图 5.26 中可以看出，当 k 与 g 相交于 0.867、0.866、0.864、0.863，其对应的 μ 分别为 3.087、3.083、3.075、3.063，L 分别为 50、100、250 和 500。因此，当衰减系数较小时，随着 L 的增大，$g=k\approx0.863$。这与 Manna 等（2022）对 BTW 模型中 L 增大时的研究一致。在 NBTW 模型中，当衰减系数较小时，NBTW 模型与 BTW 模型的系统进入临界态的机制相同。

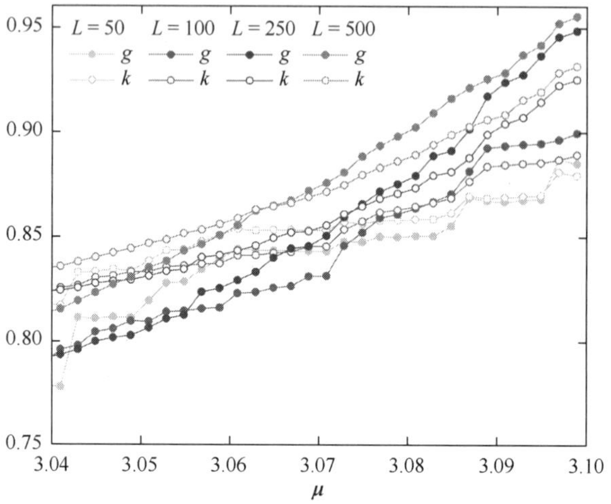

图 5.26 $\varphi=1.0\times10^{-8}$ 时，对 L 分别为 50（绿色）、100（紫色）、250（玫红色）和 500（蓝色），绘制了 k（空心圆）和 g（实心圆）随沙堆平均密度 μ 的变化图（彩图见附图 2）

对于每个尺寸 L，这两条曲线在一个点相交，其纵坐标为 $k=g$，对应的横坐标为平均密度 μ。估计的数值分别为 $k=g=0.867$、0.866、0.864、0.863 和 $\mu=3.087$、3.083、3.075、3.063，对应于 $L=50$、100、250、500。

2. 衰减系数驱动下的 SOC

为了研究衰减系数对 NBTW 模型自组织临界性行为的影响机制，我们选取了 $\varphi=0$、$\varphi=1.0\times10^{-8}$、$\varphi=1.0\times10^{-4}$ 三种情况进行研究。其中 $\varphi=0$ 对应于经典的 BTW 模型。$\varphi=1.0\times10^{-8}$ 对应于 NBTW 模型中 g 曲线和 k 曲线能产生交点的情景。$\varphi=1.0\times10^{-4}$ 对应于 NBTW 模型中 g 曲线和 k 曲线不能产生交点的情景。图 5.27（a）～图 5.27（c）分别针对上述三种模型在 $L=40$、50、60、70、80、90、100、250 下计算了 10^6 次。为了确保模型达到非平衡稳态，初始的 10^5 次雪崩被忽略。晶格大小范围从 $L=40$ 到 $L=250$，统计分布通过对 10^6 次雪崩取平均值来推导。图 5.27（a）～图 5.27（c）中分别统计了崩塌大小 s 的累计概率分布函数 $P(s)$。

分析结果表明，当 φ 值较小时（$\varphi=0$、$\varphi=1.0\times10^{-8}$），在图 5.27（a）～图 5.27（b）中，给出了 $L=40$、50、60、70、80、90、100、250 的模拟结果，并得到关系式 $P(s)\propto s^{-\tau}$。其中 $\varphi=0$ 时，$\tau=1.001\pm0.001$，$\varphi=1.0\times10^{-8}$ 时，$\tau=1.008\pm0.001$。因此，对于 NBTW 模型，φ 值较小时，无论 L 取何值，其坍塌大小依然服从幂律分布，即图 5.27（a）～

图 5.27（b）。而当 φ 值较大时（$\varphi=1.0\times10^{-4}$），模拟结果出现重大差异，如图 5.27（c）所示。在图 5.27（c）中，仅仅只有模拟较小的 L（40、50、60）才能得到 $P(s)\propto s^{-\tau}$。此时，$\tau=1.070\pm0.006$。而对于较大的 L（70、80、90、100、250）则不能形成具有幂律分布的崩塌规模。

根据 NBTW 模型的衰减规则，φ 会在系统的时间演化中不断降低沙粒质量，在 SOC 临界状态演化的路径中起阻碍作用。对于某一个固定的 φ 值来说，当 L 增大时，系统的投加量与非守恒量之间的耗散结构关系会随着 L 的增加而发生改变。例如，$L=50$ 时，每个格子被投加沙粒的概率为 1/2500，而两次投加到该格点可能经过的衰减次数为 2500 次。那么，当 $L=500$ 时，每个格子被投加沙粒的概率为 1/250000，而两次投加到该格点可能经过的衰减次数为 250000 次。因此，当 L 增大时，非守恒系数的作用相对于投加量来说会快速放大，从而抑制坍塌的产生，而破坏了 SOC 状态的幂律分布结构。

图 5.27 中还存在一个有意义的结论，即随 φ 的增加，坍塌规模的标度指数 τ 也将随之增大。尽管在较大的 L 和 φ 条件下，系统的 SOC 状态会遭到破坏。但在较小的 L 和 φ 条件下，可能通过精确调控 L 和 φ 的定量关系，来解释不同 SOC 系统中观察到的标度指数的差异性。

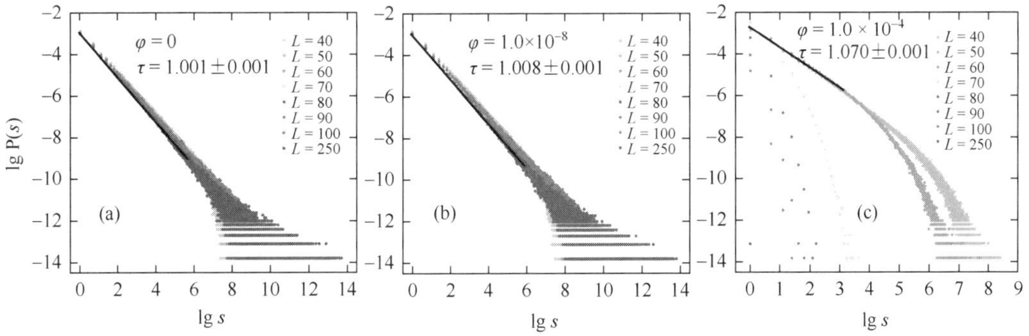

图 5.27　（a）传统 BTW 模型下（$\varphi=0$），不同尺寸（$L=40$、60、70、80、90、100、250）中坍塌大小的分布；（b）$\varphi=1.0\times10^{-8}$ 时，不同尺寸（$L=40$、50、60、70 80、90、100、250）中坍塌大小的分布；（c）$\varphi=1.0\times10^{-4}$ 时，不同尺寸（$L=40$、50、60、0、80、90、100、250）中坍塌大小的分布（彩图见附图 3）

5.6.3　模拟结果

为了研究 NBTW 模型中 φ 如何影响标度指数 τ，我们选取了较小的 L（$L=50$）的二维网格进行数值模拟。图 5.28（a）展示了 NBTW 模型中 $\varphi=1.550\times10^{-4}$、坍塌次数为 10^7 次时格子内 μ 的变化趋势。根据 Manna 等（2022）的方法，此时 g 曲线与 k 曲线不会有交点。但如图 5.28（b）所示，μ 随投放过程而逐渐增加，系统在 1.2×10^4 次坍塌之后就达到其吸引子（即临界值 2.535），并在此吸引子附近非线性涨落。表观来看，系统进入临界态，对外界扰动具有鲁棒性。

当 $\varphi=1.550\times10^{-4}$ 时，系统坍塌大小 s 统计分布的模拟结果如图 5.28（c）所示。模拟结果表明，坍塌大小 s 与 P 存在显著的幂律关系，能用式（5.35）进行描述。此时的标度指数 τ 可以用最小二乘法进行拟合，结果为 2.830±0.122。从而解释了图 5.4 温控实验中得到的标度指数。

进一步模拟发现，系统中“沙粒”宏观时间衰减系数 φ 决定了坍塌大小统计分布规律的标度指数 τ。图 5.28（d）确定了 φ 与 τ 的定量关系，发现二者呈现指数关系，即 $\tau\propto e^{74815\varphi}$。这样，NBTW 模型可以很好地解释在非守恒水滴实验中观察到的坍塌动力学标度指数值差异性的现象。相比于传统 BTW 模型来说，NBTW 模型能够更好地对自然界中幂律标度指数随时空发生变化的情景进行解释。

值得注意的是，NBTW 模型模拟得到的 τ 值是在特定的 L 和 φ 范围内获得的有限尺度上的模拟值。根据上述的研究结果，NBTW 模型不能实现不同尺度上广泛意义的 SOC 状态，而只能在特定范围内维持 SOC 机制。尽管如此，NBTW 模型实现了自然系统中不同标度指数的量化模拟。这可能是一种新颖的规模限制的 SOC 行为。NBTW 模型中 L 和 φ 之间如何相互影响导致 SOC 的动态相变仍需要在接下来的工作中进一步探索。

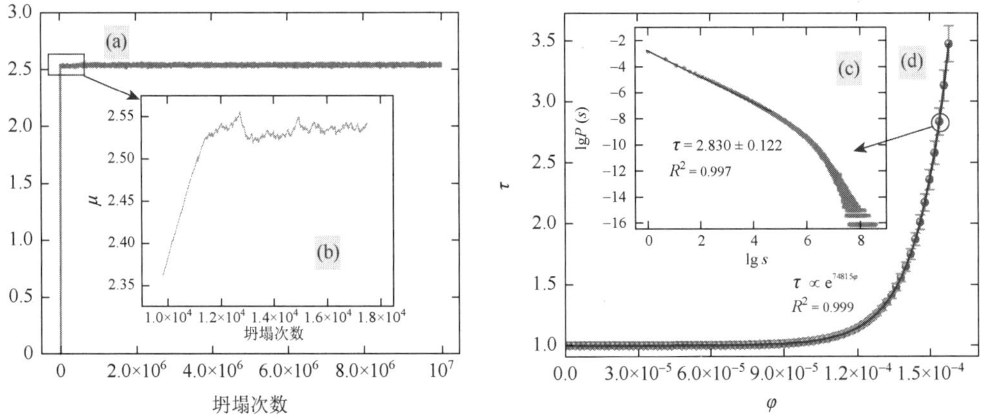

图 5.28 （a）$\varphi=1.550\times10^{-4}$ 时格子内 μ 的变化趋势；（b）$\varphi=1.550\times10^{-4}$ 时系统进入临界状态的过程；（c）$\varphi=1.550\times10^{-4}$ 时数值沙堆模型模拟计算获得的坍塌大小统计分布；（d）当 $L=50$ 时，不同衰减系数下，坍塌大小分布的标度指数模拟值及 φ 与 τ 的定量关系（彩图见附图 4）。

第 6 章　自组织临界性框架下大气复合污染防控

6.1 引　　言

“十三五”时期，我国在大气污染防治领域取得了卓越的成效，不仅成功减少了重污染天数，还显著减缓了 $PM_{2.5}$ 浓度的增长趋势，为提高空气质量和环境保护作出了显著的贡献。然而 O_3 和二次气溶胶污染问题凸显了我国大气环境面临的严峻挑战，揭示了污染形势正在发生深刻而复杂的变化。“十四五”时期，我国面临着一项迫切而又复杂的空气质量提升任务，即 $PM_{2.5}$ 和 O_3 的协同调控，其标志着我国空气质量管理体制迈向关键的变革时刻。这不仅代表着我国空气质量管理进入更为精细化的管控新阶段，同时也标志着对城市管理的能力提出了更高的要求。

目前，国内对城市环境的评价主要是对大气污染物浓度进行测定。一次污染物，如 NO_2、SO_2、CO 等，由于其来源比较简单，所以当地政府及企业的监督也比较容易。结果表明，当前我国大部分城市、区域的大气环境污染物均已达到或低于国家二级排放限值。然而，$PM_{2.5}$ 和 O_3 等二次污染物来源复杂，污染源难以确定，超标现象突出，已成为我国各大城市的突出环境问题。因此，单纯依据大气污染物浓度来评价大气环境质量，对当地政府和企业来说，很难准确把握污染源，需要依靠“强制关闭”“责令停产”等粗放式的治理方式，实现短期、小规模的污染控制。这就反映出在协同调控 $PM_{2.5}$ 和 O_3 方面难以平衡的问题。同时，也给国家经济带来了一定的影响。近几年，随着一次污染物大幅度减少，O_3 浓度不断升高，使得大气氧化能力总体增强，这将进一步加剧二次气溶胶的产生，增加其治理难度。当前，我国 $PM_{2.5}$ 和 O_3 的复合污染特性十分复杂，其联合处理面临着严峻的挑战。

我国大气污染防治进入“十四五”期间，随着污染减排措施逐渐实施，进一步降低污染物浓度的成本变得越来越高。在这种情境下，迫切且具有挑战性地提高城市在 $PM_{2.5}$ 和 O_3 方面的协同控制能力成为必然之举。因此，需要采取更有效、可持续的策略，以应对复杂的大气环境治理任务。不再仅仅关注单个污染企业的治理，而是逐渐将污染防治拓展至产业体系、用地结构、交通管理等深度结构化领域。为实现 $PM_{2.5}$ 和 O_3 的协同治理，必须建立起多个部门之间的高效协同机制，促使多产业在共同目标下协同努力，跨越地区界限实现联合行动。在这个过程中，需要构建多层次的组织结构和监管框架，确保各级决策机构间协同配合。同时，积极鼓励多元化的参与主体加入，构建全社会的共同治理框架。这种综合且协同的努力将有助于更全面、更有针对性地推动大气环境治理。全面推进“散乱污”治理，推进重点地区和行业的绿色低碳转型。“一市一策”的综合实施，以及加强区域大气污染联防联控机制的深入与完善，使城市的经营更加精细，进而实现对空气重污染的应急管理与防控。

为此，本书拟在已有研究基础上，形成适用于 $PM_{2.5}$ 和 O_3 复合污染的精细化评价指标体系，并基于此，建立更精准的 $PM_{2.5}$ 和 O_3 预测模型。本研究对于评价我国城市精细化管理水平、提高我国空气重污染应急处置能力、推动我国城市双重污染协同治理水平具有重要意义。

基于自组织关键理论的 $PM_{2.5}$ 演变分析，我们认识到即使一次污染物排放符合标准，特定气象条件下各种一次污染物排放也可能通过 SOC 机制引起并维持长期的重度污染。在这一宏观长周期临界动力学状态下，$PM_{2.5}$ 的演变表现出长时间持续性、无尺度特性和多形结构。

基于此，在 SOC 框架下，本书拟以 $PM_{2.5}$ 和 O_3 为研究对象，利用实地观测获得的多源资料，通过对其进行分形、混沌等非线性特性分析，形成一套基于多源遥感数据的 $PM_{2.5}$ 和 O_3 联合调控的精细化评估指标体系，并建立精确的二次污染预报模型。本章对此作了有益的探索。

6.2 数据与模型驱动的城市 $PM_{2.5}$ 和 O_3 协同控制能力评价指标

本章提出一个新的分形参量指标 η，用来评估不同类型城市对 $PM_{2.5}$ 和 O_3 的复合污染效应。运用滑动窗法，对我国各城市大气污染防治方案实施前后的时空变化特点进行分析。再利用曼-肯德尔（Mann-Kendall，M-K）检验等，对我国主要城市的空气质量指标的演化过程进行客观、高效的评估，衡量其对 $PM_{2.5}$ 和 O_3 的联合防治效果。

6.2.1 研究数据

《大气污染防治行动计划》颁布实施后，虽然 $PM_{2.5}$ 整体浓度有所降低，但 O_3 污染仍在持续加剧，且不同城市间差异较大，凸显出不同城市对 $PM_{2.5}$ 和 O_3 协同减排作用的差异性。除各个城市自身的治理水平存在差距之外，不同地区的气候状况也有一定的影响。为此，本书选择北京、上海、广州、成都 4 个典型城市为研究区，以 2015 年 1 月 1 日～2018 年 12 月 31 日为研究时点开展研究。图 6.1 显示了这一时期各个城市平均 $PM_{2.5}$ 和 O_3 的时均浓度与时间的关系，清楚地呈现出二次污染演化的非线性、非均匀性等典型特性。

6.2.2 多重分形参量指数的构造

各城市 $PM_{2.5}$ 和 O_3 在不同时间尺度上都表现出多重分形。这一非线性交互作用将进一步加剧我国 $PM_{2.5}$ 和 O_3 复合污染治理面临的严峻挑战。因此，本书拟通过构建多重分形参量指数，评估我国各主要城市的 $PM_{2.5}$ 和 O_3 复合污染控制能力。本书拟采用 MFDCCA 法研究 $PM_{2.5}$ 和 O_3 的多重分形结构特征，建立多重分形参量指数 η，基于上述研究结果，对我国 $PM_{2.5}$ 与 O_3 的复合污染防治能力进行量化评估。方程如下：

$$\eta = \frac{\Delta h}{\sqrt{\sigma_x \cdot \sigma_y}} \tag{6.1}$$

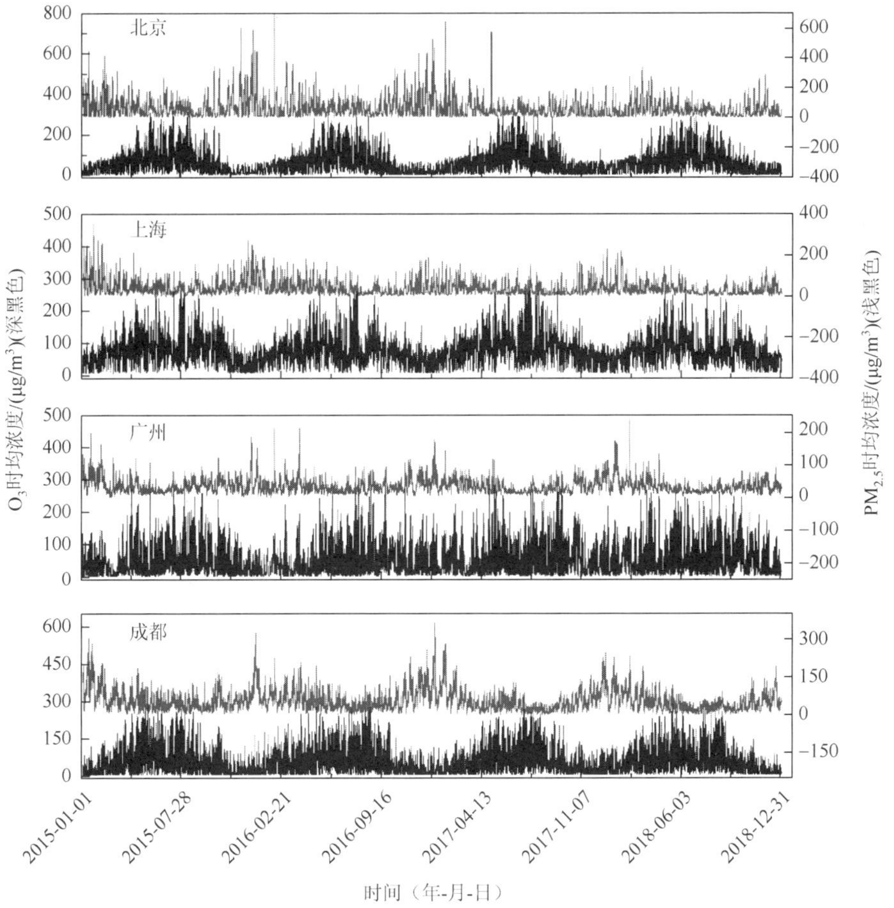

图6.1　四个城市的$PM_{2.5}$（灰色）和O_3（黑色）时均浓度

式中，$\Delta h = h_{\max}(q) - h_{\min}(q)$；$\sigma_x^2 = \frac{1}{n}\sum_{i=1}^{n}(x-\overline{x})^2$；$\sigma_y^2 = \frac{1}{n}\sum_{i=1}^{n}(y-\overline{y})^2$。

在此基础上，我们还需要考虑两个极端条件。

首先，当某一类污染物在一个区域内已经得到了很好的治理，而另外一个区域却没有，这说明二者之间协调不足。在这种情形下，一类污染物被彻底控制后，它的浓度基本不变（$\sigma_x \to 0$或$\sigma_y \to 0$），而另一类物质却处于自由状态，并且具有很大的波动性。由指数式可知，对应的η值趋于无穷大。

其次，若两者均能有效地加以治理，则两者的浓度波动将会呈现出完美的同步性。此时，二者的相互关系并无明显的时间依赖性，说明二者的相互关系并不存在多重分形。所以，按照式（6.1），$\Delta h \to 0$，相应的η值趋近于0。

基于上述研究成果，对我国主要城市$PM_{2.5}$和O_3的联合减排能力进行可视化评价。随着η值的减小，$PM_{2.5}$与O_3复合污染对大气环境的影响呈逐步加强趋势。本书拟在前期工作基础上，利用多重分形参数建立$PM_{2.5}$和O_3复合污染指数，评价各城市协同调控能力。

6.2.3　η 的时间变异性动力学

在实践中，$PM_{2.5}$ 与 O_3 的联合减排能力受污染源结构、区域传输、气象条件及调控措施等多种因素的共同作用。上述影响因子存在明显的时间变异特征，从而影响了不同时期、不同城市对 $PM_{2.5}$ 和 O_3 的联合调控能力。明显地，单靠全时间尺度的指数并不能反映 $PM_{2.5}$ 与 O_3 协同作用的时空演化规律。所以，对指标 η 的时变特性进行研究十分必要。

利用固定时间窗滑动的方法，可以较好地刻画各个城市 η 的发展过程。首先，本书拟以 168 个样本（7d）为研究对象，引入周末人群行为对个体行为的影响，并对其 η 值进行统计分析。有了高时间分辨率的 η 值数据变化后，我们将此视窗留作相同的长度，在资料的时间轴上每移动一小时，再重新计算对应的 η 值。在此基础上，将两个滑动窗间隔内的相对位移作为一次（1 h），对各窗对应的指标 η 值进行求解，进而获得各窗内的时间序列。

图 6.2 中显示了各个城市的 η 值变化情况。北京 η 均值为 0.348，上海 η 均值为 0.284，广州 η 均值为 0.250，成都 η 均值为 0.292。

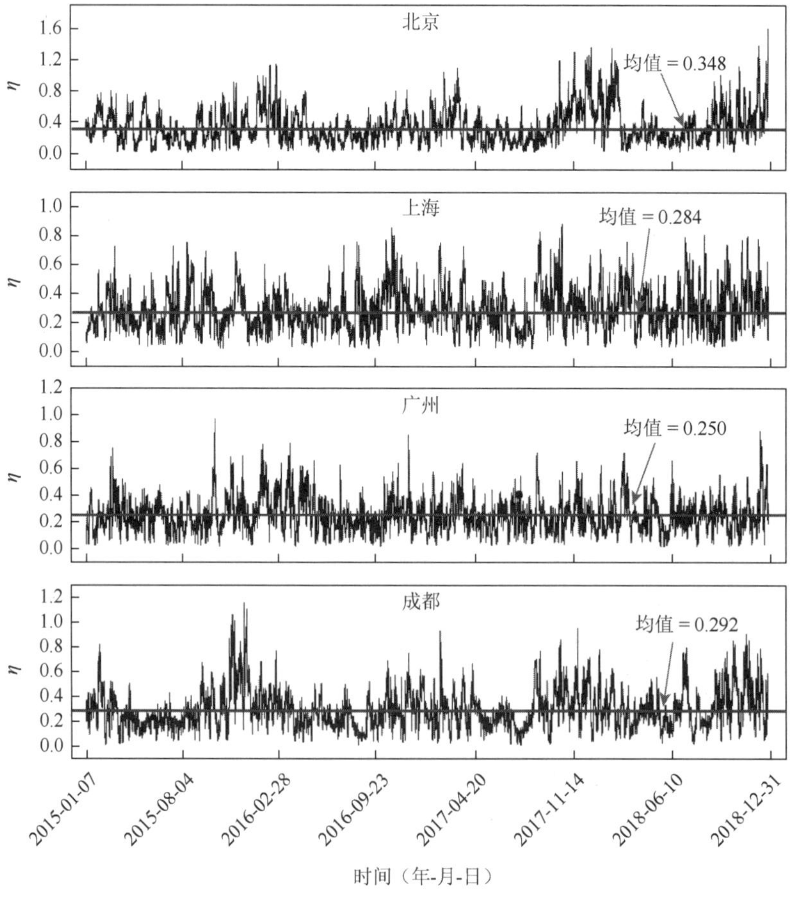

图 6.2　四个城市 η 值随时间的变化图

结果表明，广州在联合控制 O_3 和 $PM_{2.5}$ 方面有显著的优势，北京则比较差。前期的研究中已经证明了这一点。随着《大气污染防治行动计划》的出台，京津冀夏季 $PM_{2.5}$ 浓度下降了 41%、长三角下降了 36%，珠三角下降了 12%，四川盆地下降了 39%。同期，京津冀 O_3 含量每年增加 3.1 ppbv（1 ppv≈1.96 μg/m^3），长三角 O_3 含量每年增加 2.3 ppbv，珠三角 O_3 含量年均增加 0.56 ppbv，四川盆地 O_3 含量每年增加 1.6 ppbv。研究表明，每减少 1%的 $PM_{2.5}$ 浓度，各地 O_3 生成率变化为：京津冀地区上升 7.5%、长三角地区上升 6.4%、珠三角地区上升 4.6%、四川盆地上升 4.1%。北京市 O_3 生成率随 $PM_{2.5}$ 浓度下降幅度最小，O_3 生成率明显上升。因此，北京市要实现 O_3 与 $PM_{2.5}$ 的复合污染治理，仍是一项艰巨的任务。以上研究结论可以客观反映我国各城市的 O_3 和 $PM_{2.5}$ 复合污染治理水平。

6.2.4　η 的月变化模式

通过对 2015～2018 年 $PM_{2.5}$ 和 O_3 浓度的统计分析，得到了不同地区 $PM_{2.5}$ 和 O_3 的月变化规律（图 6.3）。各城市的 $PM_{2.5}$ 和 O_3 浓度均表现为冬高夏低的 U 形曲线。因此，本书拟采用多学科交叉的方法，研究不同季节交替对 $PM_{2.5}/O_3$ 复合污染的影响。产生这种现象的原因有两种。首先，夏季温度比其他季节都要高。2018 年夏季，北京为 26.7℃，上海为 26.6℃，广州为 28.3℃，成都为 24.9℃。一般而言，温度升高表示有更多的阳光照射。在夏季高温和强氧化环境下，光化学反应活性增强，导致 O_3 浓度上升。O_3 浓度越高，空气氧化性越强，在夏季越容易产生二次污染。比如，在强氧化环境下，大气中的二次污染物（NO_2、SO_2 等）会产生二次无机气溶胶（如硝酸盐和硫酸盐等）。在此过程中，•OH、NO_3•等自由基的生成会导致二次有机气溶胶（SOA）的形成。分析表明，夏季 $PM_{2.5}$ 与 O_3 有很好的相关性。在此背景下，调控 NO_x、VOC 等共存前体物，将有助于提升我国夏季 $PM_{2.5}/O_3$ 复合污染的协同减排水平。另外，地区的降水在夏季较为集中。北京夏季的降水量占到 2018 年总降水量的 39%，上海的降水占到了全年的 40%，成都的降水占了全年的 48%。降水是减少大气污染物的一个重要途径，它能有效减少 $PM_{2.5}$ 和 O_3

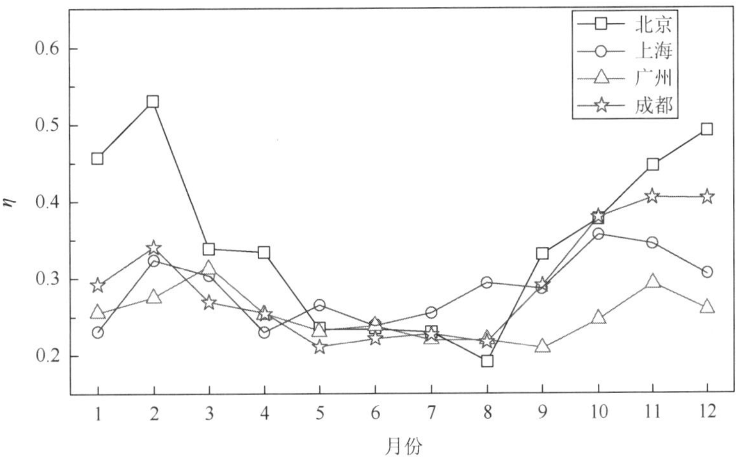

图 6.3　四个城市 η 平均值的月变化规律

的含量。本研究的实施为提升我国城市夏季 $PM_{2.5}$ 和 O_3 的联合减排水平奠定理论基础。然而，在冬季，$PM_{2.5}$ 和 O_3 之间的相互作用更加复杂，且降水量明显减少，这增加了两者的联合减排难度。因此，夏季 $PM_{2.5}$ 和 O_3 的联合调节效应优于冬季。Xiang 等（2020）也验证了上述结论：在不同的污染治理方案下，夏季 $PM_{2.5}$ 和 O_3 的协同减排作用明显优于冬季。因此，本书提出的指数可以较好地刻画各城市 $PM_{2.5}$ 和 O_3 复合污染水平的月度变化规律。

6.2.5　η 的演化趋势

通过对北京、上海、广州、成都 $PM_{2.5}$ 和 O_3 联合减排效应的比较，利用 M-K 检验对各污染因子的变化规律进行深入研究。分析表明，UF_k 是前向序列，而 UB_k 是后向序列。研究发现，O_3 和 $PM_{2.5}$ 的复合控制效果在各个城市中均呈下降趋势。M-K 检验得到的结果显示在图 6.4 中。

由图 6.4 可知，2015～2017 年，上海、北京、广州和成都的 η 值都呈现出相似的变化趋势。从 2017 年起，全国各地的气温变化规律出现了明显的差异。也就是说，北京、上海、成都的价值序列是增加的，广州的价值序列则是减少的。这表明，从 2017 年开始，广州地区 $PM_{2.5}$ 与 O_3 的联合调控作用将逐步加强，而北京、上海、成都的协同调控作用将会减弱。从图 6.2 和图 6.4 来看，北京地区 O_3 污染的综合控制能力最差。

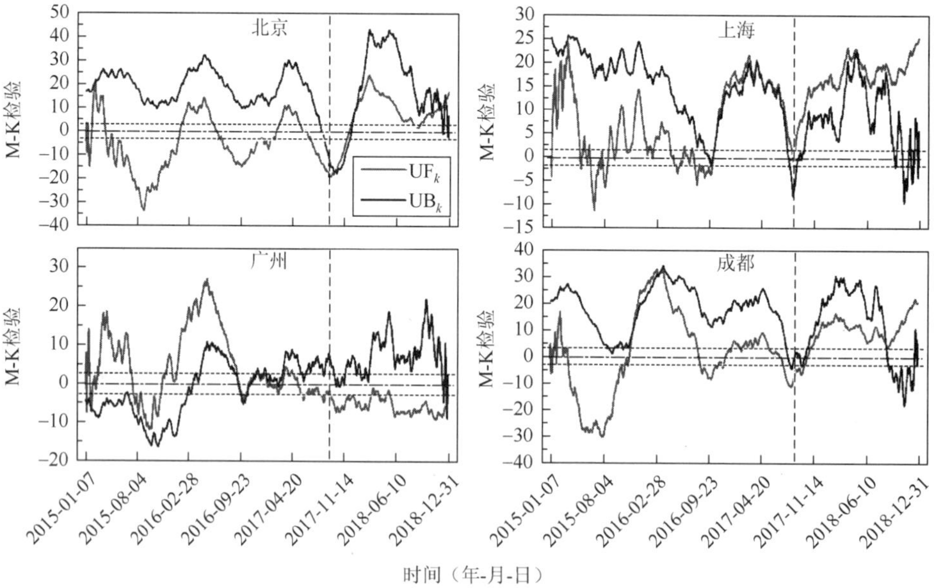

图 6.4　四个城市 η 值变化趋势的 M-K 检验

6.2.6　讨论

2015～2017 年，我国主要城市的污染物浓度分布呈现出类似的变化趋势，这与国家和地区的污染防治措施有一定的关系。自《大气污染防治行动计划》颁布后，还有许多其他的法律法规也得到了实施，包括《重点行业挥发性有机物综合治理方案》、《中华人民共和国环境保护法》和《火电厂污染防治技术政策》等。具体措施包括淘汰严重污染的小工厂，逐步淘汰落后产业，改造升级工业锅炉，推广城镇居民使用清洁燃料，加强车辆排放标准和行业排放标准等。在很多地方，这些举措已取得明显成效。

自 2017 年以来，广州和其他三个城市 η 的变化趋势有了明显的不同，有两个原因。首先，广东省从 2017 年开始加大了大气污染防治工作。其中，《锅炉大气污染物排放标准》（DB44/765—2019）及《广东省交通运输厅关于印发广东省珠三角水域船舶排放控制区实施意见的通知》（粤交港〔2017〕469 号）等一系列文件均已落实。它们主要集中在控制 VOC 排放源和交通源。Yang 等（2019）通过对大气质量模式的研究发现，在珠三角和广东省开展区域协同控制 O_3 污染是有效的。本研究的实施将为广州地区 $PM_{2.5}$ 和 O_3 的复合污染防治工作提供理论基础与技术支撑。另外，广州市 $PM_{2.5}$ 和 O_3 的复合污染浓度与其他三市相比有一定的差别。2018 年，北京年均温度为 13.8℃，上海为 17.4℃，广州为 22.7℃，成都为 16.4℃。广州常年高温和日照强烈的条件非常适宜 O_3 的光化学形成。前期研究发现，O_3 和 $PM_{2.5}$ 具有很强的相关关系。在广州，通过调控共同前驱体（NO_x、VOC 等），实现了对 $PM_{2.5}$ 和 O_3 的全年联合减排。与此同时，北京年总降水量为 403.3 mm，上海为 1404.4 mm，广州为 2459.3 mm，成都为 1107.8 mm。降水越多，减少空气污染的效果越显著。研究发现，在有针对性的应对措施以及特定的气象条件下，广州地区的 $PM_{2.5}$、O_3 协同调控能力逐渐加强，2017 年后 η 值序列有明显的下降趋势。可以看出，指标 η 能够辨别 O_3 和 $PM_{2.5}$ 协调控制能力的区域性。

相对于广州而言，北京在 $PM_{2.5}$ 和 O_3 的联合控制能力方面仍然相对较弱。虽然北京采取了一系列政策和措施控制空气污染，但是北京在 2017 年的"空气质量改善计划"中就已经实现了这一目标。但从 2017 年起，北京的 $PM_{2.5}$ 和 O_3 协同调控作用依然存在下降趋势。京津冀城市群向北京输送的污染物不仅受天气因素的影响，还会对其协同调控能力造成一定的影响。Zhao 等（2018）的研究发现，北京的环境污染对其周围地区的环境污染有很大的影响。2017 年 2 月，《京津冀及周边地区 2017 年大气污染防治工作方案》明确提出了实施意见。本书以京津冀为研究对象，围绕其周围区域的空气质量问题，提出了明确的城市空气质量控制计划。其中，以"2 + 26"为代表的区域，尤其是作为京津冀的主要空气污染物输送通道——北京市开展实证研究。区域大气复合污染输送是目前我国城市治理中亟待解决的关键科学问题，特别是对 $PM_{2.5}$ 和 O_3 的协同治理。因此，从 η 值序列趋势的时空差异方面来观测，在全国范围内，对所有城市全年采取一致的双污染物控制策略是不可行的。因此，有必要根据具体地区的实际情况，适时地采取相应的措施，以保证大气环境污染物符合国家排放标准。

本书拟采用多重分形参量指数 η，结合实测 $PM_{2.5}$ 和 O_3 时均浓度资料，实现无人为干扰条件下定量评估各城市对 $PM_{2.5}$ 和 O_3 的协同调控能力。在此基础上，针对不同区域 $PM_{2.5}$ 和 O_3 的来源组成、季节性气象条件及区域输送特点，分别制定相应的治理对策。在此基础上，结合实际需要，对 $PM_{2.5}$ 与 O_3 的协同调控策略进行动态调整，以应对其时空变异。该项目的实施将为评价我国各城市 $PM_{2.5}$ 与 O_3 的联合减排能力提供新的思路，也为评价我国大气污染治理措施的有效性提供科学依据。

6.3 $PM_{2.5}$和O_3的非线性动态预测模型

预测 O_3或 $PM_{2.5}$二次污染的水平对估算健康暴露有益。当前的大气质量模式受到格点分辨率的制约，特别是对二次污染物（O_3、$PM_{2.5}$）产生与演变过程的模拟研究还不够深入。受车流、建筑内微观环境等因素的影响，实时污染物排放量（Lv et al.，2020）、微气象（He et al.，2017a；Eeftens et al.，2019）及大气光化学过程（Liu et al.，2020；Kroll et al.，2020）具有较大的差异。上述局限性及不确定性使得模式模拟结果与实测数据之间存在很大误差，特别是对高浓度 $PM_{2.5}$和 O_3生成过程的预测效果不佳（Liu et al.，2020）。另外，尽管现有的风洞试验、微型缩尺试验和 CFD（computational fluid dynamics，计算流体力学）等手段对一次污染物的传输与扩散进行了研究（Zhang et al.，2016；董龙翔等，2019；苗世光等，2020；Du et al.，2020），但难以对二次污染物的产生及其时空演变进行建模。若对部分重度复合污染事件进行预估或不能准确预估，则会极大地影响其暴露健康风险评估的精度，从而影响环境保护政策的科学性与有效性。

系统的不确定性随着时间的推移呈指数增长，它是一种弱混沌系统。在混沌边界处，系统的演变无显著的时间尺度特征，可以用来对其进行预报。从 SOC 物理学的普遍性原理出发确定的分形-幂律关系及相关函数的非线性动力学特性，有望改善模式的预报效果。

本节拟采用 LSTM（long short-term memory，长短期记忆）神经网络，融合现有 $PM_{2.5}$和 O_3长时间演化的非线性特性信息，构建两类新的 $PM_{2.5}$和 O_3联合预报模式。比较传统 LSTM 神经网络和新模型的预测结果，分析预测性能。

6.3.1 研究数据

本书拟以京津冀、长三角、珠三角三个城市群的 49 个城市为研究区域，利用时均 $PM_{2.5}$和 O_3浓度时序资料，开展 2016 年 1 月 1 日 0 时至 2020 年 12 月 31 日 23 时的时序分析。

6.3.2 研究方法

LSTM 是一种能够处理多个因子间的线性或非线性响应关系的人工智能机器学习系统。

LSTM 是一种多层递归神经网络，具备状态记忆特性。相对于其他的递归神经网络，LSTM 由于有乘法运算、内存大等优点，因而具有较强的非线性学习能力。LSTM 因其对时间序列具有良好的预测能力，已被广泛使用并显示出很高的准确性。通过引入输入门、遗忘门和输出门，LSTM 对已有的状态进行了有效的处理，避免了梯度丢失问题。LSTM 因其适用范围广、预测准确度高等特点，有两大优势。首先，我们建立了一个可以对变量间的复杂相关性进行分析与建模的能力。其次，该算法只需要很少的训练样本，能够很好地处理不同类型的时序数据。为此，本章选取这一模型作为研究对象。

为了保证模型的精度，LSTM 必须尽可能地选取简单且准确的输入参数，以免因输入变量过多而影响到整个模型的最佳表现。

大气污染的时空分布受多种因素的影响，如源排放、气象、大气传输及化学成分等。这一系列的数据可以直观地反映实际大气中污染物的演化过程。因此，大气污染物时空变化的相关性通常蕴含着确定性信息（污染物排放的长期变化趋势、气象条件的季节性变化、人为活动的周期性变化等）和不确定性信息（大气湍流、微气象变化、随机误差等）。多个时间尺度的非线性融合，导致了空气污染浓度的长时间序列具有复杂的非线性、非平稳性和时空异质性。

本研究拟采用混沌与分形相结合的方法，对 $PM_{2.5}$、O_3 等大气颗粒物时空演变过程中的关键非线性参量进行辨识，将其纳入人工神经网络学习，以提升训练效率。因此，本研究拟采用混沌、多重分形等理论，对 $PM_{2.5}$、O_3 等大气污染物时空演变过程中的多维变量进行降维，并将其转换成低维量系。这种方法的目的是用较少的主要分量来表现多重变数的中心结合结构。

本节我们还选取了另外两种不同的模型，来对比各种非线性参数的组合对 LSTM 模型的效果。

1）LSTM 模型

利用 LSTM 模型直接预测 O_3 和 $PM_{2.5}$ 时序，图 6.5 显示了它的模型结构的输入和输出变量。

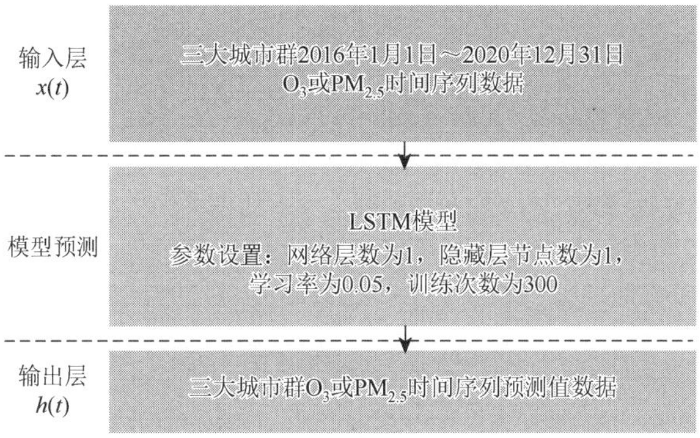

图 6.5　LSTM 预测模型的结构示意图

2）CM-LSTM 模型

研究了 O_3 和 $PM_{2.5}$ 在大气中的时空演化规律。针对这一问题，本书拟采用混沌相空间重建方法，对 O_3 和 $PM_{2.5}$ 进行采样，同时采用 MFDCCA 法，提取 O_3 和 $PM_{2.5}$ 交互作用下的长时间尺度指标及多重分形强度，以此为基础构建 O_3 与 $PM_{2.5}$ 交互作用的非线性特征参数，并通过滑动窗技术获取各参数随时间的演化规律。

基于 LSTM 模型，将上述参数添加到模型的输入层，形成 CM-LSTM 模型(其中 C、M 分别是 chaos 和 fractal 的简写，表示混沌、多重分形）。并将其与 LSTM 模型进行比较，讨论加入混沌、多重分形特性后，LSTM 预报模型的准确性是否得到提高。

CM-LSTM 模型结构的输入端和输出端变量如图 6.6 所示。

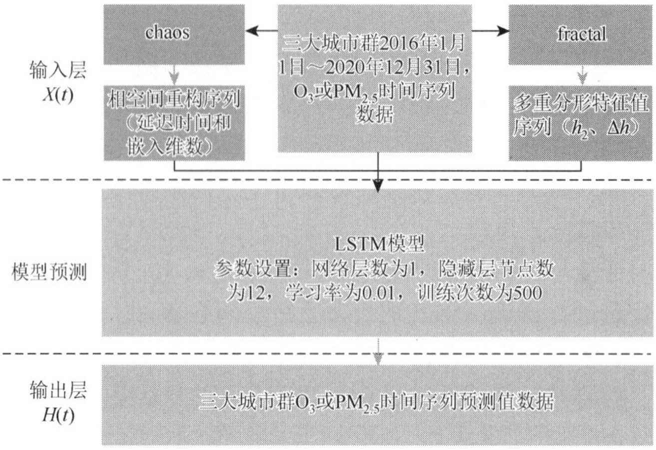

图 6.6　CM-LSTM 预测模型的结构示意图

3）E-CM-LSTM 模型

从前面的分析来看，通过 EEMD 法获得不同模式对 O_3 和 $PM_{2.5}$ 时空演化的贡献。本研究拟采用 EEMD 法，将原污染序列中的高频成分、周期性成分和趋势成分进行分离，用 CM-LSTM 模型预测高频、周期和趋势成分，并通过 LSTM 模型对其进行预测，达到对污染成分的准确预测。

图 6.7 中显示了 E-CM-LSTM 模型的输入、输出变量。

在三种模型中，为避免量纲影响，输入参数均被归一化。最后，对 O_3 和 $PM_{2.5}$ 进行反归一化处理，得到 O_3 和 $PM_{2.5}$ 的预测浓度。下面的两个公式说明了归一化和反归一化的步骤。

$$X_{\text{norm}} = \frac{X_{ij} - X_{\min}}{X_{\max} - X_{\min}} \tag{6.2}$$

$$Y_i = Y_{\min} + Y_{\text{norm}}(Y_{\max} - Y_{\min}) \tag{6.3}$$

式中，X_{ij} 和 Y_i 分别为输入层、输出层参量的数值；$X_{\max}$ 和 $Y_{\max}$ 分别为输入层、输出层参量的最大值；$X_{\min}$ 和 $Y_{\min}$ 分别为输入层、输出层参量的最小值；X_{norm} 和 Y_{norm} 分别为归一化后的输入值和输出值。

要正确地评价模型的预报效果，就必须对各种模型的预报结果与实际数据进行对比分析。在这一部分中，我们选取了诸如均方根误差（RMSE）、均值绝对误差（MAE）以及拟合优度（R^2）这样的指标来评估模型的预测能力。在这些参数中，R^2 越趋近于 1，RMSE 和 MAE 越小，表明该模型具有越好的预估能力。表 6.1 列出了预估模型的评价指标。

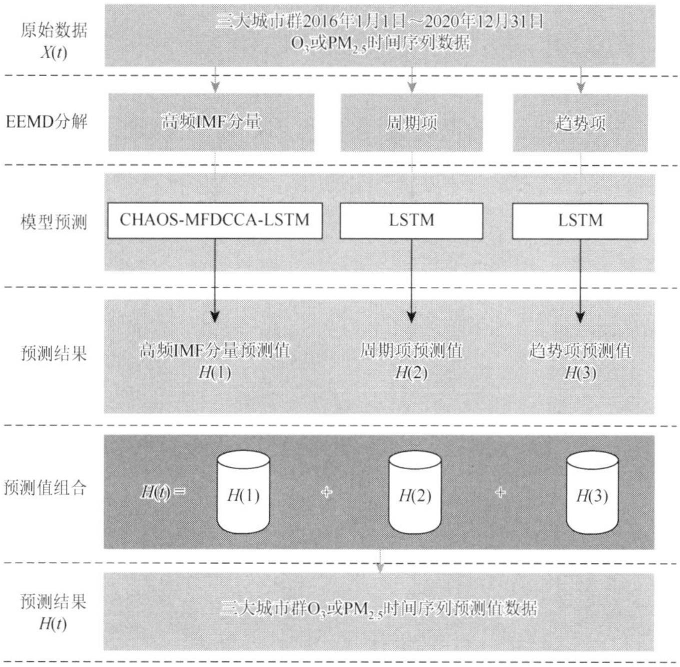

图 6.7　E-CM-LSTM 预测模型的结构示意图

表 6.1　预估模型评价指标

评价指标	定义	公式
RMSE	真实值与预测结果的标准偏差	$\mathrm{RMSE}=\sqrt{\frac{1}{m}\sum_{i=1}^{m}\left(\hat{y}_i-y_i\right)^2}$
MAE	真实值与预测结果的平均差异	$\mathrm{MAE}=\frac{1}{m}\sum_{i=1}^{m}\left(\hat{y}_i-y_i\right)$
R^2	真实值与预测结果的拟合优度	$R^2=1-\frac{\sum_{i=1}^{m}\left(\hat{y}_i-y_i\right)^2}{\sum_{i=1}^{m}\left(\bar{y}_i-y_i\right)^2}$

6.3.3　分析数据

1）LSTM 模型预估结果

使用 80%的实验数据来训练神经网络模型，调整其权重参数和传递函数，而剩下的 20%用于模拟验证分析。对京津冀城市群的唐山和张家口、长三角城市群的杭州和盐城、珠三角城市群的广州和珠海进行 O_3 和 $PM_{2.5}$ 浓度的数值模拟，如图 6.8～图 6.13 所示。图中用黑色虚线表示污染序列，将其划分为训练样本和预测样本，并对其进行拟合，得到了 RMSE 和 MAE。

图 6.14 为三大城市群中各城市 O_3 和 $PM_{2.5}$ 浓度 LSTM 模型训练与预测的性能指数

（RMSE、MAE 和 R^2）。从整体上看，LSTM 模型对不同城市群 O_3 和 $PM_{2.5}$ 的预测结果没有明显不同。与训练集相比，在预测集中，RMSE、MAE 和 R^2 值的箱线分散范围显著增大。不同地区 O_3 预估 RMSE 值主要处于 10～12，京津冀的 RMSE 均值为 10.89，长三角的 RMSE 均值为 10.87，珠三角的 RMSE 均值为 10.19。不同地区 O_3 预估 MAE 值主要处于 8～10，京津冀的 MAE 均值为 8.67，长三角的 MAE 均值为 8.59，珠三角的 MAE 均

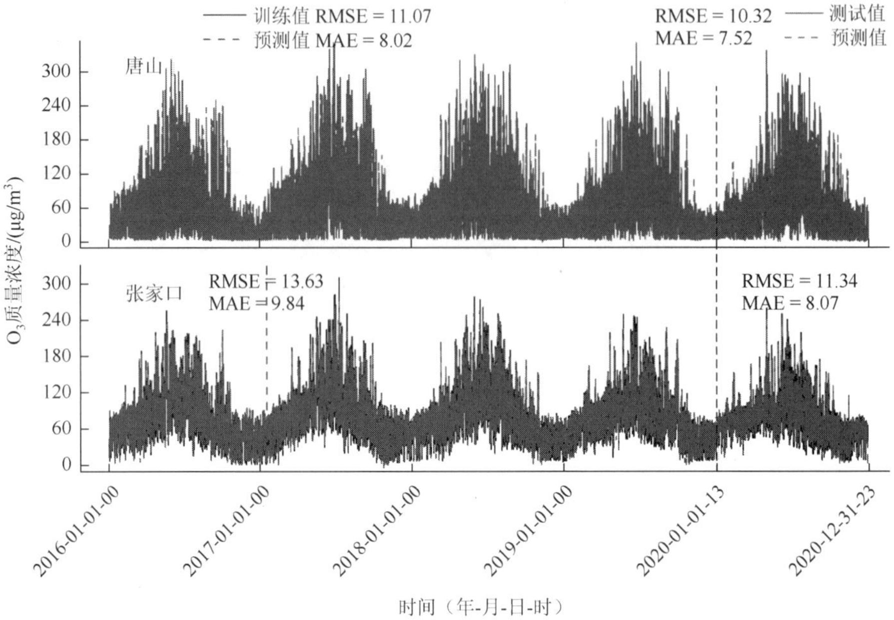

图 6.8　唐山和张家口 O_3 浓度的 LSTM 预估结果

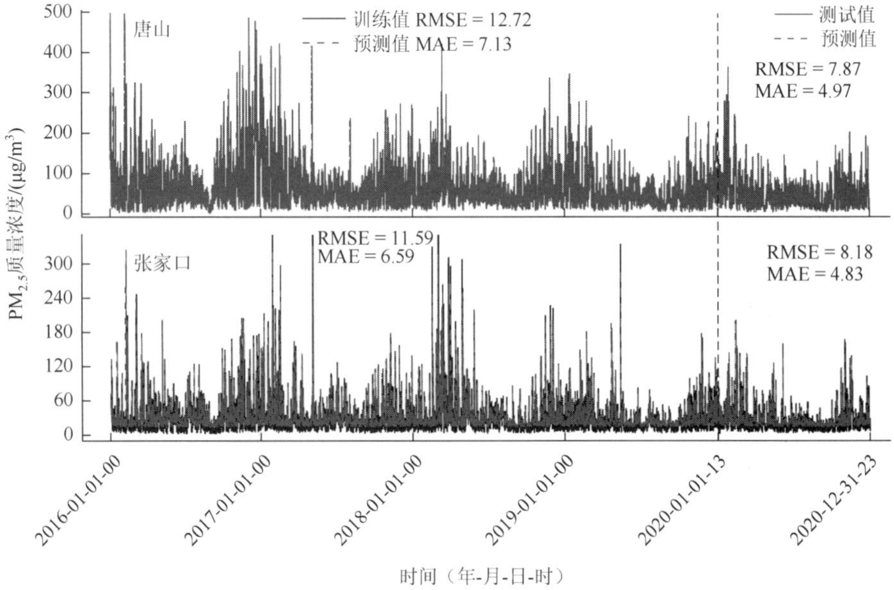

图 6.9　唐山和张家口 $PM_{2.5}$ 浓度的 LSTM 预估结果

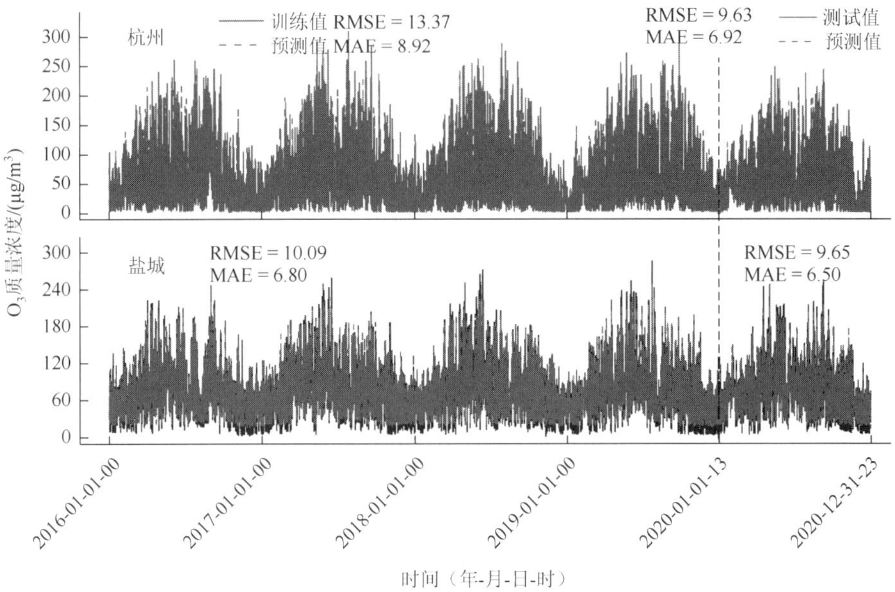

图 6.10　杭州和盐城 O_3 浓度的 LSTM 预估结果

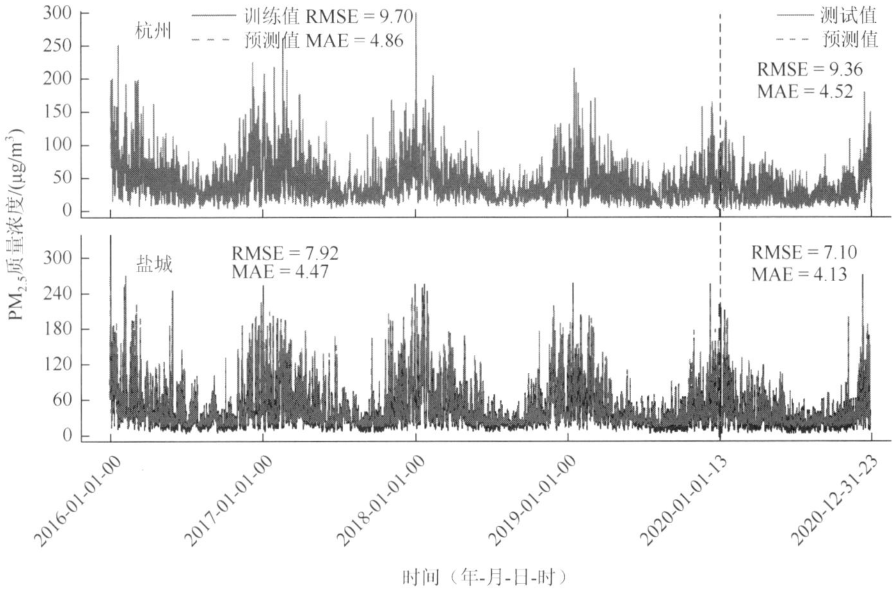

图 6.11　杭州和盐城 $PM_{2.5}$ 浓度的 LSTM 预估结果

值为 8.56。不同地区 O_3 浓度的拟合优度 R^2 值主要处于 0.80～0.93，京津冀的 R^2 均值为 0.86，长三角的 R^2 均值为 0.87，珠三角的 R^2 均值为 0.88。总体而言，珠三角城市群 O_3 浓度的预测结果更为准确。

不同地区 $PM_{2.5}$ 浓度的预测评估中，RMSE 值通常介于 8～10。京津冀、长三角和珠三角地区 $PM_{2.5}$ 浓度预测评估的平均 RMSE 值分别为 8.67、9.06 和 8.73。不同地区 $PM_{2.5}$

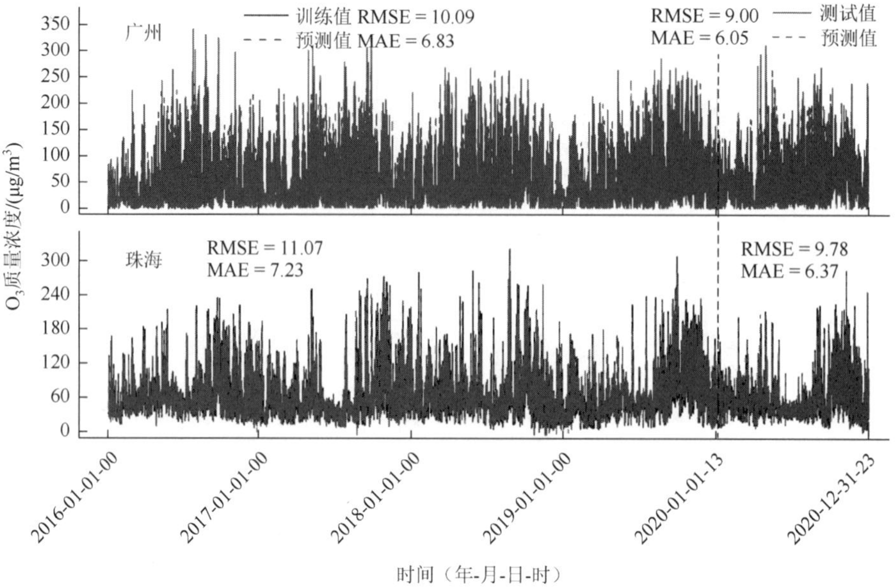

图 6.12　广州和珠海 O_3 浓度的 LSTM 预估结果

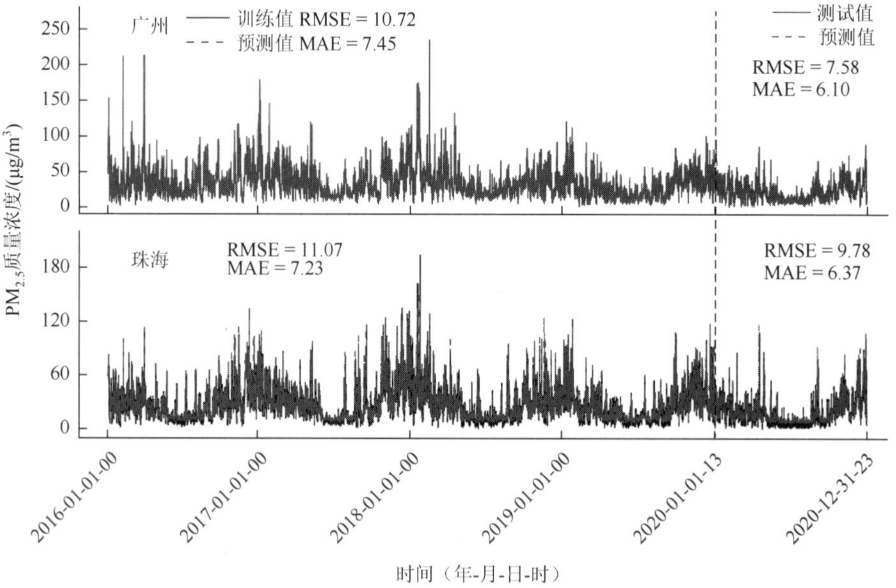

图 6.13　广州和珠海 $PM_{2.5}$ 浓度的 LSTM 预估结果

浓度预测评估中的 MAE 值通常介于 6～8，京津冀、长三角和珠三角地区的平均 MAE 值分别为 6.78、6.65 和 9.47。不同地区 $PM_{2.5}$ 浓度的预测拟合优度 R^2 值普遍高于 0.90，京津冀的 R^2 均值为 0.91，长三角的 R^2 均值为 0.92，珠三角的 R^2 均值为 0.91。这表明 LSTM 模型在预测 $PM_{2.5}$ 浓度方面比 O_3 具有更强的预估性能。

2）CM-LSTM 模型预估结果

使用 80%的实验数据来训练和调整神经网络模型的权重参数和传递函数，而剩余的 20%

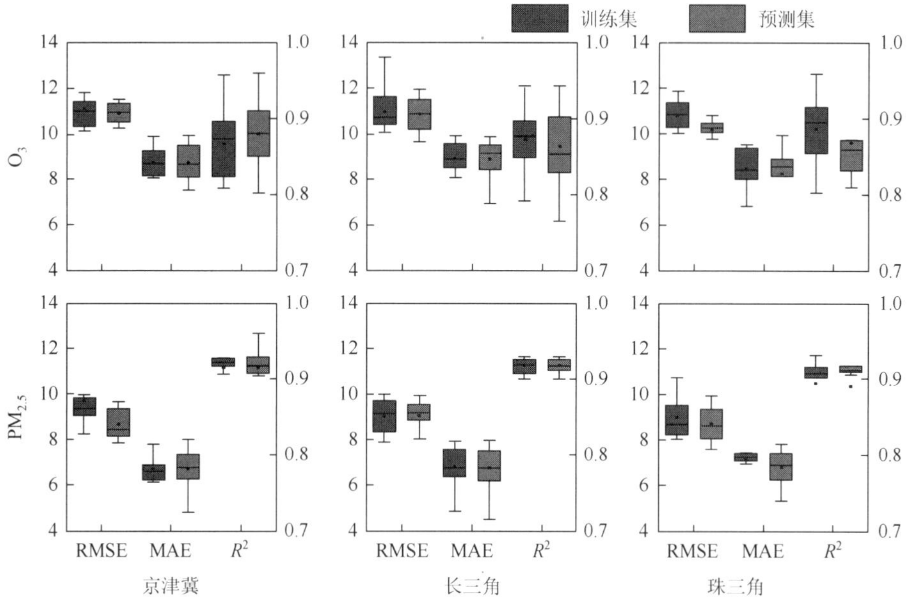

图 6.14　京津冀、长三角、珠三角地区 O_3 与 $PM_{2.5}$ 浓度的 LSTM 预估模型能力指标（彩图见附图 5）

注：左轴为 RMSE、MAE，右轴为 R^2。

用于仿真验证分析。在此基础上，利用 CM-LSTM 模型对京津冀、长三角、珠三角进行 O_3、$PM_{2.5}$ 浓度的预测。因篇幅所限，本章仅对唐山、张家口、杭州、盐城、广州、珠海 6 个城市作了比较研究。O_3 和 $PM_{2.5}$ 浓度的预测结果如图 6.15～图 6.20 所示。用实线和虚线表示污染序列，将其划分为训练样本和预测样本，分别计算 CM-LSTM 模型的 RMSE 和 MAE。

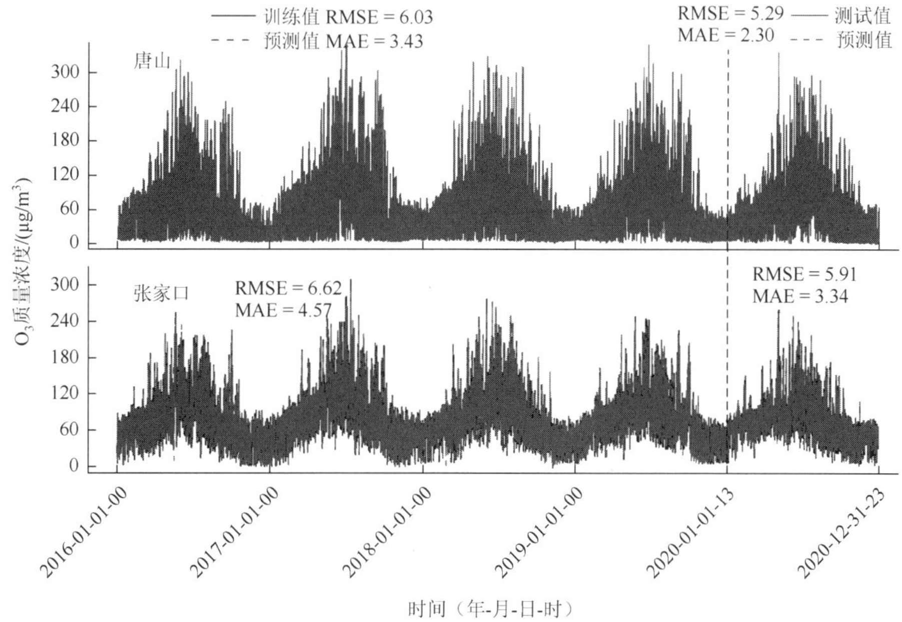

图 6.15　唐山和张家口 O_3 浓度的 CM-LSTM 预估结果

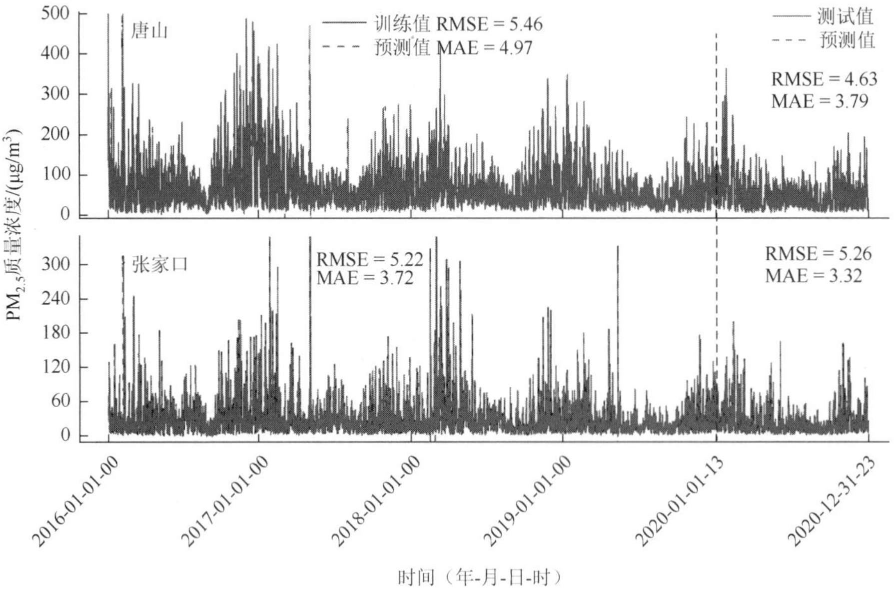

图 6.16　唐山和张家口 $PM_{2.5}$ 浓度的 CM-LSTM 预估结果

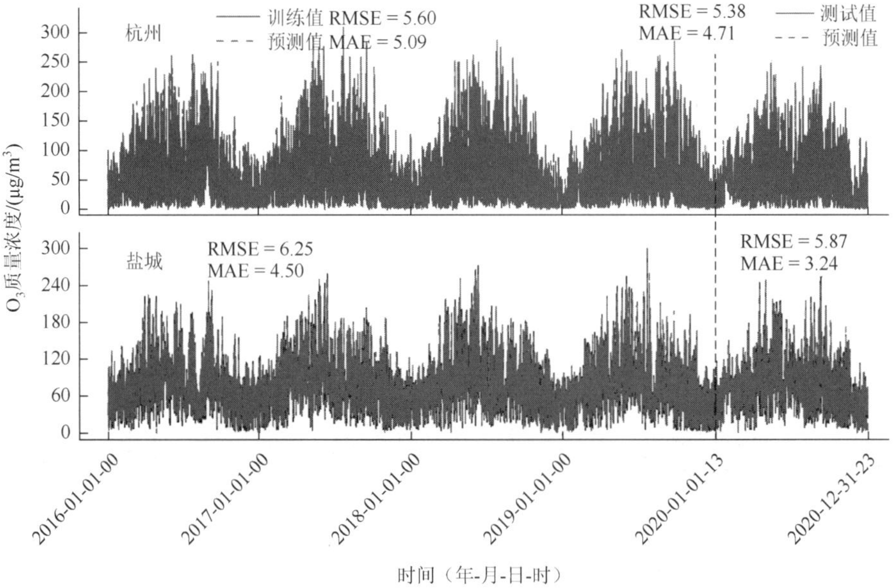

图 6.17　杭州和盐城 O_3 浓度的 CM-LSTM 预估结果

图 6.21 给出了 CM-LSTM 模型对三个城市群 O_3 和 $PM_{2.5}$ 浓度预测的三大预估能力指标（RMSE、MAE 和 R^2），并对其进行了比较。从整体上看，CM-LSTM 模型对各城市群 O_3 和 $PM_{2.5}$ 的预估结果并没有太大不同。这是因为该模型本身具有普适性。与训练集相比，预测集中三大指标（RMSE、MAE 和 R^2）的数值的分散程度要大得多。O_3 浓度预测集的 RMSE 值主要介于 5～6，京津冀、长三角、珠三角的 RMSE 均值分别为 5.34、5.60、5.30。O_3 浓度预测集的 MAE 值主要介于 3～5，京津冀的 MAE 均值为 3.89，

长三角的 MAE 均值为 4.31，珠三角的 MAE 均值为 4.33。O_3 浓度预估拟合优度 R^2 值在 0.93 上下波动，京津冀的 R^2 均值为 0.93，长三角的 R^2 均值为 0.93，珠三角的 R^2 均值为 0.93。

各地区 $PM_{2.5}$ 浓度预测集的 RMSE 值介于 4～5，京津冀、长三角、珠三角的 RMSE 均值为 4.85、4.84、4.62。各地区 $PM_{2.5}$ 浓度预测集的 MAE 值介于 2～3，京津冀的 MAE

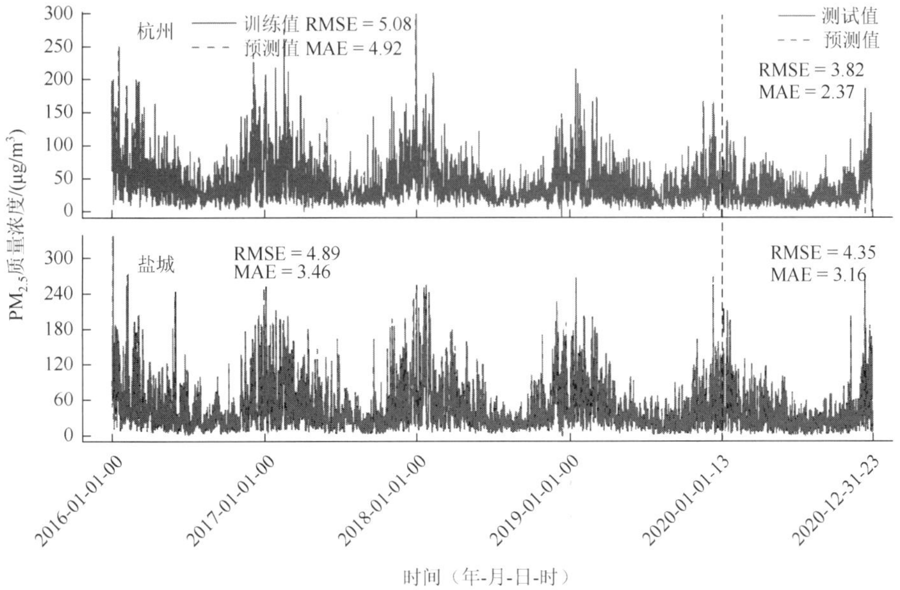

图 6.18　杭州和盐城 $PM_{2.5}$ 浓度的 CM-LSTM 预估结果

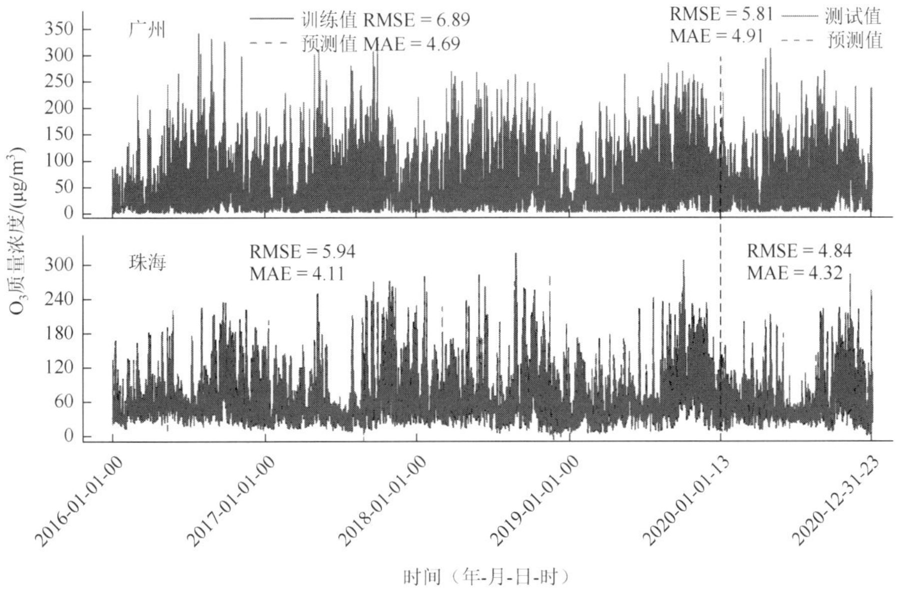

图 6.19　广州和珠海 O_3 浓度的 CM-LSTM 预估结果

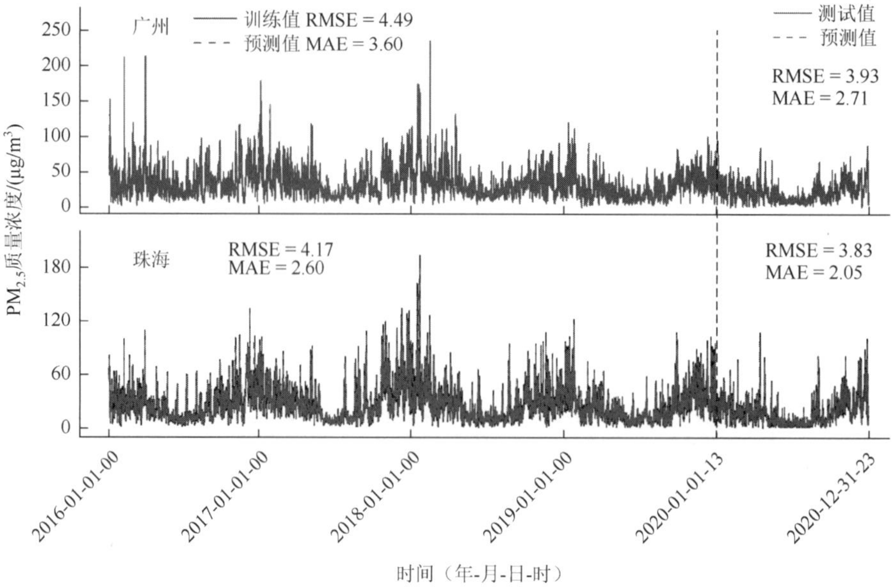

图 6.20　广州和珠海 $PM_{2.5}$ 浓度的 CM-LSTM 预估结果

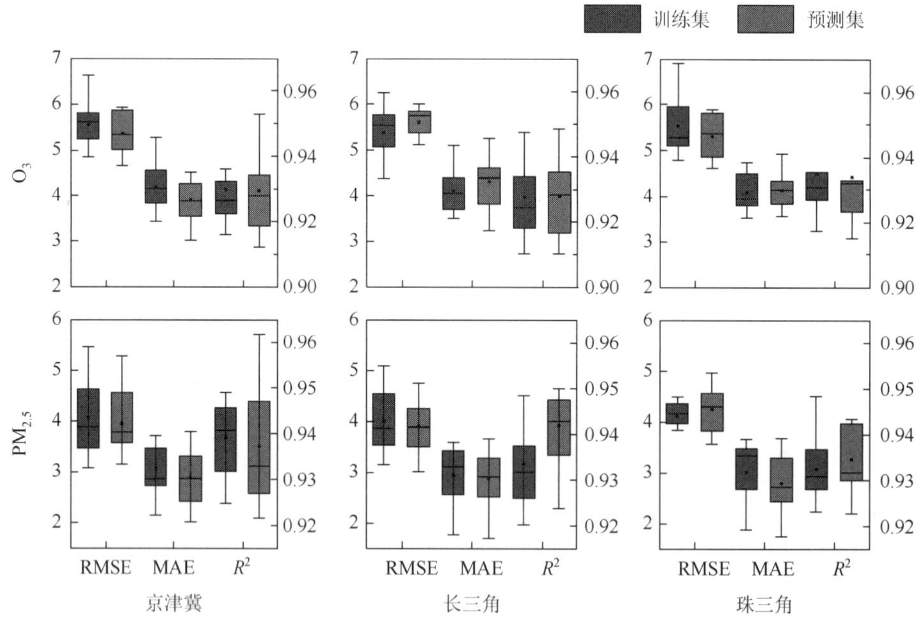

图 6.21　京津冀、长三角、珠三角各地区 O_3 和 $PM_{2.5}$ 浓度的 CM-LSTM 预估模型能力指标（彩图见附图 6）

注：左轴为 RMSE、MAE，右轴为 R^2。

均值为 2.88，长三角的 MAE 均值为 2.88，珠三角的 MAE 均值为 2.79。各地区拟合优度 R^2 值几乎都超过了 0.93，京津冀的 R^2 均值为 0.94，长三角的 R^2 均值为 0.94，珠三角的 R^2 均值为 0.93。这表明，相比于 $PM_{2.5}$，CM-LSTM 模型能够更好地预报 O_3 的浓度。

从三个评估参数来看，CM-LSTM 模型比 LSTM 模型更好地预估了 O_3 和 $PM_{2.5}$ 的浓度。

3）E-CM-LSTM 模型预估结果

先用 EEMD 方法对 O_3 和 $PM_{2.5}$ 浓度序列进行分解，计算得出高频成分、周期项和趋势项。然后，采用 CM-LSTM 模型对我国主要城市 O_3、$PM_{2.5}$ 的高频成分进行预估，并对周期项和趋势项进行预估，最后将上述三种成分相加，形成预估结果。

因篇幅所限，本研究以唐山、张家口、杭州、盐城、广州、珠海 6 个城市为例，分别计算了 6 个城市 O_3、$PM_{2.5}$ 的预测值，如图 6.22～图 6.27 所示。其中，黑实线和虚线

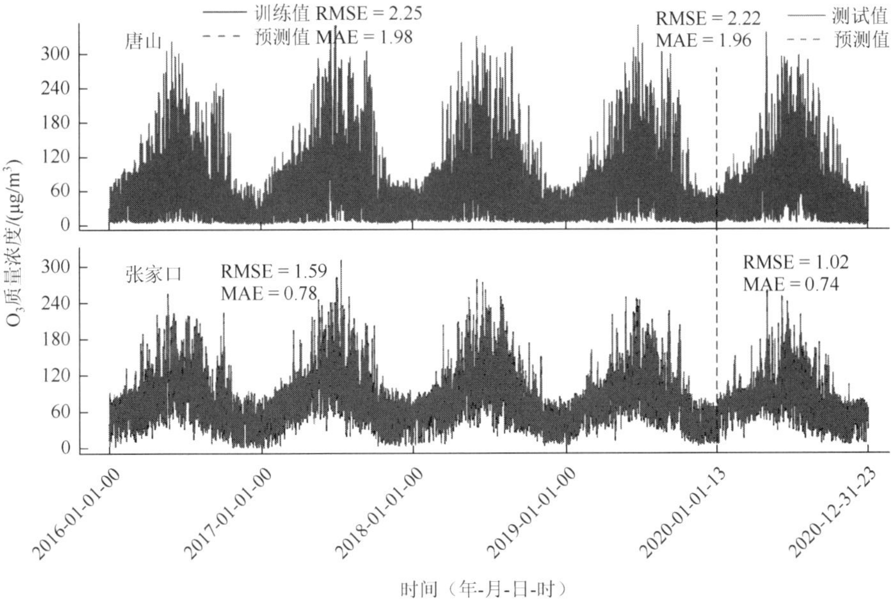

图 6.22　唐山和张家口 O_3 浓度的 E-CM-LSTM 预估结果

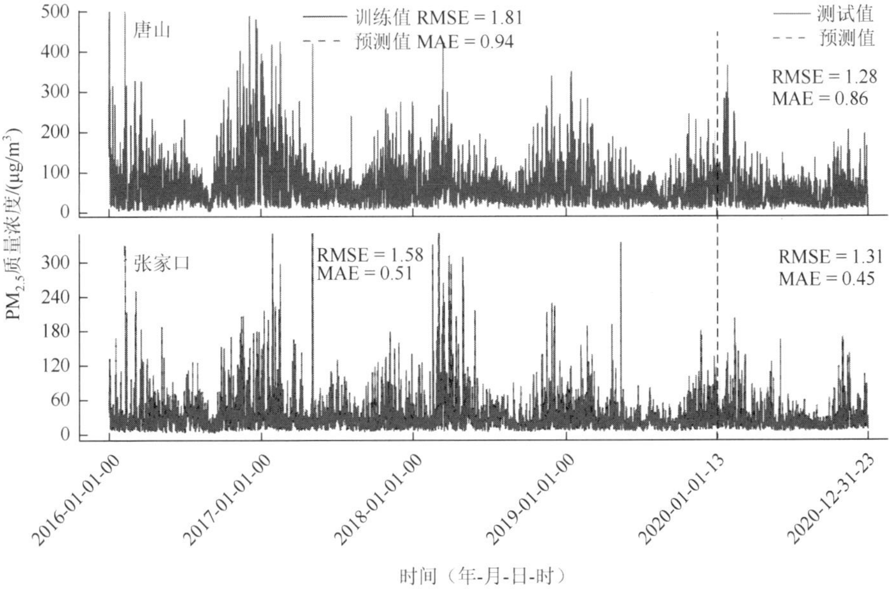

图 6.23　唐山和张家口 $PM_{2.5}$ 浓度的 E-CM-LSTM 预估结果

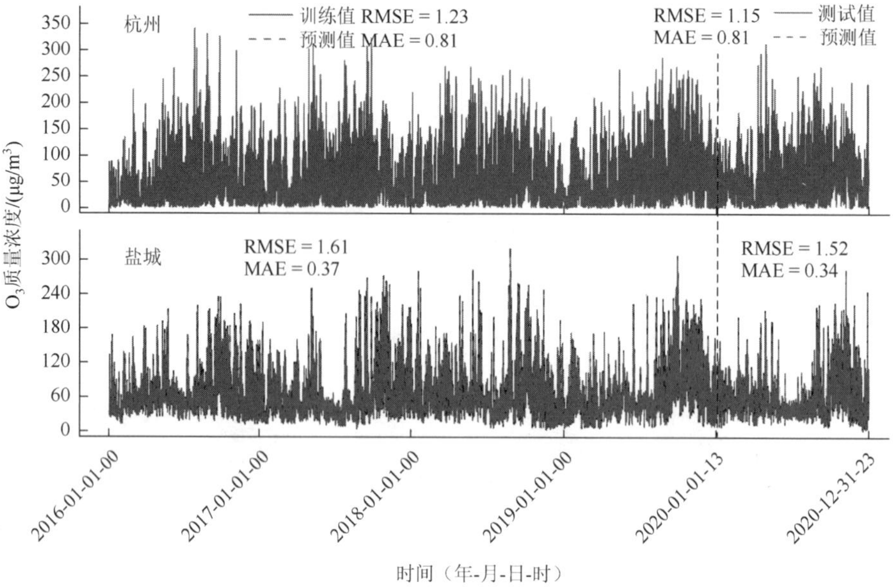

图 6.24　杭州和盐城 O_3 浓度的 E-CM-LSTM 预估结果

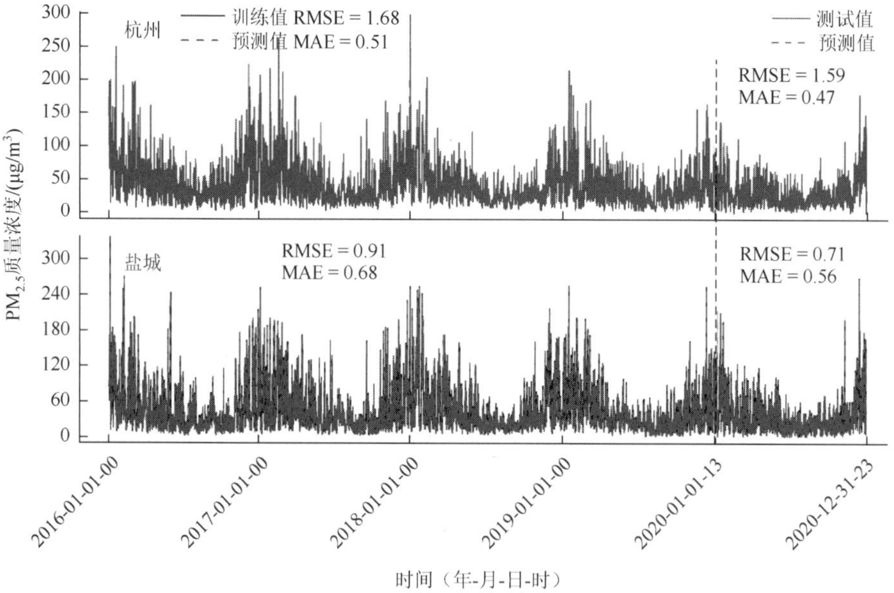

图 6.25　杭州和盐城 $PM_{2.5}$ 浓度的 E-CM-LSTM 预估结果

表示整个序列被分割成训练样本和预测样本，该样本分别是 CM-LSTM 模型的最小均方误差和最大均方误差。

图 6.28 给出了 E-CM-LSTM 模型对三个城市群 O_3 和 $PM_{2.5}$ 浓度预测的三大预估能力指标（RMSE、MAE 和 R^2）。总体而言，E-CM-LSTM 模型对 O_3、$PM_{2.5}$ 的预测精度差别不大，说明 E-CM-LSTM 模型对 O_3、$PM_{2.5}$ 预测的适用性较强。各城市 O_3 浓度预测集的 RMSE 值主要处于 2～3，京津冀的 RMSE 均值为 2.40，长三角的 RMSE 均值为 2.41，

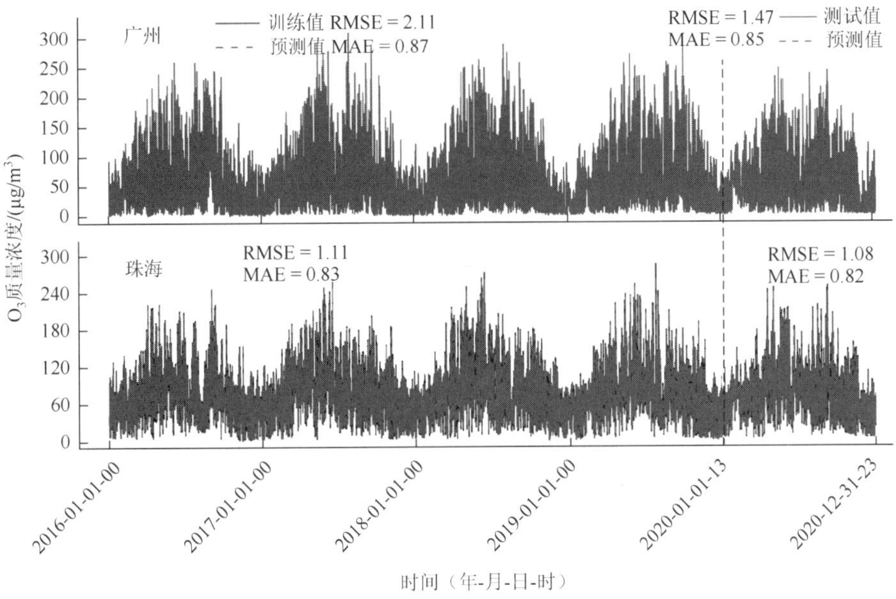

图 6.26　广州和珠海 O_3 浓度的 E-CM-LSTM 预估结果

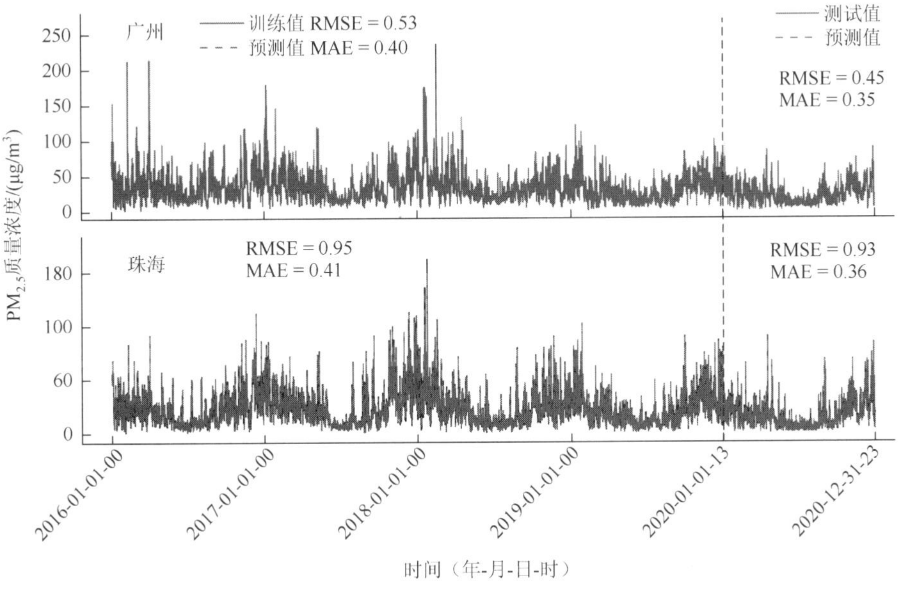

图 6.27　广州和珠海 $PM_{2.5}$ 浓度的 E-CM-LSTM 预估结果

珠三角的 RMSE 均值为 2.42。各城市 O_3 浓度预测集的 MAE 值主要处于 1～2，京津冀的 MAE 均值为 1.26，长三角的 MAE 均值为 1.28，珠三角的 MAE 均值为 1.33。各城市 O_3 浓度预测集的拟合优度 R^2 值主要处于 0.96～0.98，京津冀的 R^2 均值为 0.96，长三角的 R^2 均值为 0.97，珠三角的 R^2 均值为 0.98。

各地区 $PM_{2.5}$ 浓度预测集的 RMSE 值主要处于 1～2，京津冀的 RMSE 均值为 1.36，长三角的 RMSE 均值为 1.46，珠三角的 RMSE 均值为 1.37。各地区 $PM_{2.5}$ 浓度预测集的

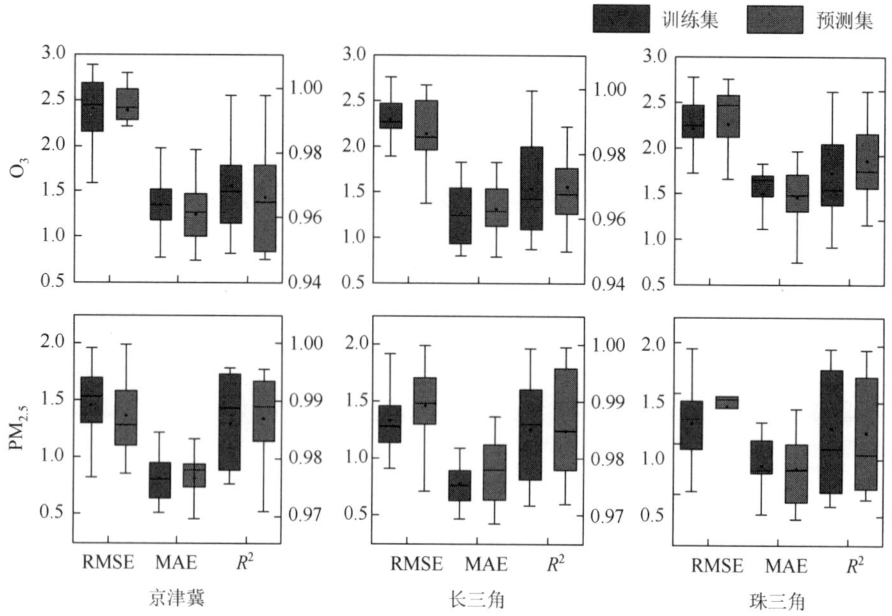

图 6.28　京津冀、长三角、珠三角各地区 O_3 与 $PM_{2.5}$ 浓度的 E-CM-LSTM 预估模型能力指标（彩图见附图 7）

注：左轴为 RMSE、MAE，右轴为 R^2。

MAE 值主要处于 0.5～1，京津冀的 MAE 均值为 0.81，长三角的 MAE 均值为 0.89，珠三角的 MAE 均值为 0.75。各地区 $PM_{2.5}$ 浓度预测集的 R^2 均值几乎都高于 0.97，京津冀的 R^2 均值为 0.99，长三角的 R^2 均值为 0.985，珠三角的 R^2 均值为 0.98。这表明 E-CM-LSTM 模型更倾向于预测 $PM_{2.5}$ 浓度。

从评估参数来看，E-CM-LSTM 模型相较于 LSTM 模型和 CM-LSTM 模型能更好地预测 O_3 和 $PM_{2.5}$ 浓度。

总地来说，三种模型预测都有一个共性，即与 O_3 浓度预测相比，$PM_{2.5}$ 浓度预测具有更好的预测效果。这是由于大气中 O_3 是二次污染物，而 $PM_{2.5}$ 中除含二次污染物外，还含有一次气溶胶。与 $PM_{2.5}$ 相比，O_3 的形成与演变过程更为复杂。与传统 LSTM 模型相比，CM-LSTM、E-CM-LSTM 模型具有更好的预测能力，因为此模型中加入了混沌和分形思想。尤其是 E-CM-LSTM 模型，其能够更好地分离和预测非线性模态，从而提高预测精度。

基于此，本章采用耦合外场观测的 $PM_{2.5}$ 和 O_3 等多源观测数据，将分形、混沌等非线性动力学特性融入机器学习模型。这为准确预估 $PM_{2.5}$ 和 O_3 浓度提供了新的途径。本书研究成果将为科学评估 $PM_{2.5}$ 和 O_3 复合污染协同减排措施的科学性和有效性提供科学依据。

参 考 文 献

艾南山，李后强，1993. 从曼德布罗特景观到分形地貌学[J]. 地理学与国土研究，9（1）：13-17.

艾南山，陈嵘，李后强，1999. 走向分形地貌学[J]. 地理学与国土研究，15（1）：92-96.

曹进，2002. 空气 SO_2 和 NO_x 污染及灰色动态预测[J]. 环境与健康杂志，19（3）：202-203.

常福宣，丁晶，艾南山，等，2001. 嘉陵江流域洪水区域分析[J]. 长江流域资源与环境，10（5）：473-480.

常福宣，丁晶，姚健，2001. 年最大洪峰区域变化的标度特性[J]. 四川大学学报（工程科学版），33（1）：5-8.

常福宣，丁晶，姚健，2002. 降雨随历时变化标度性质的探讨[J]. 长江流域资源与环境，11（1）：79-83.

陈时军，Harte D，王丽凤，等，2003. 广义地震应变能释放的多重分形特征[J]. 地震学报，25（2）：182-190.

陈时军，孙龙梅，马丽，2007. 板内与板间地震活动时空分布的多重分形特征研究[J]. 地震学报，29（1）：38-47.

陈颙，陈凌，1998. 分形几何学[M]. 北京：地震出版社.

陈宗明，1997. 环境空气污染预报及其意义[J]. 环境导报（5）：23-24.

程真，陈长虹，黄成，等，2011. 长三角区域城市间一次污染跨界影响[J]. 环境科学学报，31（4）：686-694.

崔虎雄，吴迓名，段玉森，等，2013. 上海市浦东城区二次气溶胶生成的估算[J]. 环境科学，34（5）：2003-2009.

丁晶，王文圣，2004. 水文相似和尺度分析[J]. 水电能源科学，22（1）：1-4.

丁晶，王文圣，金菊良，2003. 论水文学中的尺度分析[J]. 四川大学学报（工程科学版），35（3）：9-13.

董连科，1991. 分形理论及其应用[M]. 沈阳：辽宁科学技术出版社.

董龙翔，余晔，左洪超，等，2019. WRF-Fluent 耦合模式的构建及其对城市大气扩散的精细化模拟[J]. 中国环境科学，39（6）：2311-2319.

冯利华，2000. 利用 R/S 分析试作登陆浙江台风重灾年的预测[J]. 海洋学报，22（5）：133-136.

冯利华，吴樟荣，2001. R/S 分析在大气降水丰枯变化趋势预测中的应用[J]. 系统工程理论方法应用，10（1）：79-81.

法尔科内，1991. 分形几何-数学基础及其应用[M]. 曾文曲，刘世耀，戴连贵，等译. 沈阳：东北大学出版社.

顾斌杰，赵海霞，骆新燎，等，2023. 基于文献计量的减污降碳协同减排研究进展与展望[J]. 环境工程技术学报，13（1）：85-95.

何飞，梅生伟，薛安成，等，2006. 基于直流潮流的电力系统停电分布及自组织临界性分析[J]. 电网技术，30（14）：7-12.

何越磊，姚令侃，苏凤环，等，2005. 斜坡灾害自组织临界性与极值分析[J]. 中国铁道科学，26（2）：15-19.

贺泓，王新明，王跃思，等，2013. 大气灰霾追因与控制[J]. 中国科学院院刊，28（3）：344-352.

洪时中，1999. 非线性时间序列分析的最新进展及其在地球科学中的应用前景[J]. 地球科学进展，14（6）：559-565.

洪钟祥，胡非，1999. 大气污染预测的理论和方法研究进展[J]. 气候与环境研究，4（3）：225-230.

胡荣章，刘红年，张美根，等，2009. 南京地区大气灰霾的数值模拟[J]. 环境科学学报，29（4）：808-814.

黄侃，2010. 亚洲沙尘长途传输中的组分转化机理及中国典型城市的灰霾形成机制[D]. 上海：复旦大学.

黄小刚，赵景波，曹军骥，等，2019. 中国城市 O_3 浓度时空变化特征及驱动因素[J]. 环境科学，40（3）：1120-1131.
雷孝恩，张美根，韩志伟，1998. 大气污染数值预报基础和模式[M]. 北京：气象出版社.
李红，彭良，毕方，等，2019. 我国 $PM_{2.5}$ 与臭氧污染协同控制策略研究[J]. 环境科学研究，32（10）：1763-1778.
李后强，程光钺，1990. 分形与分维：探索复杂性的新方法[M]. 成都：四川教育出版社.
李后强，艾南山，1992. 分形地貌学及地貌发育的分形模型[J]. 自然杂志，14（7）：516-519.
李后强，汪富泉，1993. 分形理论及其在分子科学中的应用[M]. 北京：科学出版社.
李希灿，程汝光，李克志，2003. 空气环境质量模糊综合评价及趋势灰色预测[J]. 系统工程理论与实践，23（4）：124-129.
李远富，姚令侃，邓域才，2000. 单面坡沙堆模型自组织临界性实验研究[J]. 西南交通大学学报，35（2）：121-125.
李月娥，贺晓蕾，李昌平，2005. 利用 EXCEL 软件计算空气质量日报污染指数 API[J]. 四川环境，24（2）：81-83.
刘罡，李昕，胡非，等，2001. 大气污染物浓度变化的非线性特征分析[J]. 气候与环境研究，6（3）：328-336.
刘红年，胡荣章，张美根，2009. 城市灰霾数值预报模式的建立与应用[J]. 环境科学研究，22（6）：631-636.
刘式达，梁福明，刘式适，等，2003. 自然科学中的混沌和分形[M]. 北京：北京大学出版社.
刘信安，陈双扣，谢昭明，等，2005. 沙堆实验研究三峡库区典型水域环境的水华污染行为[J]. 生态环境，14（4）：530-535.
刘信安，马艳娥，陈双扣，等，2005. 用准真实沙堆模型的自组织临界特性研究流域水华暴发行为[J]. 自然科学进展，15（12）：1441-1446.
刘信安，张毅力，Jia C Q，2006. 模拟消落带水华暴发行为的数值沙堆模型[J]. 环境科学学报，26（7）：1126-1134.
罗德军，艾南山，李后强，1995. 泥石流暴发的自组织临界现象[J]. 山地研究，13（4）：213-218.
苗世光，蒋维楣，梁萍，等，2020. 城市气象研究进展[J]. 气象学报，78（3）：477-499.
欧阳琰，蒋维楣，刘红年，2007. 城市空气质量数值预报系统对 $PM_{2.5}$ 的数值模拟研究[J]. 环境科学学报，27（5）：838-845.
帕・巴克，2001. 大自然如何工作：有关自组织临界性的科学[M]. 李炜，蔡勖，译. 武汉：华中师范大学出版社.
宋佳颖，刘旻霞，孙瑞弟，等，2020. 基于 OMI 数据的东南沿海大气臭氧浓度时空分布特征研究[J]. 环境科学学报，40（2）：438-449.
宋卫国，范维澄，林其钊，2001. 森林火灾的自组织临界行为及其在中国林火数据中的体现[J]. 自然灾害学报，10（1）：37-40.
宋卫国，范维澄，汪秉宏，2001. 有限尺度效应对森林火灾模型自组织临界性的影响[J]. 科学通报，46（21）：1841-1845.
宋卫国，汪秉宏，范维澄，等，2002. 森林类型对森林火灾自组织临界性的影响[J]. 火灾科学，11（1）：31-34.
苏凤环，2006. 自组织临界性理论与元胞自动机模型研究[D]. 成都：西南交通大学.
苏蓉，史凯，黄正文，等，2010. 基于自组织临界的上海 PM_{10} 污染预警与风险评价[J]. 中国环境科学，30（7）：888-892.
孙博文，孙名松，2003. 基于沙堆模型的股市宏观行为研究[J]. 哈尔滨理工大学学报，8（1）：105-106.
孙红章，2005. 若干沙堆模型的驱动机制、拓扑结构对其临界行为影响的研究[D]. 武汉：华中科技大学.
孙霞，吴自勤，黄畇，2003. 分形原理及其应用[M]. 合肥：中国科学技术大学出版社.

汪秉宏，毛丹，王雷，等，2002. 交通流中的自组织临界性研究[J]. 广西师范大学学报（自然科学版），20（1）：45-51.
王静虹，谢曙，孙金华，2010. 城市火灾自组织临界性判断及大火灾损失极值分析[J]. 科学通报，55（22）：2241-2246.
王丽涛，张普，杨晶，等，2013. CMAQ-DDM-3D 在细微颗粒物（$PM_{2.5}$）来源计算中的应用[J]. 环境科学学报，33（5）：1355-1361.
王明玉，李华，舒立福，等，2004. 不同植被类型森林火灾及雷击火自组织临界性[J]. 生态学报，24（8）：1807-1811.
王启光，侯威，郑志海，等，2010. 极端事件再现时间长程相关性与群发性研究[J]. 物理学报，59（10）：7491-7497.
王倩，陈长虹，王红丽，等，2013. 上海市秋季大气 VOCs 对二次有机气溶胶的生成贡献及来源研究[J]. 环境科学，34（2）：424-433.
王艳，柴发合，王永红，等，2008. 长江三角洲地区大气污染物输送规律研究[J]. 环境科学，29（5）：1430-1435.
王自发，李丽娜，吴其重，等，2008. 区域输送对北京夏季臭氧浓度影响的数值模拟研究[J]. 自然杂志，30（4）：194-198，247-248.
王自发，庞成明，朱江，等，2008. 大气环境数值模拟研究新进展[J]. 大气科学，32（4）：987-995.
魏复盛，Chapman R S，2001. 空气污染对呼吸健康影响研究[M]. 北京：中国环境科学出版社.
魏季瑄，1991. 数理统计基础及其应用[M]. 成都：四川大学出版社.
魏诺，2004. 非线性科学基础与应用[M]. 北京：科学出版社.
巫燕园，刘逸凡，汤蓉，等，2024. 中国特大城市群 $PM_{2.5}$ 污染及健康负担的时空演变特征[J]. 南京大学学报（自然科学版），60（1）：158-167.
吴志军，胡敏，岳玎利，等，2011. 重污染和新粒子生成过程中城市大气颗粒物数谱分布演变过程[J]. 中国科学：地球科学，41（8）：1192-1199.
闫丽梅，徐建军，许爱华，等，2006. 基于临界自组织理论的电力系统脆性分析[J]. 西北农林科技大学学报（自然科学版），34（12）：231-234.
颜敏，王雪松，刘兆荣，等，2008. 大气颗粒物表面非均相反应的模式研究[J]. 中国环境科学，28（9）：823-827.
姚令侃，1996. 非线性科学探索推移质运动复杂性的研究[R]. 成都：四川联合大学.
姚令侃，方铎，1997. 非均匀沙自组织临界性及其应用研究[J]. 水利学报，28（3）：26-32.
姚令侃，黄艺丹，2016. 山地系统灾变行为自组织临界性研究[J].西南交通大学学报，51（2）：313-330.
姚令侃，黄艺丹，杨庆华. 2010. 地震触发崩塌滑坡自组织临界性研究. 四川大学学报（工程科学版），42（5）：33-43.
于建玲，臧保将，商朋见，2006. 股市时间序列的多重分形分析[J]. 北京交通大学学报，30（6）：69-72.
于群，郭剑波，2007. 电网停电事故的自组织临界性及其极值分析[J]. 电力系统自动化，31（3）：1-3，90.
张济忠，2011. 分形[M].2 版. 北京：清华大学出版社.
张利平，王德智，夏军，等，2005. R/S 分析在洪水变化趋势预测中的应用研究[J]. 中国农村水利水电，（2）：38-40.
张玉梅，郭治安，1996. 客运模型自组织临界性的研究[J]. 西北建筑工程学院学报，3：12-17.
赵辉，郑有飞，曹嘉晨，等，2018. 近地层 O_3 污染对作物产量与经济损失的影响：以江苏省冬小麦和水稻为例[J]. 中国环境科学，38（3）：1165-1173.
赵俊虎，王启光，支蓉，等，2012. 中国极端温度的群发性研究[J]. 气象学报，70（2）：302-310.
郑博福，游海，弓晓峰，等，2000. 大气污染预测方法探讨[J]. 南昌大学学报（工科版），22（1）：78-83.

周孝华，宋坤，杨秀苔，2006. 股票价格持续大幅波动前后多重分形谱的异常及分析[J]. 管理工程学报，20（2）：92-96.

朱彤，尚静，赵德峰，2010. 大气复合污染及灰霾形成中非均相化学过程的作用[J]. 中国科学：化学，40（12）：1731-1740.

庄新田，黄小原，2003. 证券市场的标度理论及实证研究[J]. 系统工程理论与实践，23（3）：1-8，30.

Adam M G，Tran P T M，2021. Balasubramanian R. Air quality changes in cities during the COVID-19 lockdown：A critical review[J]. Atmospheric Research，264：105823.

Aegerter C M，2003. A sandpile model for the distribution of rainfall？[J]. Physica A：Statistical Mechanics and Its Applications，319：1-10.

Albert R，Albert I，Hornbaker D，et al.，1997. Maximum angle of stability in wet and dry spherical granular media[J]. Physical Review E，56（6）：R6271-R6274.

Alvarez-Ramirez J，Cisneros M，Ibarra-Valdez C，et al.，2002. Multifractal Hurst analysis of crude oil prices[J]. Physica A：Statistical Mechanics and Its Applications，313（3/4）：651-670.

Angelopoulos V，Sergeev V A，Mozer F S，et al.，1996. Spontaneous substorm onset during a prolonged period of steady，southward interplanetary magnetic field[J]. Journal of Geophysical Research：Space Physics，101（A11）：24583-24598.

Angelopoulos V，Spence H E，1999. Magnetospheric constellation：Past，present and future[J]. Sun-Earth Plasma Connections，109：247-262.

Anh V，Duc H，Azzi M，1997. Modeling anthropogenic trends in air quality data[J]. Journal of the Air & Waste Management Association，47（1）：66-71.

Anh V V，Lam K C，Leung Y，et al.，2000. Multifractal analysis of Hong Kong air quality data[J]. Environmetrics：The Official Journal of the International Environmetrics Society，11（2）：139-149.

Atzori L，Aste N，Isola M，2005. Estimation of multifractal parameters in traffic measurement：An accuracy-based real-time approach[J]. Computer Communications，29（11）：1879-1888.

Ausloos M，Ivanova K，2002. Multifractal nature of stock exchange prices[J]. Computer Physics Communications，147（1-2）：582-585.

Bacry E，Delour J，Muzy J F，2001. Modelling financial time series using multifractal random walks[J]. Physica A：Statistical Mechanics and Its Applications，299（1/2）：84-92.

Bai X，Chen H，Oliver B G，2022. The health effects of traffic-related air pollution：a review focused the health effects of going green[J]. Chemosphere，289：133082.

Bak P，Tang C，1989. Earthquakes as a self-organized criticality phenomenon，geophysical research[J]. Journal of Geophysical Research，97（B11）：15635-15637.

Bak P，Chen K，1991. Self-organized criticality[J]. Scientific American，264（1）：46-53.

Bak P，Tang C，Wiesenfeld K，1987. Self-organized criticality：an explanation of $1/f$ noise[J]. Physical Review Letters，59（4）：381-384.

Bak P，Tang C，Wiesenfeld K，1988. Self-organized criticality[J]. Physical Review A，38（1）：364-374.

Bak P，Chen K，Tang C，1990. A forest-fire model and some thoughts on turbulence[J]. Physics Letters A，147（5/6）：297-300.

Bao R，Zhang A C，2020. Does lockdown reduce air pollution？Evidence from 44 cities in northern China[J]. Science of the Total Environment，731：139052.

Bargatze L F，Baker D N，McPherron R L，1985. Superposed epoch analysis of magnetospheric substorms using solar wind，auroral zone，and geostationary orbit data sets[R]. Los Alamos National Lab.（LANL），Los Alamos，NM（United States）；California Univ.，Los Angeles（USA）. Inst. of Geophysics and Planetary

Physics; California Univ., Los Angeles (USA). Dept. of Earth and Space Sciences.

Bartolozzi M, Leinweber D B, Thomas A W, 2005. Self-organized criticality and stock market dynamics: an empirical study[J]. Physica A: Statistical Mechanics and Its Applications, 350 (2/3/4): 451-465.

Bauer S E, Balkanski Y, Schulz M., et al., 2004. Global modeling of heterogeneous chemistry on mineral aerosol surfaces: Influence on tropospheric ozone chemistry and comparison to observations[J]. Journal of Geophysical Research: Atmospheres, 109 (D2): D02304.

Bauwens M, Compernolle S, Stavrakou T, et al., 2020. Impact of coronavirus outbreak on NO_2 pollution assessed using TROPOMI and OMI observations[J]. Geophysical Research Letters, 47 (11): e2020GL087978.

Bauwens M, Compernolle S, Stavrakou T, et al., 2020. Impact of coronavirus outbreak on NO_2 pollution assessed using TROPOMI and OMI observations[J]. Geophysical Research Letters, 47 (11): e2020GL087978.

Bak P, Tang C, Wiesenfeld K. Self-organized critical phenomena[M]//Directions In Chaos—Volume 2. 1988: 238-256.

Beben M, Orłowski A, 2001. Correlations in financial time series: established versus emerging markets[J]. The European Physical Journal B-Condensed Matter and Complex Systems, 20 (4): 527-530.

Bickel D R, 1999. Simple estimation of intermittency in multifractal stochastic processes: biomedical applications[J]. Physics Letters A, 262 (2/3): 251-256.

Bretz M, Cunningham J B, Kurczynski P L, et al., 1992. Imaging of avalanches in granular materials[J]. Physical Review Letters, 69 (16): 2431-2434.

Broday D M, 2010. Studying the time scale dependence of environmental variables predictability using fractal analysis[J]. Environmental Science & Technology, 44 (12): 4629-4634.

Buczkowski S, Hildgen P, Cartilier L, 1998. Measurements of fractal dimension by box-counting: a critical analysis of data scatter[J]. Physica A: Statistical Mechanics and Its Applications, 252 (1/2): 23-34.

Bunde A, Eichner J F, Kantelhardt J W, et al., 2005. Long-term memory: a natural mechanism for the clustering of extreme events and anomalous residual times in climate records[J]. Physical Review Letters, 94 (4): 048701.

Cajueiro D O, Tabak B M, 2007. Long-range dependence and multifractality in the term structure of LIBOR interest rates[J]. Physica A: Statistical Mechanics and its Applications, 373: 603-614.

Chang Y H, Huang R J, Ge X L, et al., 2020. Puzzling haze events in China during the coronavirus (COVID-19) shutdown[J]. Geophysical Research Letters, 47 (12): e2020GL088533.

Chelani A B, 2012. Persistence analysis of extreme CO, NO_2 and O_3 concentrations in ambient air of Delhi[J]. Atmospheric Research, 108: 128-134.

Chelani A B, 2014. Irregularity analysis of CO, NO_2 and O_3 concentrations at traffic, commercial and low activity sites in Delhi[J]. Stochastic Environmental Research and Risk Assessment, 28 (4): 921-925.

Chelani A, 2016. Long-memory property in air pollutant concentrations[J]. Atmospheric Research, 171: 1-4.

Chen K, Bak P, Obukhov S P, 1991. Self-organized criticality in a crack-propagation model of earthquakes[J]. Physical Review E, 43 (2): 625-630.

Cheng Q M, Russell H, Sharpe D, et al., 2001. GIS-based statistical and fractal/multifractal analysis of surface stream patterns in the Oak Ridges Moraine[J]. Computers & Geosciences, 27 (5): 513-526.

Christensen K, Olami Z, 1993. Sandpile models with and without an underlying spatial structure[J]. Physical Review E, 48 (5): 3361-3372.

Cobourn W G, 2010. An enhanced $PM_{2.5}$ air quality forecast model based on nonlinear regression and back-trajectory concentrations[J]. Atmospheric Environment，44（25）：3015-3023.

Comte J C，Ravassard P，Salin P A，2006. Sleep dynamics：a self-organized critical system[J]. Physical Review E，73（5）：056127.

Comunian S，Dongo D，Milani C，et al.，2020. Air pollution and COVID-19：the role of particulate matter in the spread and increase of COVID-19's morbidity and mortality[J]. International Journal of Environmental Research and Public Health，17（12）：4487.

Corral Á，Díaz-Guilera A，1997. Symmetries and fixed point stability of stochastic differential equations modeling self-organized criticality[J]. Physical Review E，55（3）：2434-2445.

Crosby N B，Aschwanden M J，Dennis B R，1993. Frequency distributions and correlations of solar X-ray flare parameters[J]. Solar Physics，143（2）：275-299.

Dai H B，Zhu J，Liao H，et al.，2021. Co-occurrence of ozone and $PM_{2.5}$ pollution in the Yangtze River Delta over 2013–2019：Spatiotemporal distribution and meteorological conditions[J]. Atmospheric Research，249：105363.

De Bartolo S G，Primavera L，Gaudio R，et al.，2006. Fixed-mass multifractal analysis of river networks and braided channels[J]. Physical Review E，74（2）：026101.

De Bartolo S G，Veltri M，Primavera L，2006. Estimated generalized dimensions of river networks[J]. Journal of Hydrology，322（1/2/3/4）：181-191.

de Lima M I P，Grasman J，1999. Multifractal analysis of 15-min and daily rainfall from a semi-arid region in Portugal[J]. Journal of Hydrology，220（1-2）：1-11.

De Menech M，2004. Comment on "Universality in sandpiles" [J]. Physical Review E，70（2）：028101.

De Menech M，Stella A L，Tebaldi C，1998. Rare events and breakdown of simple scaling in the Abelian sandpile model[J]. Physical Review E，58（3）：R2677-R2680.

de Sousa Vieira M，2004. Are avalanches in sandpiles a chaotic phenomenon? [J]. Physica A：Statistical Mechanics and Its Applications，340（4）：559-565.

Deidda R，Badas M G，Piga E，2006. Space–time multifractality of remotely sensed rainfall fields[J]. Journal of Hydrology，322（1/2/3/4）：2-13.

Dhar D，2006. Theoretical studies of self-organized criticality[J]. Physica A：Statistical Mechanics and Its Applications，369（1）：29-70.

Dickman R，Campelo J M，2003. Avalanche exponents and corrections to scaling for a stochastic sandpile[J]. Physical Review E，67（6）：066111.

Diodati P，Marchesoni F，Piazza S，1991. Acoustic emission from volcanic rocks：an example of self-organized criticality[J]. Physical Review Letters，67（17）：2239-2243.

Diodati P，Bak P，Marchesoni F，2000. Acoustic emission at the Stromboli volcano：scaling laws and seismic activity[J]. Earth and Planetary Science Letters，182（3/4）：253-258.

Ding D，Xing J，Wang S X，et al. 2022. Optimization of a NO *x* and VOC cooperative control strategy based on clean air benefits. Environmental Science & Technology，56（2）：739-749.

Dong Q L，Wang Y，Li P Z，2017. Multifractal behavior of an air pollutant time series and the relevance to the predictability[J]. Environmental Pollution，222：444-457.

Drossel B，Schwabl F，1992a. Self-organized critical forest-fire model[J]. Physical Review Letters，69（11）：1629-1632.

Drossel B，Schwabl F，1992b. Self-organized criticality in a forest-fire model[J]. Physica A：Statistical Mechanics and its Applications，191（1/2/3/4）：47-50.

Du Y X，Blocken B，Pirker S，2020. A novel approach to simulate pollutant dispersion in the built environment：Transport-based recurrence CFD[J]. Building and Environment，170：106604.

Eeftens M，Odabasi D，Flückiger B，et al.，2019. Modelling the vertical gradient of nitrogen dioxide in an urban area[J]. Science of the Total Environment，650：452-458.

Elgazzar A S，1998. An inhomogeneous self-organized critical model for earthquakes[J]. Physica A：Statistical Mechanics and Its Applications，251（3/4）：303-308.

Elmer F J，1997. Self-organized criticality with complex scaling exponents in the train model[J]. Physical Review E，56（6）：R6225-R6228.

Evernden J F，1970. Study of regional seismicity and associated problems[J]. Bulletin of the Seismological Society of America，60（2）：393-446.

Evesque P，Fargeix D，Habib P，et al.，1993. Pile density is a control parameter of sand avalanches[J]. Physical Review E，47（4）：2326-2332.

Fan C，Li Y，Guang J，et al.，2020. The impact of the control measures during the COVID-19 outbreak on air pollution in China[J]. Remote Sensing，12（10）：1613.

Filonchyk M，Hurynovich V，Yan H，et al.，2020. Impact assessment of COVID-19 on variations of SO_2，NO_2，CO and AOD over East China[J]. Aerosol and Air Quality Research，20（7）：1530-1540.

Flyvbjerg H，Sneppen K，Bak P，1993. Mean field theory for a simple model of evolution[J]. Physical Review Letters，71（24）：4087-4090.

Frette V V，1993. Sandpile models with dynamically varying critical slopes[J]. Physical Review Letters，70（18）：2762-2765.

Frette V，Christensen K，Malthe-Sørenssen A，et al.，1996. Avalanche dynamics in a pile of rice[J]. Nature，379（6560）：49-52.

Gao C C，Li S H，Liu M，et al.，2021. Impact of the COVID-19 pandemic on air pollution in Chinese megacities from the perspective of traffic volume and meteorological factors[J]. Science of the Total Environment，773：145545.

Gardner M W，Dorling S R，1998. Artificial neural networks（the multilayer perceptron）-a review of applications in the atmospheric sciences[J]. Atmospheric Environment，32（14/15）：2627-2636.

Garmendia A，Salvador A，2007. Fractal dimension of birds population sizes time series[J]. Mathematical Biosciences，206（1）：155-171.

Geller R J，Jackson D D，Kagan Y Y，et al.，1997. Earthquakes cannot be predicted[J]. Science，275（5306）：1616.

Goodhead D T，1977. Inactivation and mutation of cultured mammalian cells by aluminium characteristic ultrasoft X-rays[J]. International Journal of Radiation Biology and Related Studies in Physics，Chemistry and Medicine，32（1）：43-70.

Gould S J，Eldredge N，1993. Punctuated equilibrium comes of age[J]. Nature，366（6452）：223-227.

Grassberger P，1983. Generalized dimensions of strange attractors[J]. Physics Letters A，97（6）：227-230.

Grassberger P，Procaccia I，1983. Characterization of strange attractors[J]. Physical Review Letters，50（5）：346-349.

Grazzini J，Turiel A，Yahia H，et al.，2007. A multifractal approach for extracting relevant textural areas in satellite meteorological images[J]. Environmental Modelling & Software，22（3）：323-334.

Gutenberg B，Richter C F，1944. Frequency of earthquakes in California[J]. Bulletin of the Seismological Society of America，34（4）：185-188.

Guthrie R H，Deadman P J，Cabrera A R，et al.，2008. Exploring the magnitude–frequency distribution：a cellular automata model for landslides[J]. Landslides，5（1）：151-159.

Hall M，Christensen K，di Collobiano S A，et al.，2002. Time-dependent extinction rate and species abundance in a tangled-nature model of biological evolution[J]. Physical Review E，66（1）：011904.

Han L X，Cen Z W，Chu C B，et al.，2002. A new multifractal network traffic model[J]. Chaos，Solitons & Fractals，13（7）：1507-1513.

Hatano Y，Hatano N，1997. Fractal fluctuation of aerosol concentration near Chernobyl[J]. Atmospheric Environment，31（15）：2297-2303.

He C，Hong S，Zhang L，et al.，2021. Global，continental，and national variation in $PM_{2.5}$，O_3，and NO_2 concentrations during the early 2020 COVID-19 lockdown[J]. Atmospheric pollution research，12（3）：136-145.

He G J，Pan Y H，Tanaka T，2020. The short-term impacts of COVID-19 lockdown on urban air pollution in China[J]. Nature Sustainability，3（12）：1005-1011.

He J Z，Park E，Li J，et al.，2017. Physiological and psychological responses while wearing firefighters' protective clothing under various ambient conditions[J]. Textile Research Journal，87（8）：929-944.

He L J，Hang J，Wang X M，et al.，2017. Numerical investigations of flow and passive pollutant exposure in high-rise deep street canyons with various street aspect ratios and viaduct settings[J]. Science of the Total Environment，584：189-206.

Held G A，Solina D H，Solina H，et al.，1990. Experimental study of critical-mass fluctuations in an evolving sandpile[J]. Physical Review Letters，65（9）：1120-1123.

Helmstetter A，2006. Comparison of short-term and time-independent earthquake forecast models for southern California[J]. Bulletin of the Seismological Society of America，96（1）：90-106.

Henley C L，1993. Statics of a "self-organized"percolation model[J]. Physical Review Letters，71（17）：2741-2744.

Henley R W，Berger B R，2000. Self-ordering and complexity in epizonal mineral deposits[J]. Annual Review of Earth and Planetary Sciences，28（1）：669-719.

Herath S，Ratnayake U，2004. Monitoring rainfall trends to predict adverse impacts：a case study from Sri Lanka（1964-1993）[J]. Global Environmental Change，14：71-79.

Hergarten S，2002，Hergarten S. Drainage Networks[J]. Self-Organized Criticality in Earth Systems：189-234.

Hiscott R N，Colella A，Pezard P，et al.，1992. Sedimentology of deep-water volcaniclastics，Oligocene Izu-Bonin forearc basin，based on formation microscanner images[C]//Proceedings of the Ocean Drilling Program，Scientific Results. Occan Drilling Program College Station，126：75-96.

Ho D S，Lee C K，Wang C C，et al.，2004. Scaling characteristics in the Taiwan stock market[J]. Physica A：Statistical Mechanics and Its Applications，332：448-460.

Holliday J R，Turcotte D L，Rundle J B，2008. Self-similar branching of aftershock sequences[J]. Physica A：Statistical Mechanics and its Applications，387（4）：933-943.

Hoshino M，Nishida A，Yamamoto T，et al.，1994. Turbulent magnetic field in the distant magnetotail：Bottom-up process of plasmoid formation？[J]. Geophysical Research Letters，21（25）：2935-2938.

Hovius N，Stark C P，Allen P A，1997. Sediment flux from a mountain belt derived by landslide mapping[J]. Geology，25（3）：231-234.

Hovius N，Stark C P，Hao-Tsu C，et al.，2000. Supply and removal of sediment in a landslide-dominated mountain belt：central range，Taiwan[J]. The Journal of Geology，108（1）：73-89.

Hsieh I Y L，Chossière G P，Gençer E，et al.，2022. An integrated assessment of emissions，air quality，and public health impacts of China's transition to electric vehicles[J]. Environmental Science & Technology，56（11）：6836-6846.

Hu Y，Yao M Y，Liu Y M，et al.，2020. Personal exposure to ambient $PM_{2.5}$，PM_{10}，O_3，NO_2，and SO_2 for different populations in 31 Chinese provinces[J]. Environment International，144：106018.

Huang X，Ding A J，Gao J，et al.，2020. Enhanced secondary pollution offset reduction of primary emissions during COVID-19 lockdown in China[J]. National Science Review，8（2）：nwaa137.

Huang Z F，Solomon S，2002. Stochastic multiplicative processes for financial markets[J]. Physica A：Statistical Mechanics and Its Applications，306：412-422.

Huang K Y，Liang F C，Yang X L，et al. 2019. Long term exposure to ambient fine particulate matter and incidence of stroke：Prospective cohort study from the China-PAR project. BMJ，367：l6720.

Ito K，Matsuzaki M，1990. Earthquakes as self-organized critical phenomena[J]. Journal of Geophysical Research：Solid Earth，95（B5）：6853-6860.

Iudin D I，Gelashvily D B，2003. Multifractality in ecological monitoring[J]. Nuclear Instruments and Methods in Physics Research Section A：Accelerators，Spectrometers，Detectors and Associated Equipment，502（2-3）：799-801.

Ivanova K，Ausloos M，1999. Application of the detrended fluctuation analysis（DFA）method for describing cloud breaking[J]. Physica A：Statistical Mechanics and Its Applications，274（1/2）：349-354.

Ivanova K，Shirer H N，Clothiaux E E，et al.，2002. A case study of stratus cloud base height multifractal fluctuations[J]. Physica A：Statistical Mechanics and its Applications，308（1/2/3/4）：518-532.

Ivashkevich E V，Priezzhev V B，1998. Introduction to the sandpile model[J]. Physica A：Statistical Mechanics and Its Applications，254（1-2）：97-116.

Jaeger H M，Nagel S R，1992. Physics of the granular state[J]. Science，255（5051）：1523-1531.

Jaeger H M，Liu C H，Nagel S R，1989. Relaxation at the angle of repose[J]. Physical Review Letters，62（1）：40-43.

Jeng M，2004. Boundary conditions and defect lines in the Abelian sandpile model[J]. Physical Review E，69（5）：051302.

Jeng M，2005. Conformal field theory correlations in the Abelian sandpile model[J]. Physical Review E，71（1）：016140.

Jensen K J，Alsina J，Songster M F，et al.，1998. Backbone Amide Linker（BAL）strategy for solid-phase synthesis of C-terminal-modified and cyclic peptides1，2，3[J]. Journal of the American Chemical Society，120（22）：5441-5452.

Jia B X，Wang Y X，Wang C H，et al.，2021. Sensitivity of $PM_{2.5}$ to NO_x emissions and meteorology in North China based on observations[J]. Science of the Total Environment，766：142275.

Jia C Y，Li W D，Wu T C，et al.，2021. Road traffic and air pollution：evidence from a nationwide traffic control during coronavirus disease 2019 outbreak[J]. Science of the Total Environment，781：146618.

Jiang D H，Zhang Y，Hu X，et al.，2004. Progress in developing an ANN model for air pollution index forecast[J]. Atmospheric Environment，38（40）：7055-7064.

Jiménez-Hornero F J，Pavón-Domínguez P，de Ravé E G，et al.，2011. Joint multifractal description of the relationship between wind patterns and land surface air temperature[J]. Atmospheric Research，99（3/4）：366-376.

Kafetzopoulos E，Gouskos S，Evangelou S N，1997. $1/f$ noise and multifractal fluctuations in rat behavior[J]. Nonlinear Analysis：Theory，Methods & Applications，30（4）：2007-2013.

Kagan Y Y，1991. Seismic moment distribution[J]. Geophysical Journal International，106（1）：123-134.

Kalinin N，Guzmán-Sáenz A，Prieto Y，et al.，2018. Self-organized criticality and pattern emergence through the lens of tropical geometry[J]. Proceedings of the National Academy of Sciences，115（35）：

E8135-E8142.

Kantelhardt J W，Rybski D，Zschiegner S A，et al.，2003. Multifractality of river runoff and precipitation：comparison of fluctuation analysis and wavelet methods[J]. Physica A：Statistical Mechanics and its Applications，330（1/2）：240-245.

Kardar M，1996. Dynamic scaling phenomena in growth processes[J]. Physica B：Condensed Matter，221（1/2/3/4）：60-64.

Karmakar R，Manna S S，Stella A L，2005. Precise toppling balance，quenched disorder，and universality for sandpiles[J]. Physical Review Letters，94（8）：088002.

Katori M，Kobayashi H，1996. Mean-field theory of avalanches in self-organized critical states[J]. Physica A：Statistical Mechanics and Its Applications，229（3/4）：461-477.

Kavasseri R G，Nagarajan R，2005. A multifractal description of wind speed records[J]. Chaos，Solitons & Fractals，24（1）：165-173.

Kiely G，Ivanova K，1999. Multifractal analysis of hourly precipitation[J]. Physics and Chemistry of the Earth，Part B：Hydrology，Oceans and Atmosphere，24（7）：781-786.

Kim C，2004. On self-organised criticality in one dimension[J]. Physica A：Statistical Mechanics and Its Applications，340（4）：527-534.

Kim K，Yoon S M，2004. Multifractal features of financial markets[J]. Physica A：Statistical Mechanics and Its Applications，344（1/2）：272-278.

Kiyashchenko D，Smirnova N，Troyan V，et al.，2004. Seismic hazard precursory evolution：fractal and multifractal aspects[J]. Physics and Chemistry of the Earth，Parts A/B/C，29（4/5/6/7/8/9）：367-378.

Klemm O，Lange H，1999. Trends of air pollution in the Fichtelgebirge Mountains，Bavaria[J]. Environmental Science and Pollution Research，6（4）：193-199.

Koscielny-Bunde E，Bunde A，Havlin S，et al.，1998. Indication of a universal persistence law governing atmospheric variability[J]. Physical Review Letters，81（3）：729-732.

Koscielny-Bunde E，Kantelhardt J W，Braun P，et al.，2006. Long-term persistence and multifractality of river runoff records：detrended fluctuation studies[J]. Journal of Hydrology，322（1/2/3/4）：120-137.

Kroll J H，Heald C L，Cappa C D，et al.，2020. The complex chemical effects of COVID-19 shutdowns on air quality[J]. Nature Chemistry，12（9）：777-779.

Krommes J A，2000. Self-organized criticality，long-time correlations，and the standard transport paradigm[J]. Physics of Plasmas，7（5）：1752-1758.

Le T H，Wang Y，Liu L，et al.，2020. Unexpected air pollution with marked emission reductions during the COVID-19 outbreak in China[J]. Science，369（6504）：702-706.

Lee C K，Ho D S，Yu C C，et al.，2003. Fractal analysis of temporal variation of air pollutant concentration by box counting[J]. Environmental Modelling & Software，18（3）：243-251.

Lee C K，Ho D S，Yu C C，et al.，2003. Simple multifractal cascade model for air pollutant concentration（APC）time series[J]. Environmetrics：The Official Journal of the International Environmetrics Society，14（3）：255-269.

Lee C K，Juang L C，Wang C C，et al.，2006. Scaling characteristics in ozone concentration time series（OCTS）[J]. Chemosphere，62（6）：934-946.

Lee C K，Yu C C，Wang C C，et al.，2006. Scaling characteristics in aftershock sequence of earthquake[J]. Physica A：Statistical Mechanics and its Applications，371（2）：692-702.

Lee J W，Lee K E，Rikvold P A，2006. Multifractal behavior of the Korean stock-market index KOSPI[J]. Physica A：Statistical Mechanics and Its Applications，364：355-361.

Levy J S, 1983. Misperception and the causes of war: Theoretical linkages and analytical problems[J]. World Politics, 36 (1): 76-99.

Li I F, Biswas P, Islam S, 1994. Estimation of the dominant degrees of freedom for air pollutant concentration data: applications to ozone measurements[J]. Atmospheric Environment, 28 (9): 1707-1714.

Li J, Tang H, 1998. Model for predicting the acidity of precipitation in China[J]. China Environmental Science, 18: 8-11.

Li J, Chen X S, Wang Z F, et al., 2018. Radiative and heterogeneous chemical effects of aerosols on ozone and inorganic aerosols over East Asia[J]. Science of the Total Environment, 622: 1327-1342.

Li J, Chen Y, Mi H L, 2002. $1/f^{\beta}$ temporal fluctuation: detecting scale–invariance properties of seismic activity in North China[J]. Chaos, Solitons & Fractals, 14 (9): 1487-1494.

Li K, Jacob D J, Liao H, et al., 2019. A two-pollutant strategy for improving ozone and particulate air quality in China[J]. Nature Geoscience, 12 (11): 906-910.

Li K, Jacob D J, Liao H, et al., 2019. Anthropogenic drivers of 2013–2017 trends in summer surface ozone in China[J]. Proceedings of the National Academy of Sciences, 116 (2): 422-427.

Li M M, Wang T J, Xie M, et al., 2021. Drivers for the poor air quality conditions in North China Plain during the COVID-19 outbreak[J]. Atmospheric Environment, 246: 118103.

Li Q L, Zhu Q Y, Xu M W, et al., 2021. Estimating the impact of COVID-19 on the $PM_{2.5}$ levels in China with a satellite-driven machine learning model[J]. Remote sensing, 13 (7): 1351.

Li T T, Zhang Y, Wang J N, et al., 2018. All-cause mortality risk associated with long-term exposure to ambient $PM_{2.5}$ in China: a cohort study[J]. The Lancet Public Health, 3 (10): e470-e477.

Li T T, Guo Y M, Liu Y, et al., 2019. Estimating mortality burden attributable to short-term $PM_{2.5}$ exposure: a national observational study in China[J]. Environment international, 125: 245-251.

Li X W, Shang P J, 2007. Multifractal classification of road traffic flows[J]. Chaos, Solitons & Fractals, 31 (5): 1089-1094.

Li Z, Tang Y Q, Song X, et al., 2019a. Impact of ambient $PM_{2.5}$ on adverse birth outcome and potential molecular mechanism[J]. Ecotoxicology and Environmental Safety, 169: 248-254.

Liang X, Zhang S, Wu Y, et al., 2019. Air quality and health benefits from fleet electrification in China[J]. Nature Sustainability, 2 (10): 962-971.

Lilley M, Lovejoy S, Desaulniers-Soucy N, et al., 2006. Multifractal large number of drops limit in rain[J]. Journal of Hydrology, 328 (1/2): 20-37.

Lin H L, Guo Y F, Ruan Z L, et al., 2019. Ambient $PM_{2.5}$ and O_3 and their combined effects on prevalence of presbyopia among the elderly: a cross-sectional study in six low-and middle-income countries[J]. Science of the Total Environment, 655: 168-173.

Liu C, Chen R J, Sera F, et al., 2019. Ambient particulate air pollution and daily mortality in 652 cities[J]. New England Journal of Medicine, 381 (8): 705-715.

Liu C Q, Shi K, 2021. A review on methodology in O3-NOx-VOC sensitivity study[J]. Environmental Pollution, 291: 118249.

Liu T, Wang X Y, Hu J L, et al., 2020. Driving forces of changes in air quality during the COVID-19 lockdown period in the Yangtze River Delta region, China[J]. Environmental Science & Technology Letters, 7 (11): 779-786.

Livina V N, Havlin S, Bunde A, 2005. Memory in the occurrence of earthquakes[J]. Physical Review Letters, 95 (20): 208501.

Lopes R, Betrouni N, 2009. Fractal and multifractal analysis: a review[J]. Medical Image Analysis, 13 (4):

634-649.

Loreto V V，Pietronero L，Vespignani A，et al.，1995. Renormalization group approach to the critical behavior of the forest-fire model[J]. Physical Review Letters，75（3）：465-468.

Lu W Z，Wang X K，2006. Evolving trend and self-similarity of ozone pollution in central Hong Kong ambient during 1984-2002[J]. Science of the Total Environment，357（1/2/3）：160-168.

Lu Y N，Ding E J，1993. Self-organized criticality in a stochastic spring-block model[J]. Physical Review E，48（1）：R21-R24.

Lübeck S，1997. Large-scale simulations of the Zhang sandpile model[J]. Physical Review E，56（2）：1590-1594.

Lübeck S，2000. Moment analysis of the probability distribution of different sandpile models[J]. Physical Review E，61（1）：204-209.

Lübeck S，Usadel K D，1997. Numerical determination of the avalanche exponents of the Bak-Tang-Wiesenfeld model[J]. Physical Review E，55（4）：4095-4099.

Lui A T Y，Lopez R E，Krimigis S M，et al.，1988. A case study of magnetotail current sheet disruption and diversion[J]. Geophysical Research Letters，15（7）：721-724.

Lv Z F，Wang X T，Deng F Y，et al.，2020. Source–receptor relationship revealed by the halted traffic and aggravated haze in Beijing during the COVID-19 lockdown[J]. Environmental Science & Technology，54（24）：15660-15670.

Makowiec D，Gała R，Dudkowska A，et al.，2006. Long-range dependencies in heart rate signals-revisited[J]. Physica A：Statistical Mechanics and Its Applications，369（2）：632-644.

Malamud B D，Turcotte D L，1999. Self-affine time series：measures of weak and strong persistence[J]. Journal of Statistical Planning and Inference，80（1/2）：173-196.

Malamud B D，Morein G，Turcotte D L，1998. Forest fires：an example of self-organized critical behavior[J]. Science，281（5384）：1840-1842.

Malamud B D，Turcotte D L，Guzzetti F，et al.，2001. Power-law correlations of landslide areas in Central Italy[C]//AGU Fall Meeting Abstracts. 2001：NG52A-10.

Malcai O，Shilo Y，Biham O，2006. Dissipative sandpile models with universal exponents[J]. Physical Review E，73（5）：056125.

Mallapaty S，2020. How China could be carbon neutral by mid-century[J]. Nature，586（7830）：482-483.

Mandelbrot B，1967. How long is the coast of Britain？Statistical self-similarity and fractional dimension[J]. Science，156（3775）：636-638.

Mandelbrot B，1977. Fractals[M]. San Francisco：Freeman.

Mandelbrot B B，Mandelbrot B B，1982. The fractal geometry of nature[M]. New York：WH Freeman.

Mandelbrot B B，Wallis J R，1969. Computer experiments with fractional Gaussian noises：part 1，averages and variances[J]. Water Resources Research，5（1）：228-241.

Mandelbrot B B，Wallis J R，1969. Some long-run properties of geophysical records[J]. Water Resources Research，5（2）：321-340.

Mandelbrot B B，Wallis J R，1968. Noah，Joseph，and operational hydrology[J]. Water Resources Research，4（5）：909-918.

Martınez-Mena M，Deeks L K，Williams A G，1999. An evaluation of a fragmentation fractal dimension technique to determine soil erodibility[J]. Geoderma，90（1/2）：87-98.

Matsoukas C，Islam S，Rodriguez-Iturbe I，2000. Detrended fluctuation analysis of rainfall and streamflow time series[J]. Journal of Geophysical Research：Atmospheres，105（D23）：29165-29172.

McMillan N，Bortnick S M，Irwin M E，et al.，2005. A hierarchical Bayesian model to estimate and forecast ozone through space and time[J]. Atmospheric Environment，39（8）：1373-1382.

Milshtein E，Biham O，Solomon S，1998. Universality classes in isotropic，Abelian，and non-Abelian sandpile models[J]. Physical Review E，58（1）：303-310.

Mintz R，Young B R，Svrcek W Y，2005. Fuzzy logic modeling of surface ozone concentrations[J]. Computers & Chemical Engineering，29（10）：2049-2059.

Mogili P K，Kleiber P D，Young M A，et al.，2006. N_2O_5 hydrolysis on the components of mineral dust and sea salt aerosol：Comparison study in an environmental aerosol reaction chamber[J]. Atmospheric Environment，40（38）：7401-7408.

Morales-Gamboa E，Lomnitz-Adler J，Romero-Rochín V，et al.，1993. Two-dimensional avalanches as stochastic Markov processes[J]. Physical Review E，47（4）：R2229-R2232.

Mousazadeh M，Paital B，Naghdali Z，et al.，2021. Positive environmental effects of the coronavirus 2020 episode：a review[J]. Environment，Development and Sustainability，23（9）：12738-12760.

Nagel S R，1992. Instabilities in a sandpile[J]. Reviews of Modern Physics，64（1）：321-325.

Newman M E J，2007. Component sizes in networks with arbitrary degree distributions[J]. Physical Review E，76（4）：045101.

Niu Y，Zhou Y C，Chen R J，et al.，2022. Long-term exposure to ozone and cardiovascular mortality in China：a nationwide cohort study[J]. The Lancet Planetary Health，6（6）：e496-e503.

Noever D A，1993. Himalayan sandpiles[J]. Physical Review E，47（1）：724-725.

Norouzzadeh P，Jafari G R，2005. Application of multifractal measures to Tehran price index[J]. Physica A：Statistical Mechanics and Its Applications，356（2/3/4）：609-627.

Norouzzadeh P，Rahmani B，2006. A multifractal detrended fluctuation description of Iranian rial-US dollar exchange rate[J]. Physica A：Statistical Mechanics and Its Applications，367：328-336.

Nygård J F，Glattre E，2009. Fractal analysis of time series in epidemiology：Is there information hidden in the noise？[J]. Norsk Epidemiologi，13（2）.

Obregón N，Sivakumar B，Puente C E，2002. A deterministic geometric representation of temporal rainfall：sensitivity analysis for a storm in Boston[J]. Journal of Hydrology，269（3/4）：224-235.

Olla P，2007. Return times for stochastic processes with power-law scaling[J]. Physical Review E，76（1）：011122.

Olsson J，1996. Validity and applicability of a scale-independent，multifractal relationship for rainfall[J]. Atmospheric Research，42（1/2/3/4）：53-65.

Olami Z，Feder H J，Christensen K. 1992. Self-organized criticality in a continuous，nonconservative cellular automaton modeling earthquakes. Physical Review Letters，68（8）：1244-1247.

Orellano P，Reynoso J，Quaranta N，et al.，2020. Short-term exposure to particulate matter（PM_{10} and $PM_{2.5}$），nitrogen dioxide（NO_2），and ozone（O_3）and all-cause and cause-specific mortality：systematic review and meta-analysis[J]. Environment international，142：105876.

Pacheco J F，Sykes L R，1992. Seismic moment catalog of large shallow earthquakes，1900 to 1989[J]. Bulletin of the Seismological Society of America，82（3）：1306-1349.

Packard N H，Crutchfield J P，Farmer J D，et al.，1980. Geometry from a time series[J]. Physical Review Letters，45（9）：712-716.

Pan G J，Zhang D M，Li Z H，et al.，2005. Critical behavior in non-Abelian deterministic directed sandpile[J]. Physics Letters A，338（3/4/5）：163-168.

Pan W，Xue Y，He H D，et al.，2017. Traffic control oriented impact on the persistence of urban air pollutants：

A causeway bay revelation during emergency period[J]. Transportation Research Part D：Transport and Environment，51：304-313.

Pandey G，Lovejoy S，Schertzer D，1998，Multifractal analysis of daily river flows including extremes for basins of five to two million square kilometres，one day to 75 years[J]. Journal of Hydrology，208（1/2）：62-81.

Pavlov A N，Ziganshin A R，Klimova O A，2005. Multifractal characterization of blood pressure dynamics：stress-induced phenomena[J]. Chaos，Solitons & Fractals，24（1）：57-63.

Pawelzik K，Schuster H G，1987. Generalized dimensions and entropies from a measured time series[J]. Physical Review A，35（1）：481-484.

Pei Z P，Han G，Ma X，et al.，2020. Response of major air pollutants to COVID-19 lockdowns in China[J]. Science of the Total Environment，743：140879.

Pelletier J D，Turcotte D L，1997. Long-range persistence in climatological and hydrological time series：analysis，modeling and application to drought hazard assessment[J]. Journal of Hydrology，203（1/2/3/4）：198-208.

Peng C K，Buldyrev S V，Havlin S，et al.，1994. Mosaic organization of DNA nucleotides[J]. Physical Review E，49（2）：1685-1689.

Peng C K，Havlin S，Stanley H E，et al.，1995. Quantification of scaling exponents and crossover phenomena in nonstationary heartbeat time series[J]. Chaos：an Interdisciplinary Journal of Nonlinear Science，5（1）：82-87.

Peng L Q，Liu F Q，Zhou M，et al.，2021. Alternative-energy-vehicles deployment delivers climate，air quality，and health co-benefits when coupled with decarbonizing power generation in China[J]. One Earth，4（8）：1127-1140.

Peters O，Christensen K，2002. Rain：relaxations in the sky[J]. Physical Review E，66（3）：036120.

Peters O，Christensen K，2006. Rain viewed as relaxational events[J]. Journal of Hydrology，328（1/2）：46-55.

Peters O，Neelin J D，2006. Critical phenomena in atmospheric precipitation[J]. Nature physics，2（6）：393-396.

Pietronero L，Schneider W R，1991. Fixed scale transformation approach to the nature of relaxation clusters in self-organized criticality[J]. Physical Review Letters，66（18）：2336-2339.

Pietronero L，Vespignani A，Zapperi S，1994. Renormalization scheme for self-organized criticality in sandpile models[J]. Physical Review Letters，72（11）：1690-1693.

Plourde B，Nori F，Bretz M，1993. Water droplet avalanches[J]. Physical Review Letters，71（17）：2749-2752.

Poliakov A N B，Herrmann H J，1994. Self-organized criticality of plastic shear bands in rocks[J]. Geophysical Research Letters，21（19）：2143-2146.

Priestley M B，1981. Spectral analysis and time series[M]. London：Academic Press.

Prokoph A，1999. Fractal，multifractal and sliding window correlation dimension analysis of sedimentary time series[J]. Computers & Geosciences，25（9）：1009-1021.

Qiao W H，Li K，Yang Z J，et al.，2024. Implications of the extremely hot summer of 2022 on urban ozone control in China[J]. Atmospheric and Oceanic Science Letters：100470.

Qin Y，Li J Y，Gong K J，et al.，2021. Double high pollution events in the Yangtze River Delta from 2015 to 2019：Characteristics，trends，and meteorological situations[J]. Science of the Total Environment，792：148349.

Qiu Y L，Ma Z Q，Li K，et al.，2020. Markedly enhanced levels of peroxyacetyl nitrate（PAN）during COVID-19 in Beijing[J]. Geophysical Research Letters，47（19）：e2020GL089623.

Raga G B，Le Moyne L，1996. On the nature of air pollution dynamics in Mexico City-I. Nonlinear analysis[J].

Atmospheric Environment，30（23）：3987-3993.
Ramos O，Altshuler E，Måløy K J，2009. Avalanche prediction in a self-organized pile of beads[J]. Physical Review Letters，102（7）：078701.
Reed W J，McKelvey K S，2002. Power-law behaviour and parametric models for the size-distribution of forest fires[J]. Ecological Modelling，150（3）：239-254.
Richardson J A，1960. Control of Monopolies and Restrictive Business Practices in Australia[J]. The. Adel. L. Rev.，1：239.
Richardson L F，1941. Frequency of occurrence of wars and other fatal quarrels[J]. Nature，148：598.
Rinaldo A，Maritan A，Colaiori F，et al.，1996. Thermodynamics of fractal networks[J]. Physical Review Letters，76（18）：3364-3367.
Roberts D C，Turcotte D L，1998. Fractality and self-organized criticality of wars[J]. Fractals，6（4）：351-357.
Rosendahl J，Vekić M，Kelley J，1993. Persistent self-organization of sandpiles[J]. Physical Review E，47（2）：1401-1404.
Rothman D H，Grotzinger J P，Flemings P，1994. Scaling in turbidite deposition[J]. Journal of Sedimentary Research，64（1a）：59-67.
Roy P N S，Ram A，2006. A correlation integral approach to the study of 26 January 2001 Bhuj earthquake，Gujarat，India[J]. Journal of Geodynamics，41（4）：385-399.
Saichev A I，Malevergne Y，Sornette D，2009. Theory of Zipf 's law and beyond[M]. Berlin：Springer.
Salvadori G，Ratti S P，Belli G，1996. Modelling the Chernobyl radioactive fallout（I）：a fractal approach in Northern Italy[J]. Chemosphere，33（12）：2347-2357.
Santhanam M S，Kantz H，2008. Return interval distribution of extreme events and long-term memory[J]. Physical Review E，78（5）：051113.
Santra S B，Chanu S R，Deb D，2007. Characteristics of deterministic and stochastic sandpile models in a rotational sandpile model[J]. Physical Review E，75（4）：041122.
Sarkar A，Barat P，2006. Analysis of rainfall records in India：self-organized criticality and scaling[J]. Fractals，14（4）：289-293.
Schenk K，Drossel B，Clar S，et al.，2000. Finite-size effects in the self-organized critical forest-fire model[J]. The European Physical Journal B-Condensed Matter and Complex Systems，15（1）：177-185.
Schlink U，Dorling S，Pelikan E，et al.，2003. A rigorous inter-comparison of ground-level ozone predictions[J]. Atmospheric Environment，37（23）：3237-3253.
Schmitt F G，Seuront L，2001. Multifractal random walk in copepod behavior[J]. Physica A：Statistical Mechanics and Its Applications，301（1/2/3/4）：375-396.
Serletis A，Andreadis I，2004. Random fractal structures in North American energy markets[J]. Energy Economics，26（3）：389-399.
Shang P J，Lu Y B，Kamae S，2008. Detecting long-range correlations of traffic time series with multifractal detrended fluctuation analysis[J]. Chaos，Solitons & Fractals，36（1）：82-90.
Shcherbakov R，Van Aalsburg J，Rundle J B，et al.，2006. Correlations in aftershock and seismicity patterns[J]. Tectonophysics，413（1/2）：53-62.
Shen C H，Li C L，Si Y L，2015. A detrended cross-correlation analysis of meteorological and API data in Nanjing，China[J]. Physica A：Statistical Mechanics and Its Applications，419：417-428.
Shen L J，Zhao T L，Wang H L，et al.，2021. Importance of meteorology in air pollution events during the city lockdown for COVID-19 in Hubei Province，Central China[J]. Science of the Total Environment，754：142227.

Shi K，Liu C Q，2009. Self-organized criticality of air pollution[J]. Atmospheric Environment，43（21）：3301-3304.

Shi K，Liu C Q，Ai N S，et al.，2008. Using three methods to investigate time-scaling properties in air pollution indexes time series[J]. Nonlinear Analysis：Real World Applications，9（2）：693-707.

Shi K，Liu C Q，Li S C，2013. Self-organized criticality：emergent complex behavior in PM10 pollution[J]. International Journal of Atmospheric Sciences，2013（1）：419694.

Shi X Q，Brasseur G P，2020. The response in air quality to the reduction of Chinese economic activities during the COVID-19 outbreak[J]. Geophysical Research Letters，47（11）：e2020GL088070.

Shimizu Y U，Thurner S，Ehrenberger K，2002. Multifractal spectra as a measure of complexity in human posture[J]. Fractals，10（1）：103-116.

Shiner J S，2000. Self-organized criticality：self-organized complexity？the disorder and" simple complexities" of power law distributions[J]. Open Systems & Information Dynamics，7（2）：131-138.

Sicard P，De Marco A，Agathokleous E，et al.，2020. Amplified ozone pollution in cities during the COVID-19 lockdown[J]. Science of the Total Environment，735：139542.

Sitnov M I，Sharma A S，Papadopoulos K，et al.，2000. Phase transition-like behavior of the magnetosphere during substorms[J]. Journal of Geophysical Research：Space Physics，105（A6）：12955-12974.

Smalley Jr R F，Chatelain J L，Turcotte D L，et al.，1987. A fractal approach to the clustering of earthquakes：applications to the seismicity of the New Hebrides[J]. Bulletin of the Seismological Society of America，77（4）：1368-1381.

Solé R V，Manrubia S C，Benton M，et al.，1999. Criticality and scaling in evolutionary ecology[J]. Trends in Ecology & Evolution，14（4）：156-160.

Song W G，Satoh K，Wang J，2004. Distribution analysis of forest fire-related data in Japan[J]. Fire Safety Science，13：180-185.

Sornette A，Sornette D，1989. Self-organized criticality and earthquakes[J]. Europhysics Letters，9（3）：197-202.

Stanley H E，Amaral L A N，Goldberger A L，et al.，1999. Statistical physics and physiology：monofractal and multifractal approaches[J]. Physica A：Statistical Mechanics and Its Applications，270（1/2）：309-324.

Sun J Q，Wang X J，Yin Y X，et al.，2021. Analysis of historical drought and flood characteristics of Hengshui during the period 1649-2018：a typical city in North China[J]. Natural Hazards，108（2）：2081-2099.

Sun X，Chen H P，Wu Z Q，et al.，2001. Multifractal analysis of Hang Seng index in Hong Kong stock market[J]. Physica A：Statistical Mechanics and Its Applications，291（1/2/3/4）：553-562.

Sun Y L，Lei L，Zhou W，et al.，2020. A chemical cocktail during the COVID-19 outbreak in Beijing，China：Insights from six-year aerosol particle composition measurements during the Chinese New Year holiday[J]. Science of the Total Environment，742：140739.

Takens F，2010. Reconstruction theory and nonlinear time series analysis[M]//Handbook of Dynamical Systems. Amsterdam：Elsevier Science，3：345-377.

Tang C，Bak P，1988. Mean field theory of self-organized critical phenomena[J]. Journal of Statistical Physics，51（5）：797-802.

Tebaldi C，De Menech M，Stella A L，1999. Multifractal scaling in the Bak-Tang-Wiesenfeld sandpile and edge events[J]. Physical Review Letters，83（19）：3952-3955.

Tebbens S F，Burroughs S M，2005. Forest fire burn areas in Western Canada modeled as self-similar criticality[J]. Physica D：Nonlinear Phenomena，211（3/4）：221-234.

Telesca L，Macchiato M，2004. Time-scaling properties of the Umbria-Marche 1997–1998 seismic crisis， investigated by the detrended fluctuation analysis of interevent time series[J]. Chaos，Solitons & Fractals，19（2）：377-385.

Telesca L，Lapenna V，2006. Measuring multifractality in seismic sequences[J]. Tectonophysics，423（1/2/3/4）：115-123.

Telesca L，Lapenna V，Vallianatos F，2002. Monofractal and multifractal approaches in investigating scaling properties in temporal patterns of the 1983–2000 seismicity in the western Corinth graben，Greece[J]. Physics of the Earth and Planetary Interiors，131（1）：63-79.

Telesca L，Colangelo G，Lapenna V，et al.，2003. Monofractal and multifractal characterization of geoelectrical signals measured in southern Italy[J]. Chaos，Solitons & Fractals，18（2）：385-399.

Telesca L，Lapenna V，Macchiato M，2004. Mono-and multi-fractal investigation of scaling properties in temporal patterns of seismic sequences[J]. Chaos，Solitons & Fractals，19（1）：1-15.

Telesca L，Lapenna V，Macchiato M，2005. Multifractal fluctuations in seismic interspike series[J]. Physica A：Statistical Mechanics and Its Applications，354：629-640.

Tian H Y，Liu Y H，Li Y D，et al.，2020. An investigation of transmission control measures during the first 50 days of the COVID-19 epidemic in China[J]. Science，368（6491）：638-642.

Turcotte D L，1997. Fractals and chaos in geology and geophysics[M].2nd ed. Cambridge：Cambridge University Press.

Turcotte D L，1999. Seismicity and self-organized criticality[J]. Physics of the Earth and Planetary Interiors，111（3/4）：275-293.

Turcotte D L，Malamud B D，2004. Landslides，forest fires，and earthquakes：examples of self-organized critical behavior[J]. Physica A：Statistical Mechanics and Its Applications，340（4）：580-589.

Turiel A，Pérez-Vicente C J，2003. Multifractal geometry in stock market time series[J]. Physica A：Statistical Mechanics and Its Applications，322：629-649.

Turiel A，Pérez-Vicente C J，2005. Role of multifractal sources in the analysis of stock market time series[J]. Physica A：Statistical Mechanics and Its Applications，355（2/3/4）：475-496.

Varotsos C，Ondov J，Efstathiou M，2005. Scaling properties of air pollution in Athens，Greece and Baltimore，Maryland[J]. Atmospheric Environment，39（22）：4041-4047.

Vattay G，Harnos A，1994. Scaling behavior in daily air humidity fluctuations[J]. Physical Review Letters，73（5）：768-771.

Veneziano D，Furcolo P，Iacobellis V，2006. Imperfect scaling of time and space–time rainfall[J]. Journal of Hydrology，322（1/2/3/4）：105-119.

Vergeles M，Maritan A，Banavar J R，1997. sMean-field theory of sandpiles[J]. Physical Review E，55（2）：1998-2000.

Vespignani A，Zapperi S，Pietronero L，1995. Renormalization approach to the self-organized critical behavior of sandpile models[J]. Physical Review E，51（3）：1711-1724.

Vicedo-Cabrera A M，Sera F，Liu C，et al.，2020. Short term association between ozone and mortality：global two stage time series study in 406 locations in 20 countries[J]. BMJ，368：m108.

Vieira W M，Letelier P S，1996. Chaos around a Hénon-Heiles-inspired exact perturbation of a black hole[J]. Physical Review Letters，76（9）：1409-1412.

Viotti P，Liuti G，Di Genova P，2002. Atmospheric urban pollution：applications of an artificial neural network（ANN）to the city of Perugia[J]. Ecological Modelling，148（1）：27-46.

Vitanov N K，Yankulova E D，2006. Multifractal analysis of the long-range correlations in the cardiac dynamics of Drosophila melanogaster[J]. Chaos，Solitons & Fractals，28（3）：768-775.

Wang J, Ning X B, Chen Y, 2003. Multifractal analysis of electronic cardiogram taken from healthy and unhealthy adult subjects[J]. Physica A: Statistical Mechanics and Its Applications, 323: 561-568.

Wang J H, Lee C W, 1995. Fractal characterization of an earthquake sequence[J]. Physica A: Statistical Mechanics and Its Applications, 221 (1-3): 152-158.

Wang J H, Xie S, Sun J H, 2011. Self-organized criticality judgment and extreme statistics analysis of major urban fires[J]. Chinese Science Bulletin, 56 (6): 567-572.

Wang P F, Chen K Y, Zhu S Q, et al., 2020b. Severe air pollution events not avoided by reduced anthropogenic activities during COVID-19 outbreak[J]. Resources, Conservation and Recycling, 158: 104814.

Wang Q, Su M, 2020. A preliminary assessment of the impact of COVID-19 on environment–a case study of China[J]. Science of the Total Environment, 728: 138915.

Wang X Y, Zhang R H, 2020. How did air pollution change during the COVID-19 outbreak in China? [J]. Bulletin of the American Meteorological Society, 101 (10): E1645-E1652.

Wang Y J, Wen Y F, Wang Y, et al., 2020a. Four-month changes in air quality during and after the COVID-19 lockdown in six megacities in China[J]. Environmental Science & Technology Letters, 7 (11): 802-808.

Wei Y, Huang D S, 2005. Multifractal analysis of SSEC in Chinese stock market: A different empirical result from Heng Seng index[J]. Physica A: Statistical Mechanics and Its Applications, 355 (2-4): 497-508.

Weng Y C, Chang N B, Lee T Y, 2008. Nonlinear time series analysis of ground-level ozone dynamics in Southern Taiwan[J]. Journal of Environmental Management, 87 (3): 405-414.

West B J, Latka M, Glaubic-Latka M, et al., 2003. Multifractality of cerebral blood flow[J]. Physica A: Statistical Mechanics and Its Applications, 318 (3/4): 453-460.

Windsor H L, Toumi R, 2001. Scaling and persistence of UK pollution[J]. Atmospheric Environment, 35(27): 4545-4556.

Wu S, Zhang J, 1992. Self-organized rock textures and multiring structure in the Duolun crater[C]//Lunar and Planetary Inst., International Conference on Large Meteorite Impacts and Planetary Evolution.

Wu Z H, Huang N E, 2009. Ensemble empirical mode decomposition: a noise-assisted data analysis method[J]. Advances in Adaptive Data Analysis, 1 (1): 1-41.

Yamasaki K, Muchnik L, Havlin S, et al., 2005. Scaling and memory in volatility return intervals in financial markets[J]. Proceedings of the National Academy of Sciences of the United States of America, 102 (26): 9424-9428.

Yao L, Fang D, 1998. On the self-organized criticality of non-uniform sands[J]. International Journal of Sediment Research, 13 (3): 19-24.

Yin P, Chen R J, Wang L J, et al., 2017. Ambient ozone pollution and daily mortality: a nationwide study in 272 Chinese cities[J]. Environmental Health Perspectives, 125 (11): 117006.

Yu B, Huang C M, Liu Z H, et al., 2011. A chaotic analysis on air pollution index change over past 10 years in Lanzhou, northwest China[J]. Stochastic Environmental Research and Risk Assessment, 25 (5): 643-653.

Yuan Q, Qi B, Hu D Y, et al., 2021. Spatiotemporal variations and reduction of air pollutants during the COVID-19 pandemic in a megacity of Yangtze River Delta in China[J]. Science of the Total Environment, 751: 141820.

Zamir M, 2001. Fractal dimensions and multifractility in vascular branching[J]. Journal of Theoretical Biology, 212 (2): 183-190.

Zapperi S, Lauritsen K B, Stanley H E, 1995. Self-organized branching processes: mean-field theory for avalanches[J]. Physical Review Letters, 75 (22): 4071-4074.

Zeng J Y，Zhang L Y，Yao C H，et al.，2020. Relationships between chemical elements of $PM_{2.5}$ and O_3 in Shanghai atmosphere based on the 1-year monitoring observation[J]. Journal of Environmental Sciences，95：49-57.

Zhang C，Ni Z，Ni L，2015. Multifractal detrended cross-correlation analysis between $PM_{2.5}$ and meteorological factors[J]. Physica A：Statistical Mechanics and Its Applications，438：114-123.

Zhang D M，Pan G J，Sun H Z，et al.，2005. Moment analysis of different stochastic directed sandpile model[J]. Physics Letters A，337（4/5/6）：285-291.

Zhang D M，Yin Y P，Pan G J，et al.，2006. Corrections to scaling and probability distribution of avalanches for the stochastic Zhang sandpile model[J]. Physica A：Statistical Mechanics and its Applications，363（2）：299-306.

Zhang N，Du Y S，Miao S G，et al.，2016. Evaluation of a micro-scale wind model's performance over realistic building clusters using wind tunnel experiments[J]. Advances in Atmospheric Sciences，33（8）：969-978.

Zhang Q，Zheng Y X，Tong D，et al.，2019. Drivers of improved $PM_{2.5}$ air quality in China from 2013 to 2017[J]. Proceedings of the National Academy of Sciences of the United States of America，116（49）：24463-24469.

Zhang T T，Gao B，Zhou Z X，et al.，2016. The movement and deposition of $PM_{2.5}$ in the upper respiratory tract for the patients with heart failure：an elementary CFD study[J]. Biomedical engineering online，15：517-530.

Zhao N，Wang G，Li G H，et al.，2020. Air pollution episodes during the COVID-19 outbreak in the Beijing-Tianjin-Hebei region of China：an insight into the transport pathways and source distribution[J]. Environmental Pollution，267：115617.

Zheng Y，Gao J B，Sanchez J C，et al.，2005. Multiplicative multifractal modeling and discrimination of human neuronal activity[J]. Physics Letters A，344（2-4）：253-264.

Zhou W X，2008. Multifractal detrended cross-correlation analysis for two nonstationary signals[J]. Physical Review E，77（6）：066211.

Zhu J L，Liu Z G，2003. Long-range persistence of acid deposition[J]. Atmospheric Environment，37（19）：2605-2613.

Zhu J，Chen L，Liao H，et al.，2019. Correlations between $PM_{2.5}$ and ozone over China and associated underlying reasons[J]. Atmosphere，10（7）：352.

Zhu J，Chen L，Liao H，et al.，2021. Enhanced $PM_{2.5}$ decreases and O_3 increases in China during COVID-19 lockdown by aerosol-radiation feedback[J]. Geophysical Research Letters，48（2）：e2020GL090260.

Zipf G K. On the economy of words（Chapter two）pp，1949. 19-55[M]. Human Behavior and the Principle of Least effort. Cambridge，Mass.：Addison-Weslley.

Zolghadri A，Cazaurang F，2006. Adaptive nonlinear state-space modelling for the prediction of daily mean PM10 concentrations[J]. Environmental Modelling & Software，21（6）：885-894.

附　　图

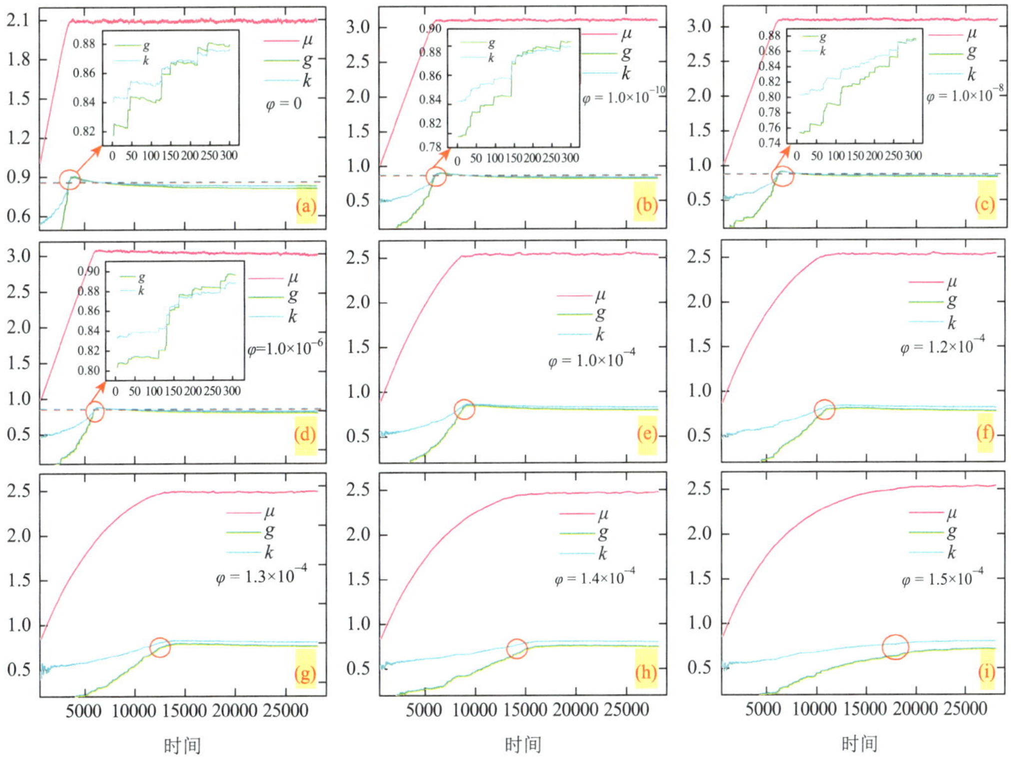

附图 1　$L=50$ 时，不同衰减系数 φ 下 g 与 k 的分析结果

（a）$\varphi=0$，$g=k=0.869$；（b）$\varphi=1.0\times10^{-10}$，$g=k=0.866$；（c）$\varphi=1.0\times10^{-8}$，$g=k=0.867$；（d）$\varphi=1.0\times10^{-6}$，$g=k=0.865$；（e）～（i）分别对应为 $\varphi=1.0\times10^{-4}$、$\varphi=1.2\times10^{-4}$、$\varphi=1.3\times10^{-4}$、$\varphi=1.4\times10^{-4}$、$\varphi=1.5\times10^{-4}$ 时，g 值与 k 值的分析结果。在（e）～（i）中，g 曲线与 k 曲线不再相交，并逐渐分离。

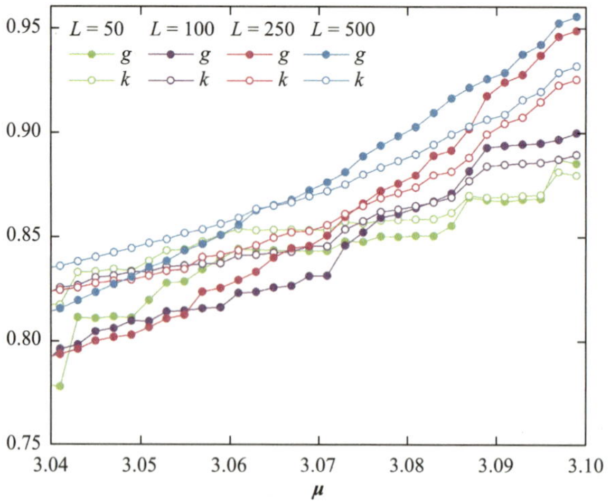

附图 2　$\varphi=1.0\times10^{-8}$ 时，对 L 分别为 50（绿色）、100（紫色）、250（玫红色）和 500（蓝色），绘制了 k（空心圆）和 g（实心圆）随沙堆平均密度 μ 的变化图

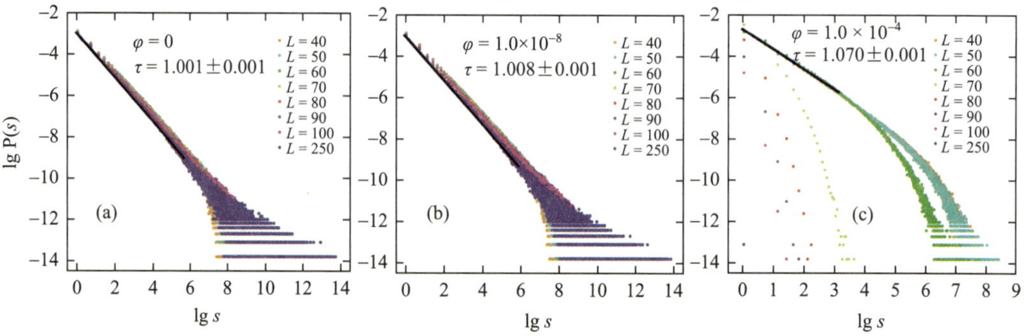

附图 3　（a）传统 BTW 模型下（$\varphi=0$），不同尺寸（$L=40$、60、70、80、90、100、250）中坍塌大小的分布；（b）$\varphi=1.0\times10^{-8}$ 时，不同尺寸（$L=40$、50、60、70 80、90、100、250）中坍塌大小的分布；（c）$\varphi=1.0\times10^{-4}$ 时，不同尺寸（$L=40$、50、60、0、80、90、100、250）中坍塌大小的分布

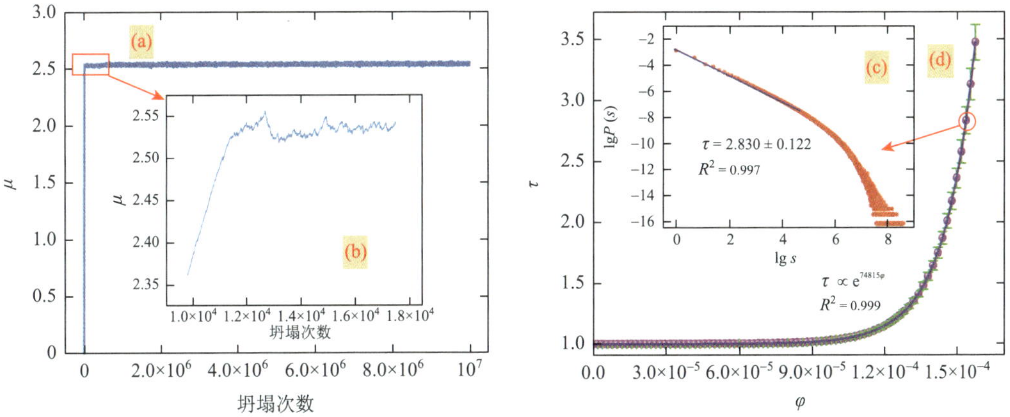

附图 4 （a） $\varphi=1.550\times10^{-4}$ 时格子内 μ 的变化趋势；（b） $\varphi=1.550\times10^{-4}$ 时系统进入临界状态的过程；（c） $\varphi=1.550\times10^{-4}$ 时数值沙堆模型模拟计算获得的崩塌大小统计分布；（d）当 $L=50$ 时，不同衰减系数下，崩塌大小分布的标度指数模拟值及 φ 与 τ 的定量关系。

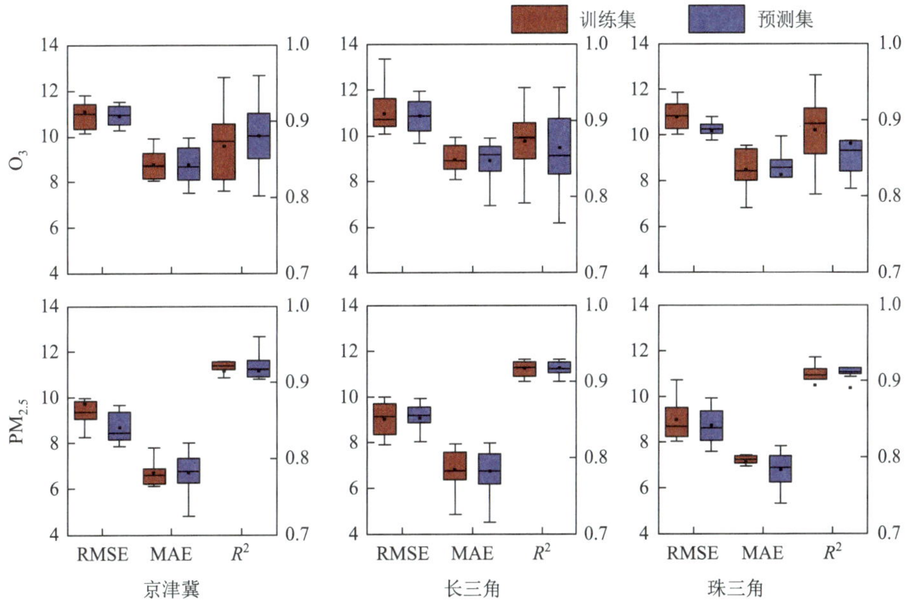

附图 5 京津冀、长三角、珠三角地区 O_3 与 $PM_{2.5}$ 浓度的 LSTM 预估模型能力指标

注：左轴为 RMSE、MAE，右轴为 R^2。

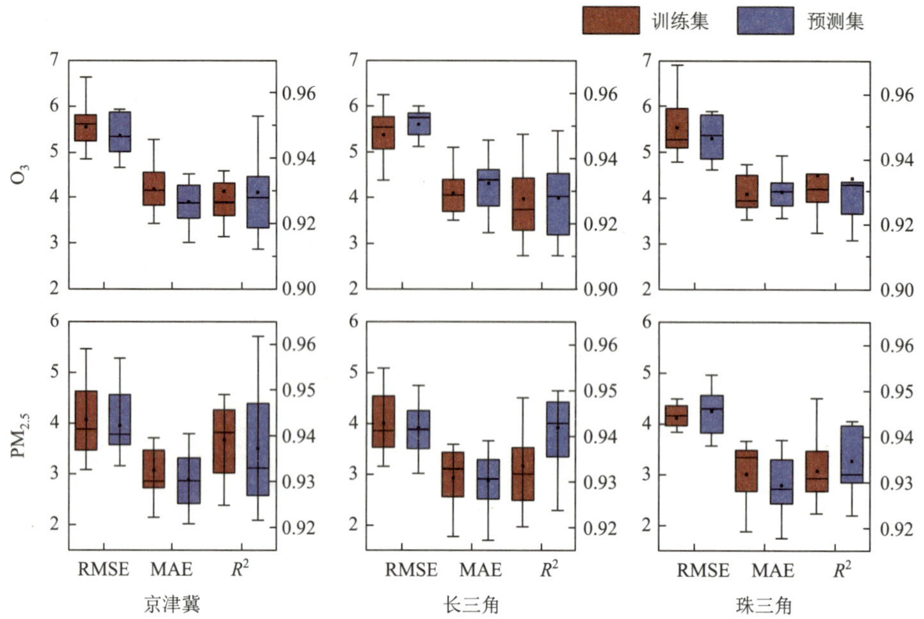

附图 6　京津冀、长三角、珠三角各地区 O_3 和 $PM_{2.5}$ 浓度的 CM-LSTM 预估模型能力指标

注：左轴为 RMSE、MAE，右轴为 R^2。

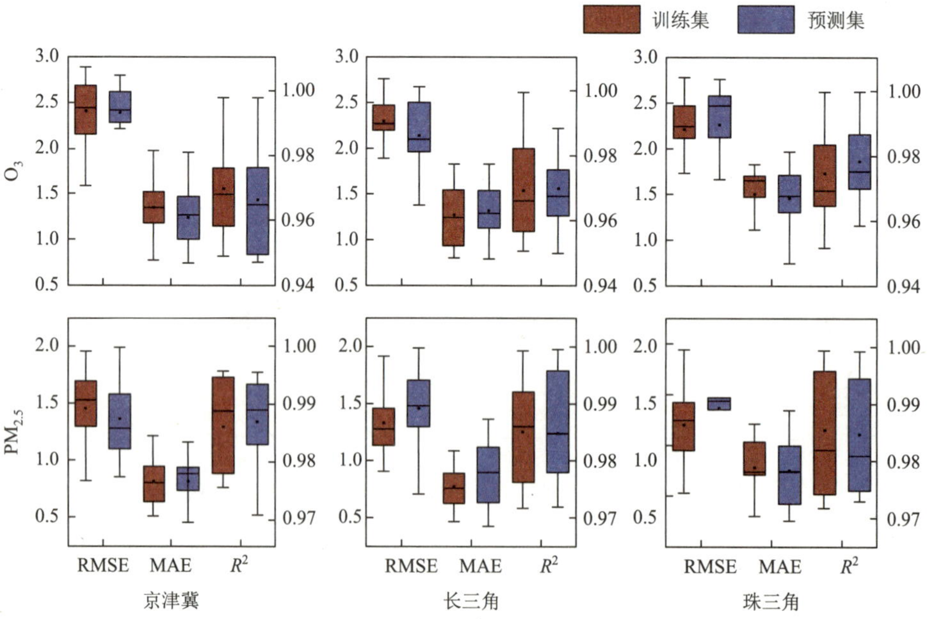

附图 7　京津冀、长三角、珠三角各地区 O_3 与 $PM_{2.5}$ 浓度的 E-CM-LSTM 预估模型能力指标

注：左轴为 RMSE、MAE，右轴为 R^2。